JN177104

中国の
進化する
軍事戦略

China's Evolving Military Strategy

ジョー・マクレイノルズ［編］
五味睦佳［監訳］

伊藤和雄
大野慶二
鬼塚隆志
木村初夫
五島浩司
沢口信弘
［訳］

原書房

中国の進化する軍事戦略

ジェームズタウン財団の使命

ジェームズタウン（Jamestown）財団の使命は、社会の出来事および動向について、政策立案者とより広い政策コミュニティに周知・啓蒙することである。また、そのような情報は、米国にとって戦略的または戦術的に重要であるが、しばしばアクセスを制限されるものである。ジェームズタウン財団の資料は、固有および一次の情報源を活用して、政治的偏向、加工または提言を加えずに配布される。それはしばしば存在する唯一の情報源であるが、特にユーラシアおよびテロに関しては、必ずしも公式またはインテリジェンスチャネルを通して利用できるとは限らない。

起源

ジェームズタウン財団は創立者ウィリアム・ガイマー（William Geimer）によって１９８４年に設立され、ユーラシアにおける紛争および不安定に関する研究分析を主導する供給者のひとつとして発展してきた。ジェームズタウン財団はユーラシアに関する主導情報源のひとつになるために急速に成長し、バルチック海からアフリカのホーン岬に至る分析専門家の世界規模ネットワークを展開している。この知的人材の中核には、前政府高官、ジャーナリスト、研究分析者、学者およびエコノミストを含んでいる。彼らの予測は、世界中の政策立案者が世界に十分に伝えられていない多くのユーラシアの紛争地域において現れる動向および展開を理解するのに大いに貢献している。

目次

第Ⅳ部　中国の戦争以外の戦略

【凡例】　本文中、訳者による注記は割り注で示した。また中国語表記は日本の漢字に変換した。

略語一覧

ＡＲ２／ＡＤ——Anti-Access/ Area Denial（接近阻止／領域拒否）
ＡＭＳ——Academy of Military Science（軍事科学院）
Ｃ４ＩＳＲ——Command, Control, Communications, Computers, Intelligence, Surveillance and Reconnaissance（指揮統制、通信、コンピューター、情報、監視および偵察）
ＣＣＰ——Chinese Communist Party（中国共産党）
ＣＭＣ——Central Military Commission（中央軍事委員会）
ＣＭＩ——Civil-Military Integration（民軍統合）
ＣＡＮ——Computer Network Attack（コンピューターネットワーク攻撃）
ＣＮＤ——Computer Network Defense（コンピューターネットワーク防御）
ＣＮＯ——Computer Network Operations（コンピューターネットワーク作戦）
ＣＮＳＡ——China National Space Administration（中国国家航天局）
ＤＷＰ——Defense White Paper（国防白書）
ＧＳＤ——General Staff Department（総参謀部）
ＨＧＶ——Hypersonic Glide Vehicle（極超音速滑空飛翔体）
ＩＣＢＭ——Intercontinental Ballistic Missile（大陸間弾道ミサイル）
ＩＮＥＷ——Integrated Network and Electronic Warfare（統合ネットワーク電子戦）
ＫＥＷ——Kinetic Energy Weapons（運動エネルギー兵器）
ＫＫＶ——Kinetic Kill Vehicle（運動エネルギー迎撃体）

LSIO——Lectures on the Science of Information Operations（情報作戦学教程）
MCF——Military-Civilian Fusion（軍民融合）
MIIT——Ministry of Industry and Information Technology（工業・情報化部）
MIRV——Multiple Independently Targetable Reentry Vehicles（複数個別誘導弾頭）
MOOTW——Military Operations Other Than War（戦争以外の軍事作戦）
MPS——Ministry of Public Security（公安部）
MSS——Ministry of State Security（国家安全部）
NDU——National Defense University（国防大学）
NHM——New Historic Missions（新歴史的使命）
NFU——No First Use（非先制使用）
PAP——People's Armed Police（人民武装警察）
PBSC——Politburo Standing Committee（中央政治局常務委員会）
PLA——People's Liberation Army（人民解放軍）
PLAAF——People's Liberation Army Air Force（人民解放軍空軍）
PLAN——People's Liberation Army Navy（人民解放軍海軍）
PLARF——People's Liberation Army Rocket Force（人民解放軍ロケット軍）
PLASSF——People's Liberation Army Strategic Support Force（人民解放軍戦略支援部隊）
PRC——People's Republic of China（中華人民共和国）
SMS——Science of Military Strategy（戦略学）
SNDMC——State National Defense Mobilization Committee（国家国防動員委員会）

組織図（日本語版追加）

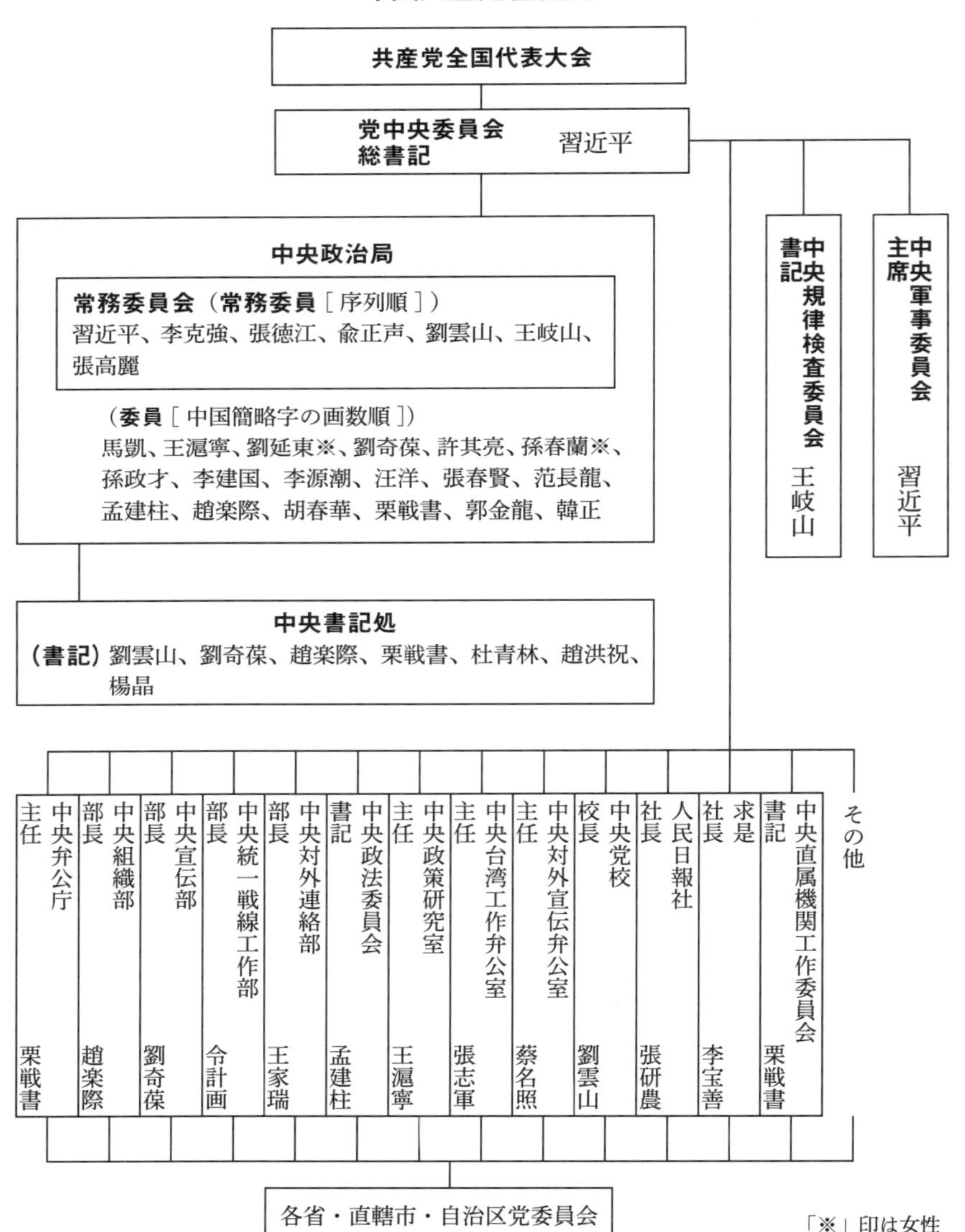

出典：外務省 HP 中華人民共和国（www.mofa.go.jp/mofaj/files/000010864.pdf）第 18 期中国共産党組織図（2012 年 11 月）

中国国家機関組織図

国家主席 習近平
国家副主席 李源潮

全国人民代表大会常務委員会委員長 張徳江

中国人民政治協商会議全国委員会主席 兪正声

中国中央軍事委員会主席 習近平

最高人民法院院長 周強

最高人民検察院検察長 曹建明

国務院

総理：李克強
副総理：張高麗、劉延東※、汪洋、馬凱
国務委員：楊晶、常万全、楊潔篪、郭声琨、王勇

弁公庁 秘書長：楊晶（兼）
外交部 部長：王毅
国防部 部長：常万全（兼）
国家発展改革委員会 主任：徐紹史
教育部 部長：袁貴仁
科学技術部 部長：万鋼
工業・情報化部 部長：苗圩
国家民族事務委員会 主任：王正偉
公安部 部長：郭声琨（兼）
国家安全部 部長：耿恵昌
監察部 部長：黄樹賢

民政部 部長：李立国
司法部 部長：呉愛英※
財政部 部長：楼継偉
人力資源・社会保障部 部長：尹蔚民
国土資源部 部長：姜大明
環境保護部 部長：周正賢
住宅都市農村建設部 部長：姜偉新
交通運輸部 部長：楊伝堂
水利部 部長：陳雷
農業部 部長：韓長賦
商務部 部長：高虎城
文化部 部長：蔡武
国家衛生・計画出産委員会 主任：李斌※
中国人民銀行 行長：周小川
審計署 審計長：劉家義

「※」印は女性

出典：外務省 HP 中華人民共和国（www.mofa.go.jp/mofaj/files/000010863.pdf）第 12 期全国人民代表大会第 1 会議における選出（2013 年 3 月）

軍改革前の人民解放軍組織図

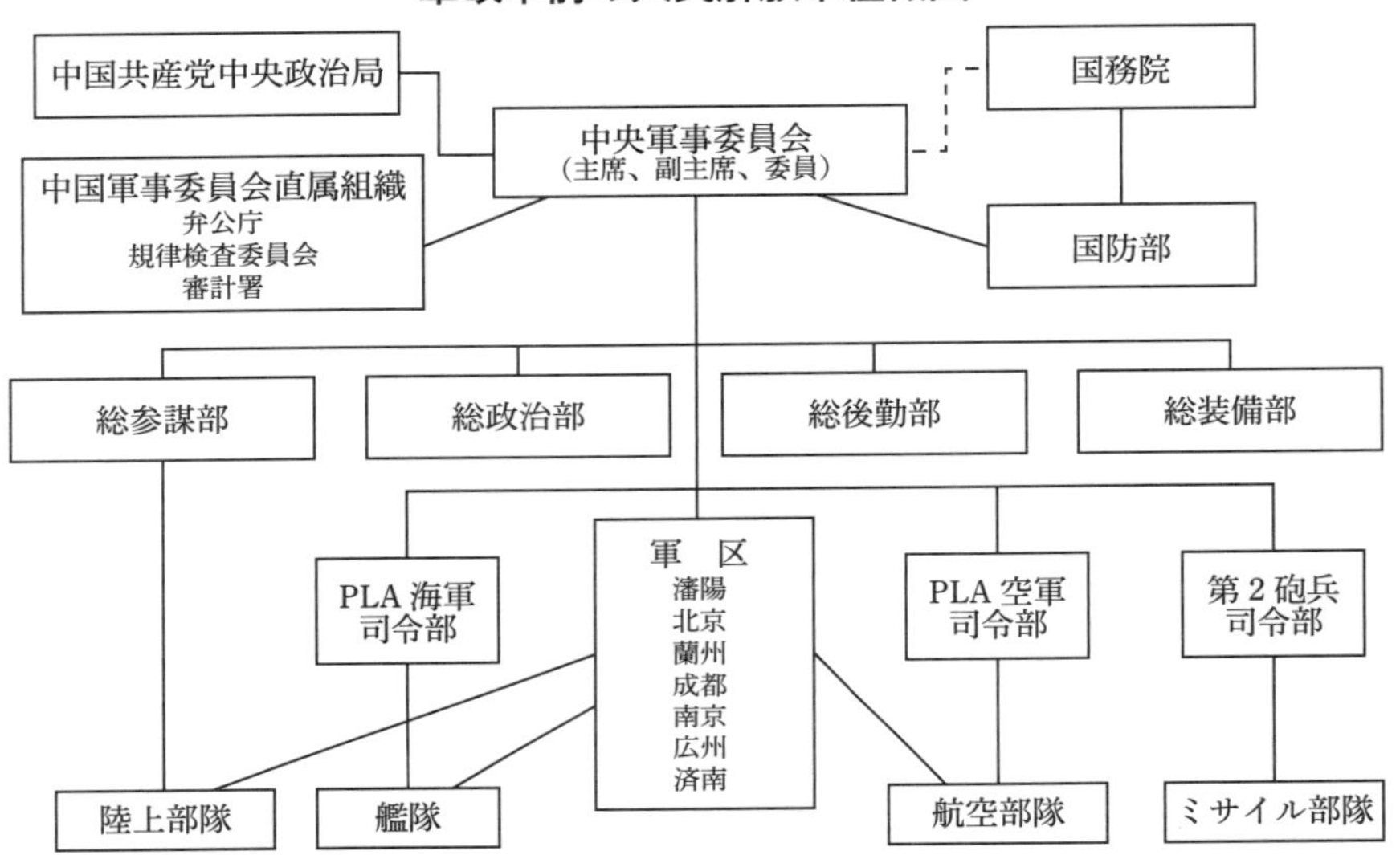

軍改革後の人民解放軍組織図

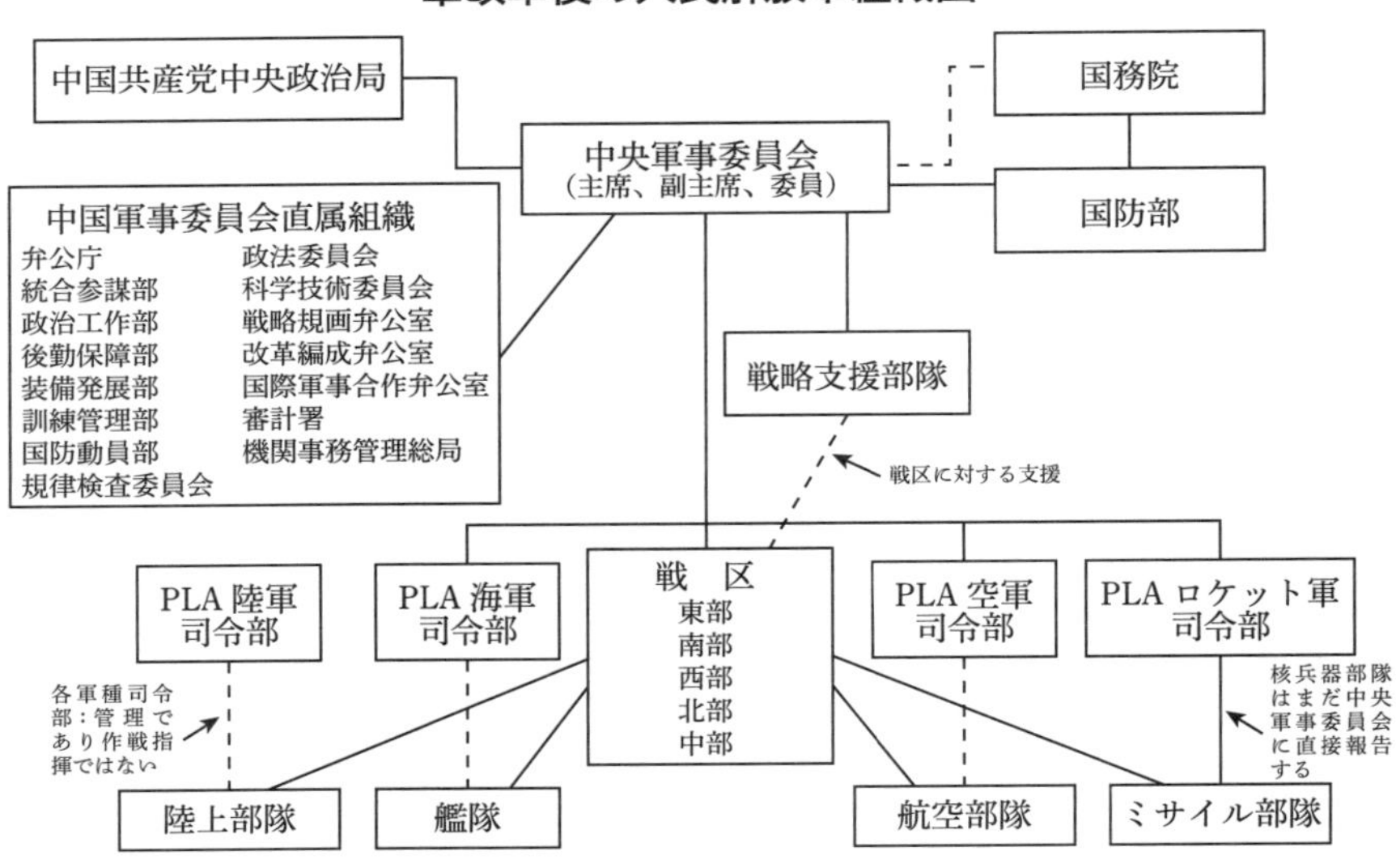

出典：Phillip C. Saunders and Joel Wuthnow, China's Goldwater-Nichols? Assessing PLA Organizational Reforms, INSS NDU, Strategic Forum, April 2016

日本語版への序文

本書『中国の進化する軍事戦略』は「奉仕活動」として始めたものである。我々の目的は米国の国家安全保障コミュニティ内において見受けられる重要な問題を解決することである。その問題とは、米国の国防コミュニティにおいて、米中戦略的バランスは枢要な検討項目であるが、中国軍事戦略文書はしばしば検討分析されるものの非常に緩慢であるとの強い認識の一致があった。非常に重要かつ権威ある文書であっても、それらが英訳され配布されるまでには数年を要している。もし我々が中国の最新の軍事戦略思想を理解しないならば、我々の分析および政策は常に場当たり的なものとなり、将来の出来事に驚愕させられることになりかねない。我々は本書が戦略家および政策立案者が中国に対する総合的戦略をより積極的に立案することを可能にするのに役立つことを期待している。

私は日本の皆様に本書をお届けすることができることを無上の喜びとするものである。私は日米の緊密な戦略的紐帯がアジア・太平洋地域の平和を維持するために緊要なものであることを確信するとともに、日米の国家安全保障コミュニティ間の絆が今後とも深化し続けることを期待している。日本は自衛隊の能力を強化しており、また台頭する中国の侵略から尖閣諸島を防衛する最良の方策を検討するにつれて、中国の戦略思想の分析は日本の意思決定において重要な役割を果たすことができるだろう。また、個人的に言えば、私は、数年前、名古屋に住んでいた私の学生時代の楽しい思い出を持っており、日本の人々に深い親しみを抱いている。したがって、私の著作が初めて日本語で出版されることは個人的にも極めて嬉しく感じている。

本書の日本語版が参考文献としてだけでなく、日本と西側諸国の国家安全保障研究者間のよりすばらしい連携を構築するための機会となることを切望している。学術的会議および二国間の意見交換会を通してのいくつかの交流はすでに存在しているが、我々はさらに密接なかつ深い連携を構築する可能性がある。私は中国軍事戦略に関心を持つ日本人研究者達を招待するので、私に個人的に連絡してくださることを期待している。それにより我々は協働の可能性を探究できる。

終わりに、私は本書の日本語版の困難な仕事に関して株式会社エヌ・エス・アールの木村初夫氏および五味睦佳元海将に衷心から感謝の意を表したい。彼らの支援と努力なしでは、この翻訳出版は不可能であっただろう。

２０１７年３月

ジョー・マクレイノルズ

監訳者序文

本書は米国にとって戦略的および戦術的に重要であり、情報にアクセスが難しい社会の出来事および動向について政策立案者に周知・啓蒙することを使命とするジェームズタウン財団から米国の著名な中国軍事戦略研究者グループの研究成果を『中国の進化する軍事戦略』（China's Evolving Military Strategy）と題し2017年1月に第2版として発行されたものである。その内容は第1章の中国の国家軍事戦略の概観に始まり、以下2001年版および2013年版『戦略学』を基にした軍事戦略へのアプローチ、空軍任務の進化、海洋戦略の変遷、核戦略および戦術の執行者である人民解放軍ロケット軍、電子戦および中国の情報戦の復興、ネットワーク戦、宇宙戦および戦略、軍事情報（インテリジェンス）の近代化、戦略抑止、MOOTW（戦争以外の軍事作戦）、および軍民融合まで全12章から構成されている。これを翻訳して感じることは、中国および人民解放軍は、習近平下で「中国の夢」として掲げられている「国家の復興」という国家戦略の実現に向けてすさまじい速さと熟慮を持って広範かつ内容の深い国家軍事戦略および中国人民解放軍の軍事戦略を進化させ、さらにそれを果敢に実行しつつあることである。すなわち米国との直接対決を巧妙に避けつつ、積極防御戦略の下で攻勢能力を着実に発展させ、陸主海・空従から海空重視に変換し、さらに核攻撃能力向上のためにロケット軍を単一軍種に格上げし、また、電子戦、サイバー、および宇宙も含めた情報戦能力を向上するため戦略支援部隊を創設した。戦略アプローチに関しては、現代戦は「五次元一体」（五維一体）すなわち陸、海、空、宇宙、および情報・指揮統制がどのように一体化するかに掛かっていると主張している。紛争が大規模に拡大しないように抑制的でなければならないが、相手が弱点を示し、紛争が拡大しないとみれば、都合の良い行動を断固取るべきであるとも述べている。海洋戦略については、南シナ海および東シナ海での海軍活動の理論的根拠を提示し、その防衛線を外洋に拡大する必要性を強調している。またブルーウォーター・ネイビーになるべく、作戦の縦深化、攻勢作戦の重視等を強調している。長射程、精密、スマート、無人機等の対艦攻撃能力が加速度的に高まっている状況下での空母建造については、米海軍の中でも議論のある設想（仮定）、すなわち「予見し得る将来においても、空母は攻撃力、兵力、および情報力を投射する主要プラットフォーム」を根拠にしているという興味深い記述がある。また、昨今注目されている海上民兵組織は、周辺における中国海軍戦略の重要な構成要素であり戦力であると位置付けている。空軍戦略も従来の国土防空軍に中国国境および海洋権益の防護を加えるべきであるという任務の拡大について論じ、大気圏、宇宙空間およびネットワーク空間への継続的発展については、宇宙を制するものはすべてを制するとして制空権だけでなく制天権の概念を取り入れ、いわゆる「航空宇宙統合」（空天一体化）の重要性を謳いあげている。また、数年先には1時間以内に世界の任意の場所を攻撃可能な通常兵器型即時全地球攻撃（Conventional Prompt Global Strike[CPGS]）システムを保有することにも言及している。その他サイバー戦および電子戦を重視し、軍事情報を抜本的に向上させ、軍民統合、ＭＯＯＴＷにも堅固な目標を与えて積極的に取り組んでいる。いずれの記述も中国がどのように多方面かつ綿密に戦略を研究し、実行しつつあるか詳細な分析を紹介している。本書は中国共産党の極秘文書ではなく公開文書、その解説書、および中国人民解放軍（ＰＬＡ）の補足資料等いわゆる公刊資料を徹底的に著者が読み解いた上での分析であるが、それでも中国が軍事戦略を相当に練りに練りあげていることをひしひしと感じさせられる。トランプ政権の「国際通商会議代表」に就任したピーター・ナバロ氏は彼の著書『米中もし戦わば』において、中国の軍事戦略は米国および同盟諸国のそれよりも一枚上手と述べているのもむべなるかなと感じる。このような中国の軍事戦略および軍事力の向上に対し脅威を感じるとともにある種の羨望さえ感じる。

翻って我が国のいわゆる軍事戦略・自衛隊の戦略を考えると、周知のとおり、我が国の憲法は軍の存在を認めず、かろうじて自衛権は存在するとの解釈により、自衛隊の存在は合憲とされている。このため専守防衛という政策を取り他国を攻撃するような攻勢的行動は基本的に実施しないこととされている。平成25（2013）年12月に公表された「国家安全保障戦略」においても、防衛の理念として我が国は「戦後一貫として平和国家としての道を歩み、専守防衛に徹し、他国に脅威を与えるような軍事大国にならず、非核三原則を守るとの基本原則を堅持してきた」と謳い、平成27年4月公表の「日米防衛協力のための指針」では対処行動の基本的考え方として、「自衛隊は日本およびその周辺海空域ならびに海空域の接近経路において防勢作戦を主体的に実施する…」とされている。要するに、我が国は専守防衛に徹し、防勢作戦を実施するのが基本とされている。さらに言えば、敵に攻撃された場合、これにどのようにして対処するかということであり、原則的に、自らある目的を持って、あるいは有利な状況を作為するため攻撃を仕掛け、戦いを有利に進めるということは、実施しないことになっている。専守防衛は戦略守勢という意味で国家戦略的には成り立つかもしれないが、軍事戦略的には先制攻撃も実施する中国の積極防御とまったく異なり、軍事的合理性にまったく欠ける考えである。これが自衛隊内にも深く浸透し軍事戦略レベルの攻勢作戦についても考察しない傾向に陥っていくことを憂慮する。たとえば、サイバー戦においてもサイバー防御は研究し実施するが、サイバー攻撃については表立って研究・演練することを憚るようなことになってはいないであろうか。健全な軍事戦略研究は攻勢作戦の研究があって初めて活性化し実のあるものとなる。すなわち精強な戦闘集団は健全な軍事戦略なくしてあり得ない。さらに我が国の戦略研究を中国に比較して見劣りするものにさせている原因として、自衛隊は軍隊でなく警察の亜流の戦闘集団であることである。警察組織は法律的裏付けのあることにだけその権力の行使が可能なポジティブリストで行動する。一方、軍隊は行使してはならない項目以外のことはすべて指揮官の裁量で実施できるネガティブリストで行動する。このネガティブリストによる行動の自由があって初めて健全な戦略論が活性化し国の安全が保障される。警察亜流組織で強大な戦力を持つ人民解放軍に立ち向かうのは極めて困難であることは自明のことである。

本書におけるいずれの記述も中国がどのように多方面で綿密に戦略を研究し、かつ実行しつつあるか詳細な分析を紹介している。宇宙、サイバー領域、南シナ海および東シナ海等で現実に進行中の中国の活動は、『戦略学』、国防白書および関連公文書等において繰り返し述べられていた戦略思想が具体化されたものであり、それらは単に「ページ上の言葉」ではなく、ＰＬＡが強い決意を持って、計画し実行しようとするものであり、今年あるいは来年にも実行に移されるものと認識し、早急に対応しなければならないと本書は警鐘を鳴らしている。本書を熟読され、中国恐るべしと実感していただき、早期に憲法を改正し、自衛隊を国防軍に改め、日米安保体制の強化を図り、国防体制を万全なものにしなければ、中国との軍事的懸隔は日に日に拡大していき、取り返しのつかないことになることを認識していただければ望外の幸せである。憲法の改正が1日でも遅れれば、その分中国は先行し、百田尚樹氏が言われるように「カエルの楽園」が「地獄と化し」やがて日本は中国に併呑されてしまうことになりかねない。

終わりに、本書を刊行するにあたり、翻訳権交渉窓口であるジェームズタウン財団China Brief編集者のピーター・ウッド（Peter Wood）氏、本書の編者であり執筆者の1人であるDefense Group Inc. 情報研究分析センター研究分析者のジョー・マクレイノルズ（Joe McReynolds）氏、株式会社原書房編集部長の石毛力哉氏、株式会社エヌ・エス・アール代表取締役社長の木村初夫氏のご尽力に対して翻訳者一同を代表し深甚の謝意を表したい。

２０１７年４月吉日
元海上自衛隊自衛艦隊司令官
五味睦佳

編者序文

この20年以上にわたって、中華人民共和国は列強の軍隊を打倒し得る近代化された軍隊に人民解放軍（PLA）を転換させる壮大な事業に取り組んでいる。第一次湾岸戦争で、米国の使用した精密誘導弾およびC4ISR技術が、イラクの旧式で機械化された部隊を決定的に撃破したことを見た中国軍関係者は改革を急がなければ、同じような運命が戦闘においてPLAにも降りかかることを悟った。この時点から、現代戦を戦い得るPLAにすることが、中国の政策遂行序列の最高位項目の1つとしてしっかりと位置付けられた。

その後の指導者はそれぞれPLAの軍事構成だけでなくその戦略的指導においてその足跡を残している。江沢民は当初「ハイテク条件下の局地戦」に勝利し得るようPLAの強化に力点を置いたが、漸次、胡錦濤が強調する近代の情報戦を戦い抜き、これに勝利するべく情報化され、さらに胡錦濤の提唱する戦争以外の軍事作戦（MOOTW）を重視する「新歴史的使命」をも遂行し得るPLAに移行することにその主張を変えていった。習近平指導の時代になると、PLAの兵力組成に関する大改革と南シナ海等における核心的利益への中国の膨張路線に沿って、指導的軍事戦略思想の変革は継続されている。

中国の軍近代化とアジア太平洋における外交政策の決定的な違いによって、中国との深刻な対決の可能性が増大していると米軍および政策決定グループはみている。米国および中国は互いに平和状態にあり、かつての米ソの古い軍事的対決とはまったく異なり、相当程度に経済的に密接な関係にあるので、我々は新冷戦状態にあるわけではない。しかしながら、中国と米国またはその同盟国との軍事衝突に発展しかねない多数の紛争発火点が存在する。中国の行動に対する政策を立案し、これに対応する際、近代化しつつある中国の軍事能力と中国指導部の軍事的思想を理解することは極めて重要なことである。

しかしながら、軍事的プラットフォームや技術的なＰＬＡの優越性を列挙するための献身的な努力にもかかわらず、中国の戦略思想における最近の発展に関して分析者や政策立案者が利用できる総合的な情報を得る方法はほとんど皆無である。中国の軍事・戦略界は最近の動向や討議内容を説明するさまざまな影響力に富みかつ権威ある書物を発行している。しかしながら、こうした情報を吸収し、咀嚼し、またその中心となる見識を西側の聴衆に伝えるために必要な高い見識を持ち、しかも中国語能力に堪能である西側の学者はほんの一握りしかいない。情報が西側の政策立案者に届いたとしても、それは相当の時間が経過した後である。すなわち、権威ある中国の戦略刊行物はその準備に数年掛かるのが通例であり、さらに西側の分析者が新しく入手したものを彼らの見積もりの中に融合し始めるまでに、さらなる時間が経過してしまっている。この年単位の時間差があるために、世界の最も重要な論議すべき二国間の国家安全保障関係がどのようにあるべきかについての相互の戦略的理解を難しいものにしている。結果として、中国の軍事的行動についての外国における論議は通常、中国軍に導入された新装備武器への観察、中国指導部の公式の発表および行動に集中しており、危機に際して中国の軍および政府関係者がどのような意志決定をするかを予想するには不十分である。

この理解のギャップはいくつかの重要な方策における米国の中国政策の論議を偏向させている。第一は、英訳された数少ない軍事戦略に関しての中国公認の文献を、たとえそれが権威あるものでも代表的なものでないにも関わらず、極めて重要なものとして取り扱うことにより偏向が掛かっている。第二は、そのギャップは政策立案者のためのＰＬＡの兵力組成および作戦における観察された変化を感知し正しく咀嚼する西側分析者の能力を低下させる。中国軍事戦略に関する現時点での刊行物に接することなく、分析者と政策立案者は陳腐化した時代遅れの翻訳物や公式のＰＬＡ見解に頼らざるを得ない状況である。十分な情報がない場合、分析者および政策立案者は相手の感情および行動も自分と変わらないと思い込むいわゆるミラーイメージになりがちである。もし我々がその立場であったなら、ＰＬＡの戦略に対する間違ったアプローチを取るようになることは本質的には同じであろう。最後に、そのギャップは、中国の台頭に対して軍事的にどのように対応するかについて、積極的よりも消極的な方向へ米国の計画者を押しやっている。深遠な戦略の変更を示す指導的指針に関する情報がなければ、西側分析者は政策の変更または予期せぬ中国の軍事行動のすぐ傍らにあっても何も認識しないままの状態になりがちである。

本書『中国の進化する軍事戦略』は中国の戦略思想における重要な最近の進化についての各部門のエキスパートによる分析を西側の外交政策関係者に提供することによって中国の戦略思想を正確に把握しようとするものである。ティモシー・ヒース（Timothy Heath）とテイラー・フラベル（Taylor Fravel）による最初の2つの章はＰＬＡ戦略の根源と形成の大局的な問題と中国の戦略思想の進化における幅広い動きを解明しようとしている。クリスティーナ・ガラフォラ（Cristina Garafola）、アンドリュー・エリクソン（Andrew Erickson）、およびマイケル・チェイス（Michal Chase）は、空軍、海軍、およびロケット軍、すなわち、通常部隊における戦略思想の最近の変更について論述している。さらに、ジョン・コステロ（John Costello）、ピーター・マーティス（Peter Mattis）、ジョー・マクレイノルズ（Joe McReynolds）、ケビン・ポルピーター（Kevin Pollpeter）、およびジョナサン・レイ（Jonathan Ray）による詳細な電磁戦、ネットワーク戦、および宇宙戦に対する中国の戦略的アプローチの検証を踏まえつつ、情報戦の非伝統的領域に討議を展開している。デニス・ブラスコ（Dennis Blasko）、モルガン・クレメンス（Morgan Clemens）、およびダニエル・アルダーマン（Daniel Alderman）による最後の3つの章は抑止、戦争以外の軍事作戦および中国の国防近代化指向における軍民の一体化を含むＰＬＡの平時の戦略的アプローチについて述べている。要するに、編者および著者は中国の戦略思想における最近の傾向の総合的な状況を提供することにより西側分析者および政策立案者が中国の意図を見積もり、どのようにして中国の行動に最善に対応するかを決定するための優れた概念的かつ実際的な枠組みを構築することを願っている。

このプロジェクトは多くの友人および同僚の支援なくして成功することはできなかったし、本書の著者はこの人たちの貢献に対し心から御礼を申し上げる次第である。ケネス・アレン（Kenneth Allen）は多くの著者に時間と豊富な学識を提供してくれた。ジェームズタウン財団のピーター・ウッド（Peter Wood）は本書を印刷するに際して、素晴らしい編集作業をしてくれた。グレン・ハワード（Glen Howard）はこのプロジェクトの立ち上げの段階から経営レベルで擁護してくれた。編者とジェームズタウン財団は本書に対するスミス・リチャードソン（Smith Richardson）財団の支援に対し感謝申し上げる。最後に、編者は、マイク・グリーン（Mike Green）、ロニー・ヘンリー（Lonnie Henley）、ジェームズ・ムルベノン（James Mulvenon）、およびボブ・サッター（Bob Sutter）に対し中国分析者としての編者の若年の頃からの助言者としての働きに感謝したい。中国分析者の新しい世代を鍛える彼らの支援と忍耐がなければ、このようなプロジェクトはあり得なかったであろう。

第Ⅰ部

中国の軍事戦略に対する全体アプローチ

第1章 中国の国家軍事戦略の概観

ティモシー・R・ヒース／五味睦佳訳

国家軍事戦略とは国家戦略レベルと軍事戦略レベルが相互に相交わったものといえる。通常、戦略とはある特定の目的を達成するために、持てる国力をどのように運用するかについての包括的行動計画と定義される。国家軍事戦略は国家目的達成のための軍事目標、手段、および方策を結び付けるものである。国家軍事戦略は軍事計画の策定と作戦および会戦（戦役）の実施方法を導くための包括的指示として提示される。戦略指針の権威ある根源として位置付けられることに加えて、国家軍事戦略は通常、情勢分析に加えて戦略を説明し、正当化するための関連情報を提供する。[1]

中国の国家軍事戦略を「軍事戦略」という大きなカテゴリーの中の1つの部分的構成要素として研究することの重要性は次の理由による。すなわち、中国の国家軍事戦略は上位の国家戦略目的に密接に結び付いているので、それを研究することは軍事力行使に関する中国指導部の意図を看破することにつながる。さらに、中国国家軍事戦略に通暁することにより、近代化および作戦運用に関する中国人民解放軍（ＰＬＡ）の野望の研究を実施する上での緊要な内容が明確になる。

本章は読者に対し、中国の考える国家軍事戦略なるものの研究の道案内をしようとするものである。中国は米国のような「国家軍事戦略」なる文書を発行していない。しかしながら、すべての近代国家が軍事力を整備し運用するためにはそれを導く国家軍事戦略なるものに相当するものが国家機能として必要であることも事実である。この問題に関する研究の現状を見直したのち、本章において、党および軍の重要刊行物の研究を通じ、中国の国家軍事戦略の分析のための枠組みを提供しようとするものである。このようにすることにより、中国の最新の国家軍事戦略を見直すことが可能となる。

中国の国家軍事戦略に関する西側の研究

デイビッド・フィンケルスタイン（David Finkelstein）とテイラー・フラベル（Taylor Fravel）は鄧小平時代以後の西側の最も重要な中国国家軍事戦略研究書を著している。１９９９年に、フィンケルスタインは大変な努力をして江沢民時代の中国国家戦略研究を分析するための新天地を開いた。[2] テイラー・フラベルは１９８７年および１９９９年に中国が発行した『戦略学』（Science of Military Strategy [SMS]）を分析することにより、この問題の研究の精度を高めた。フラベルはこれらの資料から中国の観点からの軍事戦略を導き出し、さらに中国の用語の列挙、枠組み、および概念を中国以外の読者に紹介した。その研究において、彼は「軍事戦略方針」（military strategic guideline）と呼称されるものを紹介し、それを国家の軍事戦略の重要なものと位置付けた。[3] ２００７年、フィンケルスタインは彼の名著と称せられる「軍事戦略方針」を概観する『中国国家軍事戦略』を刊行した。[4] それにより、中国軍事戦略の研究の幅が拡大し、より精度を高めることとなった。この分析はこの分野における思考方法を包括的に明確にしているからで、注目に値するものである。

フィンケルスタインはＰＬＡが「軍事戦略方針」を国家軍事戦略（national military strategy）と同等のもの

として取り扱っているとする議論を展開している。彼が指摘するように、中央軍事委員会（Central Military Commission[CMC]）はその権力基盤を確かなものとするために、方針（guideline）を刊行している。ＰＬＡ当局はこれを軍隊建設とその行使の指針となるものとして明確に位置付けている。フィンケルスタインは中国国防大学の研究部がこの方針を「軍事力の計画策定の包括的な基本原則ならびに軍事力の進歩・発展と軍事力の行使の道標」となるものであると定義していると述べている。[5] その他にいろいろな方針もあるがいずれもその重要性を喧伝している。実際にはその見直し、改訂はまれにしか実施されていない。フィンケルスタインは中国が建国されてから、４回しか大きな改訂は実施されていないと述べている。フィンケルスタインは「戦略指導思想」（strategic guiding thought）がどのような時代にも軍事戦略方針を重要視すべきであるとする「公式見解」がなされているとの考えから特にこれにスポットを当てて重視している。戦略指導思想は軍事戦略方針が中国国家軍事戦略を策定する際、その「目的、方法、および手段の中心部分」を提供している。フィンケルスタインは軍事戦略方針が次の６つの構成要素、すなわち、①戦略情勢分析、②積極防御戦略の内容調整、③戦略任務と戦略目標の吻合、④軍事戦闘準備開始要領、⑤主要戦略方向の明確化、および⑥軍隊建設の重点目標の決定からなるとしている。[6]「何がＰＬＡの近代化を推進しているか」を説明できる枠組みとして、フィンケルスタインは「この軍事戦略方針を高く評価し、ＰＬＡが実施し、外国の研究者がこの10年にわたり記述してきたあらゆる近代化、あらゆる再構築計画、およびあらゆる重要な変更は１９９３年に新方針が刊行された時になされたいくつかの基本的な決定事項に由来している」と喧伝している。[7]

ＰＬＡの研究分野においてフィンケルスタインの研究成果を過大に評価するのは難しい。ＰＬＡの研究成果の公表に先立って、分析者は中国の国家軍事戦略を明確にし得る信頼できる方法を確立していなかった。フィンケルスタインは公表されている中国当局の「軍事戦略方針」に関する多くの参考文献により確認されたと思われる簡単で権威あるテンプレートを世に出した。これらのPLAに関する重要な情報源と評価されていた西側学者の中古品的報告書に頼ることに満足せず、米国当局は軍事戦略方針のコピーを探し始めた。2009年の米国防省刊行の中国軍事力議会報告書は「中国は軍事力の進歩発展を計画し、管理するため、『軍事戦略方針』として知られる包括的原則と指針に全面的に依存している」と記述している。ただし、その内容は公表されておらず明らかでないとも述べている。[8] 2007年から2012年の報告書においても同様な表現がなされている。[9] 2015年にテイラー・フラベルが軍事戦略方針は「中国国家軍事戦略を代表している」と確認していることもあり、フィンケルスタインの洞察が中国国家軍事戦略学会を支配し続けていることは事実である。[10]

フィンケルスタインによる成果が中国国家軍事戦略研究に風穴を開けるものとして賞賛を浴びている一方で、唯一実体あるものとして「軍事戦略方針」だけに焦点を当てることが多くの難しい問題を引き起こすこととなった。まず難題の第一は「軍事戦略方針」という題名を持つどのような中国の文書もまだ公表されていないことである。このことは中国が西側と異なった政策形式を採用しているという意味で必ずしも大きな問題ではないとする考えもある一方で、その文書が存在しないことは「国家軍事戦略」との本当の意味での比較において誤った考えを与える恐れがある。確たる証拠がないにもかかわらず、このはっきりしない軍事戦略方針をある種の秘密の戦略文書とみなしている研究者もいる。たとえば2006年から2012年の間の『中国の軍事力報告』において、「PLAは公的に活用できるような内容の軍事戦略方針を作成していない」と言い切っている。[11]

難題の第二は中国当局が一般にはこの方針は国家軍事戦略に相当するものではなく、軍事戦略の一分身であると述べていることである。軍事戦略についての２０１５年国防白書、軍事戦略に関するＰＬＡの書籍および多くの軍事報道陣の論文は常に「積極防御」(active defense) 構想と関連付けてこの方針を論述している。しかし、西側の学者はそれとの関連を肯定する者もいれば、否定する者もいる。フィンケルスタインは「積極防御戦略」と「積極防御の軍事戦略方針」との関係は「非常に密接なもので、ほとんど区別できないもの」とＰＬＡはみなしているようであることを２００７年の研究の中で認めている。しかしながら、彼はまた「積極防御」の原則は活用するには包括的すぎて、内容がない、したがって、この方針 (military strategic guideline) から、明確なものを補填する必要があると主張している。[12] フィンケルスタインはこの論文において「積極防御のような戦略思想」が軍事戦略方針の枠組みに対し中心となる内容と意味を与えるとの指摘をしているがこの結論はそれと矛盾しているように思える。

　第三の難題は国家戦略指針 (national strategic guidance) の中で軍が主要な位置を占めるようになってきたことが皮肉にも軍事戦略方針 (military strategic guidelines) の枠組み作りを難しくしていることである。「新歴史的使命」(New Historic Missions) の分析との吻合の困難性はこの問題の良い例示である。２００４年に発行された、この新歴史的使命概念なるものは、軍事の戦略的使命を明確にする上で重要な役割を演じ、さらに２００４年以降のＰＬＡの国家軍事戦略を分析する上で中心的役割を演じるはずであった。しかし、中国当局からのおびただしい刊行物があるにもかかわらず、西側の学会ではこの概念が軍事戦略方針にどのように適合しているかを説明する上で混乱をきたしている。[13]

　中国の軍事専門用語を詳細に検討することは軍事戦略方針の意味するところとその目的を思考する上において有益である。フィンケルスタイン等は中国語の「方針 (fangzen)」を「military strategic guidelines」の語句の中の「guidelines」に相当する語として翻訳している。英語の「guidelines」は通常書き言葉で表示される指示または指達本体とは別のものであるように感じさせる。しかしながら、中国語の「方針」の意味するところは英語と同じではない。２０１１年版『中国人民解放軍軍事用語』（「軍語」）はこの「方針」を「綱領および原則」（framework and principles）と解説している。これらは実際的な形としては「guidelines」なる語よりもはるかに曖昧なものである。政策を包括的施行へ導き、すべての政策項目を実行に移すために、中国人がこの「方針」なる語をよく使用することを銘記しておくことは重要なことである。それは多くの一般的指示から構成されているが、その応用と意味するものについて学者による詳細な解説を必要とするのが通例となっている。たとえば、中国当局は鄧小平の有名なよく知られている「能力を隠し、時を稼げ」を意味する「韜光養海」を含む「24文字」からなる外交政策指示を「外交戦略方針」と位置付けている。[14] 他に「外交戦略方針」なる文書は見当たらない、そして外交関係者はこれらの指示が中国の外交政策の唯一の形態を形成しているとみている。

西側のＰＬＡ研究者のコミュニティにおいて難解な、曖昧である中国の概念および用語の意味をしっかりと彼ら自身の言葉で理解するためには中国の概念を一言ずつ対語として西側の用語に当てはめることが望ましいことは長い間にわたって通説となっている。このような対語方法はニュアンスを説明したり、取り除いたりする以上に、意味を不当に縮小したり、不明瞭なものにしてしまうことがしばしばある。ＰＬＡ研究者は微妙な意味を持つ政策立案文書については一般の計画書やそれに類するもののように学術用語に翻訳しないで、単にローマ字化してgangyao（綱要）と称することとしている。このようにすることにより中国システムにおけるgangyaoの正確な役割についてのより鋭い、より幅広い理解が得られることになる。

ものによっては証拠よりも高い確度を持つ首尾一貫した実体あるものとして取り扱われることがしばしばある。軍事戦略方針についても我々は同じことをしなければならない。この精神において、「military strategic guidelines」という表現を使用するよりも、以後においてはPLAのより広範な戦略内容における考え方を説明するため本章においては「military strategic fangzhen」（方針）の表現を使用する。また、このようなfangzhenの軍事的な使用はすべての中国官僚社会で広範にみられる慣行に従うという考え方を推進することにもなる。

どのようにしてPLAレーニン主義者の性格が戦略形成に影響しているか

中国の「国家軍事戦略」を演繹することが難しいのはその戦略なるものが政治的なものであり、軍事的なものであることによる。すなわち中央指導部と軍事指導部という2つの重要な官僚的要素が複雑に絡んでいる。中国の中央指導部は北京の集団的な党―国家指導部からなる。その最も重要なプレーヤーは総書記と中央政治局常務委員会（Politburo Standing Committee [PBSC]）である。しかし、各分野の政治局、各種の中央指導組織、党中央委員会、その他諸々の関連組織さらに国務院も重要な役割を演じている。これらはいずれも国家レベルの戦略的指導書の刊行に関する意思決定者である。軍事指導部は、主に中央軍事委員会からなり、原則として鄧小平以降は中国共産党総書記および中国の国家主席の両者を兼ねる者が中央軍事委員会の主席となっている。国家軍事戦略の中で述べられる内容は中央指導部、軍事指導部またはその両者を吻合したところから発せられる指示の範囲内でなければならない。

中国のレーニン主義政治制度の独特の形はこれらの指導レベルがどのようにして国家軍事戦略的なものに介入しているのかを理解するための重要な糸口となる。かなり多くの学者がPLAのレーニン主義者がどのようにしてその組織と行動を形成するかについての方法論文を発刊している。たとえば、PLAは

「中国共産党のための軍隊」であり、国家に仕える中国の国軍ではない。本来行動意欲、士気、政治規律（実際にはそれは戦時意思決定に従うと解されるが）を司るのは軍の指揮官であるが、すべての軍事組織の意思決定部門に派遣されている党員およびＰＬＡはそれを政治的代表者に委ねている。この形態は西側のＰＬＡ研究者がしばしば指摘しているところである。しかしながら、浅薄な探究は中国のレーニン主義政治制度による軍事が受令しかつ発令する戦略的指示の手続きの研究に悪影響を与えがちである。この手続きの検討において最重要視される諸原則は次のとおりである。

党が戦略を取り仕切る

基本的なレーニン主義者は戦略指針の作成の唯一無二の管理は原則中国共産党にあるとしている。ＰＬＡにおいて、戦略を司るのは党であり、軍ではない。軍事指導者は政策作成に関与し、それぞれの官僚分野の利益代表として議論する中央軍事委員会の高級党員として二役を兼ねていることもある。

党組織は上級からの指示に従う

軍における党組織および委員会は上級指示に従わなければならない。彼らはまた中央当局（たとえば中央軍事委員会）からの指示を補強し支援する党の指導者から発せられた指導を徹底させなければならない。

中央指導者は軍を統制するため指導書を使う

中央当局は軍の各種作業を指導することによって部分的な政治統制を行う。中央当局は政策策定の最も特殊で技術的な細部にわたるところだけを軍事関係者に委任する。当然の結果として、中央当局が国家戦略指針を変更すれば、軍もそれに対応してその指針を改訂する。

中央の指示の発行物が統制を強める

中央の指導者は機微にわたる情報交換を秘匿する。しかし、中央指導部の政治的見通し、賢明さ、および権力を示すための指令は詳細な戦略指示を積極的に国内の各方面へ公にすることを奨励している。関係指導機関からのおびただしい量の刊行物が続々と発行されている。さらに軍にとって重要なことは、ＰＬＡは中央権力に従属していることである。

合法であるかの関心が指導書の様式の情報を与える

様式に関しては、軍は通常中央指導部およびその他の機関が使用しているものと似たような様式を使用している。このようにして、たとえ軍事に関わらない者が必ずしも技術的な詳細事項を把握していないとしても、軍は戦略指導を策定するための理論、各種指示、指導原則等に関し中央の指導部に依存していることを明確に示し、かつ中央の指導部と他の機関の双方が理解しやすいやり方でこれらを活用する。

以上のように考えることにより、中国の国家軍事戦略を洞察し、さらなる研究を推進するための重要な手掛かりを得ることができる。その第一の手掛かりは、中国人は中央指導部が最も重要な指導を発出し、それを軍が特殊で技術的な詳細指導を施してより強固な指導をし、かつそのための補強をすることを期待していることである。国家戦略を行使するという意味を持つならば、どのような形態の指導であっても、それが軍からの指導ではなく最終的にその行動を統制する中央からの指導であろうことは経験則上いい得ることである。その第二の手掛かりは、中央指導部および軍指導部も公表済みの文書における国家軍事戦略についての考え方を公表していることである。第三の手掛かりは、国家軍事戦略は中央指導部および軍事指導部双方の典拠文書（戦略概念、党理論、指示、および指導原則を通じて）によって理解できるような方法で表現されることである。

中国の国家軍事戦略とは何か

以上の議論から中国国家戦略の研究は中国軍事指導部からの文書ではなく中央指導部からの文書をもって始めるべきと結論付けることができる。入手できる公文書を検討すれば、中国軍事戦略の最も重要な部分は国家レベル戦略とそれの構成要素である国家安全保障戦略および国防政策に関する文書の中にあることがわかる。これらの文献を研究することにより、軍事当局が公表した特別かつ詳細にわたる指導を理解するための極めて重要な内容を手に入れることができる。

国家戦略

国家戦略は中央指導部が唱える国家目的、目標の達成に関連するすべての国力要素に対して権威ある方向付けをしている。中国は恒常的に「国家戦略」なる用語を使用しない。しかし、中央当局は彼らが「中国固有の社会主義の道」と称するものにおいて機能的に同じであるものを提示している。国家戦略と同等なものは党大会（中国共産党全国代表大会）活動報告および重要な中央委員会公式文書である。新華社や『人民日報』のような公的報道機関の論評ならびに『Outlook』や『学習時報』のような中央委員会に関連する日刊新聞の学術的な分析は、これらの文書における「指導」の意味と重要性の解釈に役立つ有益な報道を提供する。少なくとも、２００２年以降、中国の国家戦略は人民の生活水準を向上させるとともに、21世紀の中頃までに超大国としてよみがえることを目指している。[15]

軍にとっては、国家戦略は次のような理由により重要である。第一としては、軍を含むすべての機関の業務を策定するための重要な戦略見積もりを提示することである。ＰＬＡは組織の必要事項に合致するようにその見積もりに手を入れることも可能である。しかし、軍事的脅威見積もりは上位組織の中央指導部の論理と意図に従わなければならない。第二としては、中央指導部は国家戦略において、軍の役割を明確に定めている。軍の戦略担当者および分析担当者はこの定義の意味と言外の意味を詳細に検討し、この任務の具体化したものをどのようにして周知させるかについての作業を必死になって行うことは疑う余地がないことである。しかし、中央指導部は党大会報告と関連文書でこの役割の公的見解を示す。第三としては、中央指導部は「安全保障」と「防衛」の意味に関しての戦略構想と指導を構成する幅広い要素をしっかりと定めている。そして、それは軍隊建設と作戦運用までも含んでいる。その論理構成は中央指導部が軍事的活動（その他の軍事組織も含めて）を国家戦略の精神と目的に確実に合致させるようにする権利を有しているというものである。軍は、中央指導部の方針に細部事項を付け加え、方針の拡大を図る。しかし、国家レベルの方針を勝手に変更し、それに矛盾する行動を取ることはできない。

中国の国家安全保障戦略は国家戦略の補完的なものであり、重要な部分を占めるものである。『軍語』の2011年版は国家安全保障戦略を国家の生存と発展のために必要な総合的安全保障を確実にする行動を策定するための方針であり、戦術（策略）であると定義している。[16] 中国の安全保障戦略は、安全保障がどのように考えられるべきか、国家戦略を支えるためにそれがどのように実現されるかについて最も広範囲にわたる部門において概論している。数年にわたり、中国は公式の国家安全保障戦略も、その作成に必要な組織も持っていなかった。初期において中央委員会は「新安全保障概念」（新安全観）のような安全の政策的な考えを打ち出し、それに従って、その政策を実施するよう関係部局等へ指示した。しかしながら、その過程を支援し、管理する組織がないという状態で、その実施を実のあるものにするため、中央指導部がどのようにして関係部庁に責任を持たせたかについては明確ではない。2015年に中国の指導者は国家安全委員会なるものを創設した。その年、最初の国家安全保障戦略を発行したが、その内容は間接的にしか知られていない。[17] 中央指導部の「安全保障」の定義および枢要な指示の配布は国防白書と同様に、党大会報告において知ることができる。軍にとっては、国家安全保障戦略は重要である。何となれば、それは安全保障なるものを明確にして、全省庁が国家の発展のためにどのようにして安全に備えるべきかについての一般的指示を提示しているからである。

国防政策

中央指導部の責任範囲にあるものとして、国防政策の公布がある。中国の「国防政策」は、「予見し得る時代の国防責任を果たすために計画されたすべての行動に係る基本的基準」を提示するものであり、「国家政策の重要な部分」を占める。[18] しかしながら、中国は「国防政策」なる文書を発布していない。事実、当局は一般に、国防政策を数行で特色付けているに過ぎない。その代わり、中国国防政策は党中央政治局常務委員会報告、国防白書、およびその他の公文書の中で述べられている。軍事に関しては、国防政策は軍の体制、軍隊建設、および軍事活動に関する包括的考え方を統括する中央指導部に対し重要な枠組みを提示する。[19]

軍事戦略

中央軍事委員会はさらに「軍事戦略」と呼称される国家軍事戦略の、より特別化され細分化された詳細なものを提示する。2011年版『軍語』は「軍事戦略」を「戦争のための努力の指向方向を総合的に指導する『方針と策略』を合わせたもの」と定義している。[20]『戦略学2013』も同様に「軍事戦略」を「戦争を中心に据えた軍事力の全般的な整備と行使を計画し、指導するための方針と策略である」と定義している。[21] これらの定義により、軍事戦略の権限の及ぶ範囲は原則として、戦時および平時における国家目的を支援するため軍近代化と軍事活動を指導することにあることは明らかである。実際、『戦略学2013』は「軍事戦略について、国際戦略と国家発展の一般情勢を起点として、国家の発展の一般情勢に役立ちかつ貢献すべきである」と述べている。[22]

中国の軍事戦略は戦争の本質の判断ならびに重要な戦略構想および党の軍事思想から導き出された法則を受けての脅威分析を吻合させた多くの指示からなる。軍事戦略は上級レベルの指示に従わなければならないので、それはしばしば関連した上級レベルの分析、戦略目標および指示を要約し、それらを組み合わせたものとなる。これが軍事戦略は「党および国家の軍事政策を集中的に具体化したものである」といわれる所以である。[23] しかし、上級レベルからの命令、指示の繰り返しの内容は軍事戦略そのものに対して

表１　習近平時代の戦略レベル

戦略レベル	根幹構想	主要根拠文書	指導の重視事項
国家戦略（National Strategy）	「中国の夢」（Chinese Dream）	党大会報告、中央委員会公式文書	国家復興実現のための目標、手段、方法に関する党、政府、軍に対する包括的指導
安全保障戦略（国家戦略の一部）（Security Strategy）	包括的安全保障構想	党大会報告、国家安全保障戦略	前記を支援するために必要な国内的および国際的安全保障環境をどのようにして達成するか
国防政策（国家戦略の一部）（Defense Policy）	「防勢的」国防政策	党大会報告、国防白書	前記を支援するための国防関連行動をどのようにして創出し、実行するか
軍事戦略（Military Strategy）	「積極防御」	国防白書 中央軍事委員会メンバーの発言	前記を支援するためどのようにして軍事力を整備し、作戦運用するか

混乱を与えてはならない。どの権威筋が国家軍事戦略のどの部門に責任を持つかに対する誤解が中国国家戦略における分析において間違いを頻発させる元凶である。軍事戦略の原則的役割は中央当局によって与えられた戦略的指導を軍の計画立案者が使用可能な形に書き換えることである。

総括――中国の国家軍事戦略

中央指導部および軍指導部は、指導、戦略構想、党理論、および指導原則などを介して戦略指針を明確に記述する。これらの各種文書での政治的な言い回しは政策、教育、党の権威の高揚等の方向を提示し、党に対する忠誠および認識について反復教育をする上で重要な役割を演じている。各種指導は政策および行動を実施するための公的な通達である。指導は命令と異なる、すなわち指導は政策行動を精神的に指導するものであるが、命令は直接的に特別の行動を実施するために作成されている。戦略構想（戦略思想）は全般的軍事情勢の指示および立案に関する基本的な考え方を示す。[24] これらはすべての戦略指導書が重要視する最も基本的な原則および考え方を示す。これの軍事的例示として、「積極防御」および「人民戦争」論がある。

党理論は戦略構想を指導に結び付ける際の強調すべき論理および分析を示す。党軍事指導論（党的軍事指導理論）は軍事力の建設と作戦運用に関する党の「科学的な理論」の制度である。それは、以前の指導者、すなわち毛沢東、鄧小平、江沢民、および胡錦濤のすべての理論的主張を含むものである。[25] 指導方針は特定問題に関する行動の指導のための、「綱領」と「原則」を示すものである。軍事に関していうならば、「軍事戦略指導方針」があり、それは「軍事戦略方針」とも呼ばれている。

中国の国家軍事戦略を研究する際特に注目すべきものをあげるとすれば次のものが考えられる。①戦略および軍事脅威見積もり、②軍事戦略の役割と任務の指定、③軍隊建設に関する指針、および④軍事力の行使に関する指針である。

戦略見積もりと軍事脅威見積もり

中国の中央指導部によって作成される戦略見積もりは国の生存と発展に脅威となるものおよび寄与するものの双方に関する傾向について述べている。その内容はすべての関係部庁に周知される。ＰＬＡはその脅威の軍事的本質および全世界的で生起している戦闘に関連する傾向を詳細に述べて、中央指導部の戦略見積もりをさらに精度の高いものにしている。中国の軍事指導部は紛争に対する軍事的準備の方向付けとして伝統的に「第一と第二の戦略的方向」を指定している。過去において、「戦略的方向」は原則国家の生存と団結に対する主要脅威もしくは軍自身が向かうべき目標に関するものであった。その結果、「戦略的方向」を指定することは国際情勢に関する最高指導者による戦略見積もりを軍事的に適用することを意味していた。

中央指導部による戦略見積もりと軍当局による戦略的方向への戦略見積もりの移転との関係は中国の最近の歴史において何回となく目にすることができる。たとえば、1950年代および1960年代において、毛沢東は米国を主要な戦略的脅威とみなしていた。軍事指導者はこれに基づき、「東」(台湾および太平洋)からの可能攻撃の言い回しを使い「主要戦略的方向」を定義した。1960年代、毛沢東はソ連と西側資本主義の両方を脅威とした。軍部はソ連からの「北」と「西」からのおよび米国からの「東」からの攻撃という言い回しで主たる戦略的方向を明らかにした。1970年代、厳しい関係は北京にモスクワを主たる脅威とさせ、軍部は「北」と「西」からのソ連の大規模侵攻の可能性を「主要戦略的方向」と指定した。[26] 1985年、鄧小平は、中国はもはや大規模侵攻の脅威にさらされていない、そして主たる危険は台湾を含む国境線沿いの局地紛争から生じると宣言した。この結論に従い、軍は主要戦略的方向としての敵を指定しなかった。その代わり、敵を明確化しない沿岸構想を採用し、「公海における管轄と機動性を重視し、海洋における権益を維持すること」を求めていた。[27]

軍事戦略の役割と任務

中央指導部が国家戦略を支援するための軍の戦略的役割を概略的に示す一方で、軍はこの情報を軍隊建設とその行使に関する任務と責任に移し替える。これらの任務の公式概念は何回も変更された、そして2004年以来、上級指導者はしばしば省略名「新歴史的使命」と呼ばれる「新世紀の新時代の軍隊の歴史使命」なる言葉に執着している。この「新歴史的使命」の概念は次の4つの責任事項からなる、①党の統治を確固たるものにすることを保証する重要な力を与える、②国家発展に重要な戦略的機会の期間を失うことのないよう強力な安全保障を供する、③国益を守るため強力な戦略的支援を供する、および④世界平和を守り、共通の発展を推進する上での重要な役割を果たす。[28] 中央軍事委員会は作戦および会戦(戦役)計画立案を指導する多くの軍事任務にこの指示を採択している。

軍隊建設の指針

「軍隊建設」は次の分野に関する指示を含むPLAの用語である。すなわち、①武器、プラットフォーム、装備の開発、購入および取得の改革、②研究機関および人事の改革と同様に、軍の指揮および軍事組織の改革・発展、および③ドクトリン、訓練および教育である。中央当局は党の抱える全般的な課題との一体性を堅持し、軍隊建設の一般的な方向付けのための音頭を取る。特に指導者は軍が備えるべき基本的な紛争形態を明確にするため、しばしば「対軍事的紛争準備のための基本的事項」を常套句としている。

脅威見積もりと同様に、中央指導者は軍事的な接近方法を示して、改革および近代化の概括的な方向を明らかにしている。1950年代と1960年代の党の改革は軍の平等主義、階級、およびドクトリンに焦点が当てられていた。1960年代と1970年代においては、文化大革命を企てた毛沢東路線はPLAの中にその精鋭化よりも過激な政治を優先する結果を招いてしまった。鄧小平が権力を握り、国を近代化に向けた時に、軍は自身の近代化に重点を置くことに復帰した。1985年、軍は「局地紛争」において卓越する能力を持つ近代的軍隊の創設に努力すべきであるとの鄧小平の指示を採択した。1992年、湾岸戦争の結果とハイテクを駆使した「軍事革命」による米国の一方的勝利により、PLAはハイテク条件下の局地戦を戦い得る軍隊を建設するべくその指示を修正した。２００４年、国家の「科学的発展構想」を推進する中央指導部の決定は成長の旗振りとして国家の「情報化」（信息化、すなわち情報技術の広範にわたる発展と徹底利用）を推進することとなった。[29] 軍事部門におけるこれら技術の重要性を認識した軍は、情報化条件下の局地戦に勝利し得る軍隊を創設することとする指示に従って、軍隊建設に関する指導指針を改定した。

「積極防御」と軍事力行使の指針

中央指導部によって設定された政治的、戦略的目標を達成するためどのように軍事力を行使するかについての指針は中国軍事戦略の中心をなすものである。中央当局は戦略目標達成のためのＰＬＡの武力の行使を統制する広範囲にわたる指針を示す。中央当局と軍当局間の相互作用は他の部門と同じように戦略的指針の領域において、明確に見ることができる。革命時代においては、大規模動員に対する党の政治的指向と大規模動員にほとんど依存した「人民戦争」という軍事的戦術に関する中央指導部の考えは一致していた。同様に、２０００年代において、経済発展をもたらす科学技術の役割の向上に関心を持った中央指導部は教育を受けていない、地方からの徴兵で動員するよりも、「高度な技術」を持ち、教育を受けた、有能な人間の質を高めるようにそれまでの「人民戦争」論の考えを改めた。

ＰＬＡは一般化された中央からの指針を「積極防御」の最も重要な部分である骨幹戦略構想によって周知されている公的な教訓、格言および指導原則を構成している特別表現に書き換えている。事実、中国の最近の２０１５年国防白書は「積極防御戦略構想」とか「党軍事思想の要諦」という表現を使っている。白書は「積極防御」を多くの関連するおよび下位の教訓、原則を含めて、戦略的には防衛であり、作戦および戦術的には攻撃である両者が一体化したものと定義している。『戦略学2013』は積極防御の戦略構想の目的を「国家の主権、安全および領土を守る」ことにあるとしている。その基本姿勢は「自衛」である。それは軍に「反撃」させることであるが、「会戦（戦役）や戦闘において先制攻撃を排除することを意味するものではない」。[30] この定義は1998年国防白書において提示された見方と対照的に異なるものである。すなわち、それは「積極防御」を中国が「敵が攻撃を仕掛けた後のみ、攻撃による優位を獲得」しようとする「自衛」姿勢として定義している。本土防衛に関する指導原則を定義することによって、その時の積極防御の軍の概念はその時の国防政策を忠実に反映したものであった。[31]

中央軍事委員会は積極防御の幅広い概念に基づく一般指示とそれを適用した意義を「積極防御」の「軍事戦略思想」として成文化している。中国当局はこの指導原則を軍事戦略の系列文書としてしっかりと位置付け、かつ「軍事戦略思想」を「積極防御」の戦略的構想部分を適用した原則として機会あるごとに位置付けている。秘密の「ロゼッタ石」文書の秘匿が解かれたほどではないが、中国の動機および軍事行動の完全に新しい考え方を解読するには「軍事戦略思想」は最良のものであり、さらに「積極防御」の戦略構想に従った国家目的を支援するための軍隊建設とその作戦運用を知るための権威ある指導原則セットとしてはロゼッタ石以上のものがある。

習近平下の国家軍事戦略

本章においては、各階層のおのおのの戦略の内容および公式指示は上位レベルの戦略の関連部分を引用したものであることについて論議する。このようにして、たとえば、「上位から下位へ」のように、軍が受領しそれを発展させる戦略の指導方法を検証することから中国の国家軍事戦略研究を始めることは、より洞察力を富ませ、その中味をより濃くすることになる。我々はまず最初に重要な関連構想の見直しを実施して習近平政権下での中国国家軍事戦略の研究にこの洞察を適用できる。国家レベルの戦略から原理的なものを引き出すことができれば、これらの考え方は国家軍事戦略を理解するための貴重な内容を提供する。鍵となる関連構想の見直しを終えた後で、分析者は国家戦略、安全保障戦略、および国防政策のレベルの再検討のためのより周到な準備をすることになる。

背景——習近平下での重要構想

中国指導部はすべての国家戦略指導の方向を習近平下での「中国の夢」として掲げられている「国家の復興」の実現に定めている。しかしながら、国家安全保障戦略および国防政策関連の構想における重要な変化は国の国家軍事戦略に重大な影響を及ぼしている。

中国は表向き「防衛」政策に固執しているが、2010年頃からこの指向は本土防衛から威圧的であるが、「非暴力的拡張政策」として特徴付けられるものに変化した。これまでのように、2年ごとに発行される中国国防白書の2015年の最新版は中国の国防政策の防勢的特質を強調し、中国は覇権や拡大を決して望まないと述べている。しかしながら、中国が進めている情勢は「軍に好ましい戦略環境」と「国の平和的発展の保障」を助長させるため「新しい要求」を設定したことを認めている。特に、「増大しつつある戦略的利益」をより強力に防護することを力説している。国際秩序を作り上げるため、白書は「軍と安全保障協力の積極的拡大」と「安全保障と協力のための地域的枠組みの構築の推進」の目標の概要を述べている。[32] これらの指示は、中国が指導的立場に立ち、各国が中国の「核心的」利益に関して軍事的に挑戦する意図も能力も持たないような安定した平和的なアジアの安全保障環境を作り上げる野望を喚起している。

ここに描かれている中国の安全保障戦略と国防政策について、注目すべき変化がある。第一は、安全保障の守備範囲が、概念的に全政策分野を含み、海洋、宇宙さらにはサイバー空間をも含むまでに拡大したことである。第二は、軍事と非軍事当局者および政策関係者達が中央文民による意思決定の必要性を高めたことである。第三は、政策変更によって生じた米国との緊張の高まりが危機管理と抑止の重要性を高めたことである。

安全保障構想とその領域における拡大

安全保障構想を「概括的」または「全体的」に採択する最近の方法は、国の安全保障戦略と国防政策の範囲の拡大化をさらに促進している。白書の軍事戦略によれば、その拡大した構想とは国内と国際的な安全保障、国外在住の人民、企業、その他の機関等を含む本土防衛および国家の発展に必要な生存に関係する国益等を合わせたものであるとしている。安全保障は、今や政治、経済、および軍事部門だけでなく領土、文化、社会、化学技術、情報、生態学、財政、および核分野を合わせて11の分野を示す。[33] さらに、安全保障は海洋、宇宙空間、およびサイバー空間の持つ国益にも拡大することが求められている。

中央統制の必要性の増大

この変化しつつある安全保障に対する考え方は党の文民と軍の間にある任務と行為者に関する線引きをかなり曖昧にしている。これらの幅広い安全保障要求に応えるため、軍は戦争と非戦争の任務を実行しなければならない。軍が非戦争の行動へ介入するにつれて、非軍事組織が本来軍のなすべき行動により多く介入するようになった。このことは、２０１４年に国家海洋局から分離し、中国海警局（Chinese Coast Guard[CCG]）が創立され、中国の海洋の領域防衛の一部を担い、そして、今や準軍事組織となってしまっている海洋分野に見ることができる。[34] 安全保障および軍と民の協同の複雑さが増すことにより、中央統制による安全保障関連意思決定の要求が高まってきた。中国指導者が競合する安全保障事案と危機管理の双方のバランスを取るためには政策を調整する任務が重要であることを強調する意味で、国家安全保障委員会を立ち上げ、さらに２０１５年には国家安全保障戦略を発布した。[35]

危機管理と抑止の必要性の増大

中国の拡大・拡張は米国とその同盟国による影響力とのつばぜり合いをある程度前提としているので、中国の強圧的・非暴力的拡大の影響力は米国およびその同盟国との緊張を高めている。軍当局はこれが米国と緊張らしき段階にまで高めていると判断している。孫建国ＰＬＡ前参謀長は、「紛争なしで、米国が我々の核心的利益を認めることは不可能であろう」と述べた。[36] したがって、紛争のリスクを軽減し、危機管理を推進し、敵対関係を減らすための二国間関係構築の方法を見出すことが重要となった。２０１３年、習近平は紛争の危険を減少させる方策として、米国が戦略的に大幅に譲歩することを前提とした「新型大国関係」を採用することを迫った。[37] 軍事的ホットライン使用規則の確立および海上および空対空の軍事的遭遇を統制する信頼醸成措置締結に向けた中国の積極的な姿勢は潜在的軍事危機についての強い懸念を反映したものである。[38] 完全独立軍種としてのＰＬＡロケット軍創設を通じて中国戦略ミサイル部隊の地位を向上させたことは中国の強圧的、非暴力影響力の拡大に対する米国およびその同盟国の反応に対抗するための戦略的抑止にその重要性を置きつつあることを一面において意味している。[39]

これらの検討は中国の中央指導部および軍指導部が国家軍事戦略に関係のある問題にどのようにアプローチするかを理解するための重要な文脈を提供する。引き続いての節において、習近平の時代に発展した国家軍事戦略の国家的および軍事的要素をより詳細に分析する。

習近平下の国家軍事戦略の国家要素

中国の政策が大部分習近平の就任と一致しているので、中国の政策の劇的な変化は、彼の個人的な嗜好によるものと思いがちである。しかし、習が疑いもなく政策指示において重要な役割を演じている一方で、政策変更の主要関係者は多くの場合、改革、解放以来の最も重要なものは、当局が「戦略的機会の時代」と称した21世紀の最初の20年間の国内および国際情勢の変化の中における国家発展に対する要求の変化であるとしている。なぜならばその地政学的特質が中国に有利とみられるからである。大国としての国家の再興と人民の生活水準の引き続いての向上を確固としたものにするため、北京政府はある期間をさらに積極的に断固として政策を必要とする戦略的機会の第二の10年（おおむね習の就任期間と一致する）とみなしている。[40]

非暴力拡大国防政策に関する中国の変更の重要性にもかかわらず、それは限定的であり、極めてご都合主義的性格の強いものである。それは強制することを合法的な方法として受け入れているが、中国の非暴力的拡大は古典的な帝国主義的方法で侵攻し、人民を服従させようとはしていない。また、米国の地球規模の指導的立場に対抗しようとも思っていない、そのような野望はどのような場合も実現不可能である。北

表2　習近平時代の国家軍事戦略の要約

態勢	国家レベル指針	軍事レベル指針
戦略見積もり	国際情勢の動向、発展に対する脅威	軍事脅威見積もり
戦略的役割および任務	PLA の国家戦略における役割（歴史的使命）	PLA の使命
軍隊建設	情報技術と近代化の吻合	軍事紛争の基本事項、すなわち情報化条件下の局地戦
軍隊の運用	歴史的安全保障構想、国防政策、積極防御	積極防御の軍事戦略方針

京の目的は、地域および国際秩序の要素を作り直すこと、そして不測の事態のための備えを万端にしつつ、可能な限り最も不安定化しない方法で核心的国益の管轄を拡大することである。新しい要求は軍事戦略と軍隊の使命および任務に重要な変化をもたらしている。習近平の下、中央指導部は国家軍事戦略の次の部分に関する国家レベルの戦略指針を発行している。①戦略見積もり、②国家戦略における軍事戦略の役割、③軍隊建設、および④軍隊の運用である。

戦略見積もり

第18回党大会報告は軍の事業およびその他の全部庁を指導する総括的戦略見積もりを作成した。それは、たとえば、世界は「平和には程遠い」という国家の発展に対する国際的脅威であり、増大している覇権主義、武力政治（パワー・ポリティクス）、および新介入主義、すなわち、「地域混乱」と「食糧、エネルギー、資源、およびネットワークセキュリティのような全世界的な問題」から生じる脅威である。また安全保障の領域において、中国は伝統的、非伝統的脅威と同様に、生存と発展に影響を及ぼす相互に絡み合った問題に直面していると述べている。

国家戦略におけるＰＬＡの戦略的役割

第18回党大会報告において、新歴史的使命が国家戦略におけるＰＬＡの任務を確定し続けることを明確にしている。その報告において軍は「国家発展のための新しい要求に合致するよう軍の歴史使命を行使する」と述べている。

軍隊建設

第18回党大会報告はさらにＩＴ技術を活用し、軍を近代化するよう指示している。たとえば、その報告は、当事者は軍の機械化と完全情報化の2つの歴史使命を達成するため奮励努力し、２０２０年までに基本的な軍の機械化を完了することおよび軍の完全情報化の主要な進捗をすることに努力すべきであると述べている。それは、軍近代化は軍が「情報化条件下の局地戦」を戦い抜くことを可能にすることに主眼に置いていると述べている。

軍隊の運用

第18回党大会報告によると、中央指導部は国防政策の全体的概念を示し、「積極防御」を軍が指定された任務を遂行する際の軍務指導の枢要概念に指定している。たとえば、その報告はすべての当事者は「国防に関連する作業に対し全般的アプローチをしなければならない」と述べている。また、この報告は、宇宙、ネットワーク領域、および海洋領域における軍事力の使用に関する指針と同様に、平時、戦時を問わず、また戦争状態でなくても積極防御の軍事戦略の実行を軍に指令している。

習近平政権下における国家軍事戦略の軍事的要素

国家戦略、安全保障戦略、および国防政策の進化は中国国家軍事戦略を理解する上の緊要な内容を提示している。これらの進化は、特に、①脅威見積もり、②軍の戦略的役割と任務、③軍隊建設、および④軍隊の運用の分野において、習近平政権下における国家軍事戦略に対する軍の貢献を形作っている。

脅威見積もり

非暴力的拡張政策に向けた国防政策の転換は「脅威」の意味するところを劇的に変えた。軍の指導者は確固たる国の発展と国の再復興に対して危険となるものに脅威を感じている。これらの用語における脅威なるものの定義は中国が直面している国家安全保障問題は多くの問題を含んでおり、その範囲としては極めて幅広く、時間軸としてはこれまでの中国の歴史の中の時間よりもはるかに長時間にわたるものであると軍事戦略白書のその他の難題（中国の力と安全に照らして）の項において説明している。主要な戦略方向は、軍事戦略のほぼ唯一実行すべきものとしてよりも、ＰＬＡが近代的な時代において備えなければならない、数ある脅威の幅広いメニューの中の「同一格付けの筆頭」以上のものとみなされなければならない。この問題に関しての公式文書は少ないが、主要軍事戦略方向は海洋分野から放射されつつあるとするある軍事記事から演繹できるかもしれない。２００９年、ＰＬＡのある専門家は南東海域を「依然として主要方向」であると認識していると論文で述べている。[41] この方向からの脅威は台湾の潜在的分離だけでなくベトナム、フィリピンを含む海上紛争に関係する衝突や危機を誘発させる。その専門家は尖閣諸島等の紛争がうずき出したことにより、日本を第二の方向とみている。同盟国のために、米国が介入する潜在的可能性は海洋方向の重要性を高めている。

2015年国防白書はこの解釈に同意している。脅威分析において白書は中国に対する海上からの危険としてアジア、台湾、日本に対する米国のリバランスと「中国の海上権益」を巡る隣国との争いがその主たるものであるとしている。さらに白書は軍事紛争準備の主対象は「海上における軍事紛争にある」と述べている。この点を強調しながら、白書は中国の「国家主権と海上権益」を「守る」ことのできる「近代的海上軍事戦力」の発展を最優先にあげている。[42] しかし、海上分野のみが脅威の根源ではない。西部地域の不安定化はその独立とテロの危険をはらんでいる。国際的不安定、海賊、自然災害、および国際的テロを含む、中国の海外の経済権益に対する一連の多種多様な脅威にも対応し得るよう準備することが要求されている。さらなる脅威はサイバーおよび宇宙分野のものである。2015年国防白書が述べているように、中国はこのようにして、「そのすべての戦略的方向と安全保障領域における多種多様な脅威と挑戦」に直面している。

使命と任務

軍の第一の使命はこの多種多様な脅威について言及することにある。白書はPLAの戦略的役割は胡錦濤時代の新歴史的使命によって定められたものであることを確認している。この戦略的役割を実行するため、軍事当局は多くの戦略的任務を明確にした。2015年国防白書は8つの任務をあげている。すなわち、①サイバーおよび宇宙空間と同様に海洋における権益防護のような「新しい領域における中国の安全と国益を防護すること」、②「中国の海外権益の安全を防護すること」、このため他国内にある武器、施設等を軍に防護させること、③「地域的・国際的な安全保障協力および地域的・世界的な平和の維持に参加することと」、このことは、国際的な安定を推進するためのあらゆる階層の努力に参加させることになる、④「緊急援助、災害救助、人権と利益保護、防護義務、および国家と経済発展の支援のような任務を成し遂げること」、このためには、軍は国内外の人道的任務に備えていなければならない、⑤「広範囲にわたる緊急事態、軍事的脅威に対処し、中国の領土、空中、および海上の主権と安全の防護について効果的に対応すること」、⑥「国土の一体化を断固として守ること」、⑦「戦略的抑止の維持と核反撃を実施すること」、および⑧「政治的安全と社会的安定を維持するため、反潜入、反独立運動、および反テロ作戦能力を強化すること」である。

軍隊建設に関する指針

軍当局は最も生起しそうな紛争を「情報化条件下での局地戦」としていた２００４年の「軍事紛争の基本事項」を改定した。その改訂は攻撃力の投射、兵力の迅速な移動、武器およびセンサーのネットワーク使用ならびに統合運用の質を向上させることを強調している。２０１５年国防白書はこれに伴う各軍種に期待される改革について、簡単に述べている。すなわち、陸軍は「戦域防衛から複数戦域にまたがる機動に方向変換し、精密能力、多方面、複数戦域、多機能および継戦能力を向上させる」。ＰＬＡ海軍は「沿岸海域防衛から、沿岸海域防衛と『遠隔海域防護』を混合した海軍へ方向変換し、共同作戦能力の高い、多機能を備えた、効率的海上戦闘編制を構築する」。ＰＬＡ空軍は「本土防空から防勢、攻勢作戦の双方が可能となるように転向し、情報条件下での作戦要求に見合うような航空―宇宙防衛軍体制」を構築する。ＰＬＡ戦略ミサイル部隊は、中距離および長距離通常型精密攻撃と同様に戦略抑止と核反撃のための能力を向上させる。[43] さらに、最近当局は戦略ミサイル部隊の格上げを発表し、他の軍種と同等に格付けされる「ロケット軍」と命名した。当局はまた宇宙およびサイバー空間における権益を防護することに対する中国の熱意の高まりおよび情報支配における紛争がこれからの戦争において中心となるというＰＬＡの判断を反映し、これらの領域の各部隊を管轄する「戦略支援部隊」を編制したと発表した。[44]

軍の作戦運用に関する指導

２０１５年国防白書は「国家安全保障および発展戦略」と新しい軍の「任務」により、積極防御構想がより内容の濃いものとなり、かつ軍事戦略方針（military strategic guidelines）を強調するための必要性が高くなったことを認めている。

軍事戦略指導要綱が発布された主なる理由は中央の戦略目的を直接支援するやり方で軍が作戦することを明確にすることにある。したがって、国防戦略の「非暴力による拡大」に向けた変更の精神と意図を忠実に反映するように方針（guidelines）も変更されることが望まれている。２０１５年国防白書はこの期待を正当なものとしている。軍事指針（military guidance）の変更は戦略的洞察および安全保障を高揚するための非軍事的努力との協同ならびに平和時における国際システム、危機管理、抑止、さらに海外活動を形作る上での軍の役割等のそれぞれの質を高めている。

白書は軍事戦略方針（military strategic fangzen）が「戦略的発想」を強調し、軍は「さらに未来志向」であるべきと指示していると述べている。すなわち、軍事戦略方針は軍に対し「政治、軍事、経済、および外交関係部門と緊密に協力するべし」と指示することにより、軍が「国家の戦略目標に従うとともに、それに献身すること」の重要性を強調している。軍事活動の重点の変更を反映し、「指針」（national strategic guidance）は伝統的指令と非暴力拡大を支持するために作られた新しい指令との「バランス」を取ったものとなっている。2015年国防白書は戦争準備と戦争防止、安定維持と権利防護、戦争実施と抑止、戦時の作戦と平時の軍事力の行使等についての「戦略方針」のバランスリストを列挙している。海外活動の重要性を強調するため、白書は中国の国益の安全を確保するための中国の海外権益に重大な影響を及ぼす地域において、国際安全保障協力を推進することを軍に指示しており、さらに世界共通の安全保障を維持する方法で、ネットワークと宇宙領域における「脅威にも対処する」ことを軍に求めている。[45]

結論

中国は単一の「国家軍事戦略」を持っているという考えは、中国のレーニン主義政治を西側的概念で理解させようとする策略とみなされるかもしれない。しかし、この考えは、利点がないことはない。国家軍事戦略と機能的に匹敵するものを認識することは、軍隊建設と運用に関する北京の意図についての権威ある洞察を得る潜在的可能性を分析者に与える。さらに、先進工業国家のように、中国が国家軍事戦略の機能と同じようなものを必要としているという期待はほとんど論理的ではないことはない。

事実、入手可能な一般文書の分析は、中国が機能的に同等なものを持っていることを示唆している、しかし、その関連情報にアクセスするためには国家レベルと軍事戦略の指針の研究と中国の特異な政治制度に通暁することが必要である。しかし、このアプローチには明らかに欠点がある。公式文書および分析説明書のような膨大な資料、中国政治制度の複雑さ、有名無実なマルクス主義者の党の軍隊の政治的用語の難しさ（中国語や独特の文化の複雑性はもちろんである）は途方もない障害となる。

西側の分析者が中国の国家軍事戦略についての簡単でかつ明快さを与えるような単一の権威ある説明を

探し求めていることは理解できる。しかし、この誘惑は抑制されなければならない。党の軍隊としてのＰＬＡの認識および中央当局と軍当局間の責任の分割はどのような簡単な特徴付けをも不可能にしてしまっている。中国における国家軍事戦略の構築とは主要内容を管轄する中央指導部とさらに詳細な専門的指針を提示する軍指導部の間のおのおのの分担を決めることである。中国はさらに多形でしばしば当惑させる、戦略構想、社会主義理論、各種指示、および綱領というような言い回し方で国家軍事戦略を表現する。しかしながら、どのような単一の構想、指示、あるいは綱領も中国国家軍事戦略のすべてを正確に把握していない。

ＰＬＡは軍事戦略または軍事戦略指針を党および国家軍事政策の集合化表現として特徴付けている。これらの要約された刊行物を読むＰＬＡ将校は中央当局から発行された文書や書き物で概説された戦略指針の論理と意味の下で重要な訓練を受けていることを銘記することは価値のあることである。したがって、軍事戦略に関する中国の文書はレーニン主義者の基本点と中央の戦略指針の基本点としばしばかなりの類似性を持っている。この同じ文書に通暁していない西側読者はある概念および指示の文脈から情報を取り出し、その重要性を誤解してしまう危険性がある。軍事戦略方針の意味と重要性に関わる混乱の原因はこの点にある。

ＰＬＡの国家軍事戦略を理解する最善の方法は中国軍将校が行っている方法そのものを学ぶことである。すなわち、より専門的で、詳細にわたる軍による研究によって補足された中央の戦略指針（strategic guidance）を研究する方法である。中央および軍の双方の指針の最も際立った面に通暁することによって、研究期間はいくらか短縮することができる。しかしながら、幻想はあり得ない。国家軍事戦略を極める中国の優れた独特のアプローチを理解するための分析には相当の作業が必要である。この問題の重要性、特に中国と米国およびその同盟国間で増加する軍事的緊張を考慮するならば、北京の考え方を正確に把握するために必要な労働についての投資は価値のあることであろう。

1 Alan G. Stolberg, "How Nations Craft National Security Strategies," SSI, October 2012, p. 23.
2 David Finkelstein, "China's National Military Strategy," The People's Liberation Army in the Information Age, James Mulvenon and Richard Yang (ed.), RAND Corporation: Santa Monica, CA (1999), pp. 99–145.
3 Taylor Fravel, "The Evolution of China's Military Strategy: Comparing the 1987 and 1999 Editions of Zhanluexue," China's Revolution in Doctrinal Affairs: Emerging Trends in the Operational Art of the Chinese People's Liberation Army, James Mulvenon and David Finkelstein (ed.), CNA Corp.: Alexandria, VA (2005), pp. 79–99.
4 David M. Finkelstein, "China's National Military Strategy: An Overview of the 'Military Strategic Guidelines'," in Andrew Scobell and Roy Kamphausen, eds., Right Sizing the People's Liberation Army: Exploring the Contours of China's Military, (Carlisle, PA: Army War College Press, 2007), pp. 69–140.
5 Finkelstein (2007), p. 82.
6 Finkelstein (2007), p. 86.
7 Finkelstein (2007), p. 130.
8 Department of Defense, "Annual Report to Congress: Military Power of the People's Republic of China," 2009., http://www.defense.gov/Portals/1/Documents/pubs/China_Military_Power_Report_2009.pdf.
9 Department of Defense, "Annual Report to Congress: Military and Security Developments Involving the People's Republic of China 2012," May, 2012., http://www.defense.gov/Portals/1/Documents/pubs/2012_CMPR_Final.pdf.
10 Taylor Fravel, "China's New Military Strategy: 'Winning Informationized Local Wars,'" China Brief, June 23, 2015., https://jamestown.org/program/chinas-new-military-strategy-winning-informationized-local-wars/.
11 Department of Defense (2009).
12 Finkelstein (2007), p. 89.

13 Timothy R. Heath, "Why PLA Watchers Keep Missing Changes to China's Military Strategy," American Intelligence Journal, October 2009.

14 "Comrade Deng Xiaoping's 'Hide your Capabilities, Bide Your Time' Concept: Was it Expediency?," People's Daily［人民日报］, April 7, 2010.

15 Timothy R. Heath, "What Does China Want? Discerning the PRC's National Strategy," Asian Security, March 2012, pp. 54–72.

16 Military Dictionary［军语］, PLA Press, 2011, p. 51.

17 Xinhua, "China Warns of Unprecedented National Security Challenges," January 23, 2015, http://news.xinhuanet.com/english/china/2015-01/23/c_133942451.htm.

18 Military Dictionary［军语］, PLA Press, 2011, p. 18.

19 Chen Zhou, "China's National Defense Policy," China Military Science［中国军事科学］, September 2009.

20 Military Dictionary［军语］, PLA Press, 2011, p. 50.

21 Sun Zhaoli et al., Science of Military Strategy［战略学］, (Beijing: Academy of Military Sciences Press, 2013), p. 3.

22 Sun Zhaoli, p. 10.

23 Luo Zhen, "An Interpretation of the New National Defense White Paper: Interview with Chen Zhou," PLA Daily, May 27, 2015, p. 5.

24 Science of Military Strategy［战略学］, (Beijing: National Defense University Press, 1999), p. 61.

25 Military Dictionary［军语］, PLA Press, 2011,p.3

26 Sun Zhaoli, pp. 44–46.

27 David M. Finkelstein, "China's National Military Strategy: An Overview of the 'Military Strategic Guidelines,'" in Andrew Scobell and Roy Kamphausen, eds., Right Sizing the People's Liberation Army: Exploring the Contours of China's Military, Carlisle, Penn.: U.S. Army War College, 2007, pp. 69–140.

28 "Full Text of the 17th Party Congress report," Xinhua, October 24, 2007.

29 さらなる情報を必要とするならば、次を参照。Joe McReynolds and James Mulvenon, "The Role of Informatization in the People's Liberation Army under Hu Jintao," in Assessing the People's Liberation Army in the Hu Jintao Era, Roy Kamphausen, et al, eds., (Carlisle, PA: Army War College Press, April 2014).

30 Sun Zhaoli, p. 47.

31 "Full Text of Defense White Paper," Xinhua, July 27, 1998.

32 "Full Text: China's Military Strategy," Xinhua, May 26, 2015.

33 "Xi Jinping Speaks at Politburo Study Session on Security," Xinhua, April 15, 2014.

34 Ryan Martinson, "The Militarization of China's Coast Guard," The Diplomat, November 21, 2014.

35 Zhao Kejin, "China's National Security Commission," Carnegie-Tsinghua Center for Global Policy, July 14, 2015. As of January 13, 2016: http://carnegietsinghua.org/2015/07/09/china-s-national-security-commission/id7i.

36 Sun Jianguo, Seeking Truth［求实］, March 1, 2015. As of January 13, 2016, http://www.qstheory.cn/dukan/qs/2015-02/28/c_1114428331.htm.

37 Jane Perlez, "China's 'New Type' of Ties Fails to Persuade Obama," New York Times, November 9, 2014.

38 Phil Stewart, "U.S., China Agree on Rules for Air-to-Air Military Encounters," Reuters, September 25, 2015.

39 Ministry of National Defense of the People's Republic of China, "China Establishes Rocket Force and Strategic Support Force," January 1, 2016, http://eng.mod.gov.cn/ArmedForces/second.htm.

40 Timothy Heath, "Xi's Bold Foreign Policy Agenda: Beijing's Pursuit of Global Influence and the Growing Risk of Sino-U.S. Rivalry," China Brief, March 19, 2015. https://jamestown.org/program/xis-bold-foreign-policy-agenda-beijings-pursuit-of-global-influence-and-the-growing-risk-of-sino-u-s-rivalry/.

41 Fan Zhenjiang, "A Study of Strategic Military Guidance in the New Period of the New Century," China Military Science, March 2009, pp. 36–44.

42 China's Military Strategy［中国的军事战略］State Council Information Office［中华人民共和国国务院新闻办公室］, May 29, 2015. http://www.scio.gov.cn/zfbps/gfbps/Document/1435341/1435341.htm.

43 Ibid.

44 Ministry of National Defense of the People's Republic of China, "China Establishes Rocket Force and Strategic Support Force," January 1, 2016.

45 "Full Text: China's Military Strategy," Xinhua, May 26, 2015.

第2章

変化しつつある中国の軍事戦略アプローチ

——2001年および2013年の『戦略学』

M・テイラー・フラベル[1]／五味睦佳訳

2015年11月、習近平は人民解放軍（PLA）の軍事的効果を促進するため、予想外の大々的な組織改革を発表した。この改革は1950年代初期に採用された、四総部（総参謀部、総政治部、総後勤部、および総装備部）および軍区構成以来のPLAの最重要改革である。[2] この広範囲にわたる改革は世界最大の経済国家の1つとしての地位にふさわしい近代的で能力の高い軍にするという中国の強固な決意を示すものである。また、この改革により再構築されたPLAがどのように運用されるかを明らかにする軍事戦略への中国のアプローチを理解することの重要性を強調している。特に、この改革は中国の軍事戦略の内容についての疑問を提示している。中国はどのような戦いをするのであろうか。どのようにして戦うのであろうか。中国の戦略家はその戦いに勝利するためにはどのような能力が必要と考えているのであろうか。

このような中国の軍事戦略についての疑問に対して明確な回答を見つけることは困難である、特にこの懸案問題解決の鍵となる中国の文献の英語版を入手できない時は難しい。中国は2年ごとに国防白書を発行しており、中国の指導者は時には軍事戦略についての疑問点に言及することもあるが、重要な軍事問題については包括的で、一般的にしか論議しない。ＰＬＡ将校および学者は軍事に関し幅広い意見を中国語の資料において公にしているが、それらは独りよがりで、戦略に関しての問題についてはお互いに強い反対意見を持っている。これらの主張を選択的に取り上げ、英訳した時、これがＰＬＡの権威ある公式見解を表していると誤解される可能性がある。その典型的な例に１９９９年発行の『超限戦』がある。[3] 政治的業務が専門で戦略分析を専門としない２人の空軍大校（上級大佐）によって書かれたものであるにもかかわらず、「中国の米国破壊基本計画」との副題を付けて英訳され、西側のメディアや政策立案関係者はこれを副題どおりに理解してしまった（中国の原本の実際の副題は「２人の空軍大校のグローバリゼーション時代における戦争と作戦のシナリオ」であった）。

２０１３年発行の『戦略学』（Science of Military Strategy[SMS]）はどのように中国の軍事戦略に対する考えが変わりつつあるかを理解するための格好の資料である。[4] 12年前に発行されたものに代わって、『戦略学２０１３』は中国のトップにいる戦略家がどのように中国の安全保障環境を分析しているか、軍が中国の国益を防護するためどのように運用されるべきか、どのような軍事力をＰＬＡは将来増強すべきかを明らかにしている。『戦略学２０１３』の内容を分析し、それを広めることにより軍事戦略に対する中国のアプローチの理解を深めることが可能となる。

軍事戦略に対する中国のアプローチがどのように変化しつつあるかを検証するため、本章においては、『戦略学２００１』と『戦略学２０１３』を比較することとする。本章の結論は次の２つである。その第一は、２０１３年版は軍事戦略についての思考に対する中国のアプローチの進化を表していることである。それは中国軍事戦略への革命的な新しいアプローチに関する陳述はしていない。その代わり、新しい環境に基づいて考え方を修正し、調整し、「積極防御」のような戦略へのＰＬＡのアプローチを重視するという伝統的方法により中国の安全保障環境における変化を検証している。その第二は、主要な題目である軍事技術や潜在的な敵国の体制は世界的規模で進歩している、このような状況下、ＰＬＡが作戦しより大きな戦略縦深の重要性を必要とする戦闘空間に新たな海外権益がどのように拡大しつつあるかということである。このように、本書の大部分は戦略に対する伝統的アプローチに基づいてこれらの新しい事態にＰＬＡがどのように対応すべきかを検証しているものとして位置付けられる。

本章においては、まずＰＬＡを対象とした軍事専門書物の一部として発行されている軍事戦略関係の書籍をどのように読みこなし、それをどのように解釈するかについて検討することとする。重要なことは、『戦略学２０１３』は中国の公式の軍事戦略や軍事戦略方針（military strategic guidelines）を包含していないし、ましてやＰＬＡの現用の作戦ドクトリンの細部の検討も含んでいないことである。その代わり、それはＰＬＡの最も重要な軍事思想家を擁し、かつ彼らの幾人かは西側の軍事教育研究所の要員よりも軍事戦略の開発に関してはるかにより直接的役割を果たしている組織である「軍事科学院」（Academy of Military Science[AMS]）の戦略家の考えを開陳している。そこで２００１年版と２０１３年版の緊要な相違点を検証することとする。全般的にいって、２０１３年版は２００１年版に比較してより実際的かつ応用的であり（理論的および概念的要素が少ない）、中国の特質的軍事システムおよび中国が今後数十年間に領土と国益を守るために進化させるべき枢要な能力を大々的に強調している。本章において、２００１年版では述べられておらず２０１３年版で導入された新しい概念を検証する。この概念は戦闘空間の拡大とより大きな戦略縦深の必要性に関連するものである。これらの概念には前方防衛、戦略空間、効果的統制、および戦略体制がある。２０１３年版を使用しての将来の研究方法は軍事戦略に対する中国のアプローチへの理解を深めさせると結論付けられる。

軍事戦略関連の中国の刊行物をどのように読みとるか

『戦略学２０１３』は戦争研究に関するＰＬＡの専門的軍事書の頂点にある。軍事科学に対する中国のアプローチは戦争研究を戦略、会戦（戦役）、および戦術の３つに分類している。西側軍事関係者は軍事用語として使用しないが、戦略学なる語句はＰＬＡ内で使用されている。[5]「戦略学」という題名の出版物は全般戦略および各軍種の戦略の両方を研究対象としている。[6] ＰＬＡの『軍語』はこの戦略学研究を「戦争の全般状況、戦争の規則、国防、および軍隊建設を研究する専門分野」と定義している。[7] その結果、そのような書籍の目的は、ある特定の時点における戦争の特質を理解することおよびどのようにしてこのような戦争が防止されるべきか、または戦われるべきかを総合的に関連付けることであり、それはまた「戦略指針」(strategic guidance) として知られている。

現在までに、ＰＬＡと関連する研究機関は『戦略学』と同じ題名の5冊の本を出版している。軍事科学院は１９８７年、２００１年、および２０１３年に『戦略学』を発行している。[8] 軍事科学院副司令官は１９８７年版の草稿を指導し、当研究院の軍事戦略研究部門は２００１年および２０１３年版を編集した。[9] 当研究究院は２００１年と２０１３年に戦略学に関する教科書を出版しており、その内容は２００１年版と２０１３年版『戦略学』にほぼ同じである。人民解放軍国防大学は１９９５年と２０１５年にこれとは別に、『戦略学』の2つの出版物を発行している。[10] 国防大学副学長は個々の学者が起草した、特別の章から構成されている草稿の作成を調整、監督した。それに加えて、国防大学は『２００７年軍事戦略理論』のような軍事戦略に緊密に係る書籍を発行している。[11] 当研究院版はＰＬＡの戦略および作戦ドクトリンを作成する直接的役割を果たしており権威あるものである。他方、国防大学版は国防大学の2人の首脳の1人により編集されているので、これも権威あるものである。これらの出版物のうち1つのみが、英訳されている。2005年、軍事科学院は2001年版の英訳版を発行した。この英訳版により、当該年度版が中国の国外で、幅広く知られるようになった。『戦略学2001』が各方面で活用されている理由である。

これらの書籍の主な読者は中国の軍事に関心を持つ外国人でなく、PLAの将校である。これらは研究機関および指導教官により内容が一定しないが、軍事科学院および国防大学の卒業後の課程で使用されている。これらを指定図書とする目的は、PLA将校に戦略および戦略関連物をどのように考えるかを教えることにある。このような方法により、当該書籍は中国の軍事戦略の形成に間接的に影響を及ぼしている。

これらは軍事戦略を検証するものではあるが、中国軍事戦略方針、中国公式軍事戦略、またはPLA軍事ドクトリン以上の内容を含んではいない。中国軍事戦略方針は通常中央軍事委員会の全体会議における中国の党および軍首脳の内部演説において紹介される。これらの軍事戦略方針の9つは1949年以降に発布されたものであり、それらは中国の国家軍事戦略に最も近いものである。[12] しかしながら、軍事科学院版『戦略学』は新戦略方針に対する更新に時間的遅れがある。たとえば、2001年版は1993年版方針の8年後に発行されており、2013年版は2004年の戦略方針の調整から9年後に発刊されている。中国軍事戦略に関する高級レベルの権威ある論述は通常2年ごとに発行される国防白書に掲載される。事実、2015年国防白書は軍事戦略に特に焦点を当てて述べている。[13] したがって、党幹部に対する一連の訓練資料として発行されている国防および軍事近代化に関する最近の刊行物の方が最新の『戦略学』より最近の軍事戦略に特化された権威ある論述に近いものといえる。[14] 最後に、中国は西側軍人によって使用されているものに直接匹敵する軍事ドクトリンの概念を持っていない、西側研究者がドクトリンと称するものは会戦（戦役）・作戦綱要（campaign or operational outlines）または作戦規則（作戦条令）の中に成文化されている。会戦（戦役）および特別作戦をどのようにして実施すべきかの概要を示すこれらの文書は極秘であり、周囲にも公開されていない。

各『戦略学』は公式の軍事戦略、軍事戦略方針、あるいは軍事ドクトリンを反映していない。それらの出版物はむしろ戦略および作戦ドクトリンの策定に従事している人民解放軍の指導的立場にある戦略家の考え方に力点を置いている。『戦略学２０１３』の場合、軍事科学院の軍事戦略部により、総合的に編集された。当研究院はＰＬＡの２つの最も重要な研究機関のうちの1つであり、中央軍事委員会へ直接報告している。歴史的に、この軍事戦略部は中国の安全保障環境の分析、とりわけ、特定の時点での戦争の「形態」に関する分析において重要な役割を果たしてきた。寿暁松（Shou Xiaosong）少将に率いられた、２０１３年版著作チームは35名からの編成であった。寿暁松少将は１９６９年にＰＬＡに入隊し、１９８１年に軍事科学院に移る前は蘭州軍管区の61師団で勤務した。[15] 戦略部は研究部門としてＰＬＡに代わり、話したり書いたりはしないが、彼らの考え方はＰＬＡの中では極めて影響力に富むものであり、中国の軍事戦略に対するアプローチをより理解しようとする外部の観察者はこれを真面目に取り扱われなければならない。『戦略学２０１３』のような書籍はこのように有益で啓発的なものであるが、秘密扱いの文書に含まれている内容のような公式戦略に関して、権威がありかつ決定権のある論理ではない。[16]

注目すべき最後の点は２０１３年版の起草過程の時期である。習近平が中国共産党の指導者となってから1年以上経過した２０１３年12月にこれが発行されたが、この概念と提法（formulation）のほとんどは胡錦濤時代に作成されたものである。新版起草の決定は２０１０年になされ、実際の起草作業は２０１１

年と2012年に開始された。2012年12月、これの検討会議が開かれ、数か所の変更がなされた、そして2013年4月に軍事科学院指導部は最終的に最終案を承認した。[17] 習近平の唱える「精強な軍隊」との関連を見出すことができるが、この文章は軍事および軍事戦略に関しての習近平自身の考えおよび影響を表明しているとは思えない。その代わり、それは胡錦濤指導の中国共産党時代におけるPLAの戦略思考の進歩発展の最高点を示している。[18]

2001年版と2013年版との差異

本章は『戦略学』2001年版と2013年版との差異を強調するものであるが、類似点としてはPLAが軍事戦略思考への進歩的アプローチを重視していることを第一にあげていることである。この類似点は中国の「積極防御」を基本的戦略構想として共有して受け入れることである。中国戦略思考における積極防御構想は1930年代までに遡ることができ、1949年以来、各軍の軍事戦略方針へ採りいれられた。[19] 積極防御の神髄とは中国が戦略的に防衛的姿勢を取り、最初の1発は撃たないが防衛目的を達成するためには攻勢的行動を取ることにある。積極防御の他の重要な要素は戦争抑止を探求しつつ、可能であれば「人民戦争」論の下での国家支援を動員することを含んでいることである。[20]

2013年版の著者は積極防御が中国の軍事戦略思考の基盤であることを明確にしている。この書籍において、積極防御は「計画、発展の指導さらに核心的な戦争に伴う軍事力行使のための全般的かつ根源的指導となるもの」と述べている。[21] さらに同書は、その考えの「基本精神」についてのいくつかの要素を明確にしているが、最も重要なことは「自衛の姿勢を堅持しつつ、敵が攻撃したら攻撃する（厳守自衛立場、堅持後発制人）という要素」である。さらに「我々は攻撃されない限り、攻撃しない、もし我々が攻撃されたら、我々は確実に反撃する」という毛沢東の主張を引用している。他の強調点は戦術および作戦レベルにおける攻勢と吻合した戦略防衛、戦争を防止しまたは可能であれば封じ込めることおよび人民戦争の役割である。[22]

積極防御をともに論ずることは軍事戦略の定義、軍発展の強調、将来戦の記述、機能領域および予想焦点の強調を含む２００１年版と２０１３年版の差異を検証するための内容を確たるものとした。これらの差異を要約すれば次のようになる。すなわち、①軍事戦略のより広い意味の定義、②より実際的で応用的であることの重視、③中国が直面する軍事紛争へ転向、④核、宇宙、およびサイバー機能領域の役割、⑤未来予測と主張の強調、および⑥地上軍支配への挑戦である。

２００１年版と２０１３年版の最初の相違点は軍事戦略そのものの定義にある。２００１年版は戦略を「戦争の総合的な状況を計画し指導する」と狭く定義している。[23] しかしながら、２０１３年版の軍事戦略は「戦争を核心的なものとして取り扱う軍隊の発展と運用のための全体的な計画と指導」として幅広く定義されている。[24] この幅広い戦略の定義はいささか皮肉っぽく感じられる、なぜならば、それは１９９９年当時の軍事科学院の学者が内容を広げすぎて、軍事戦略の神髄またはどのようにして戦争を実施するかについて十分に焦点を当てていないと批判していた国防大学による１９９９年版の定義と瓜二つであるからである。[25]

２０１３年版の幅広い戦略定義はいくつかの示唆を与えている。第一に、それは単にどのようにして戦争を実施するかという狭い視点にとどまらず、それを乗り越えて戦略の視野を拡大し、抑止行為、危機管理、およびＰＫＯや災害救助のような非戦闘行為を含む平時の軍隊に対する戦略的計画立案と指導についても言及している。このように、２０１３年版の戦略の定義は胡錦濤時代のＰＬＡの「新歴史的使命」の一部として取り上げられてきた非戦争手段による軍隊建設と運用を目標にすることを反映している。[26] 特に、２０１３年版は実際の戦闘行為に関連する３つの「軍事力行使の基本手段」のうちの２つとして抑止と戦争によらない軍事活動をあげている。換言すれば、２０１３年版は軍事力の非戦闘的使用は戦闘と同等と認識している。第二に、それは人民解放軍が将来保持しなければならない各種能力とそれがどのように組織化されるかを検討した上でのより明確な軍隊建設に焦点を当てている。２００１年版は軍隊建設についてては何の陳述もないが、２０１３年版は「軍事力量体系」（military power system）に1章を割り振り、また他の章では各軍種の建設目標を検討している。

第二の相違点は主題の方向付けである。２００１年版は強力な論理に焦点を当てているが、２０１３年版は戦略をどのように構想するかの疑問を大胆に無視して、より実際的、応用的である。編者序文で述べたように、２０１３年版は「すでに出版されている『戦略学』の2つの版の形式および内容を頑なに維持しようとせず、おのおのの形態を大げさに考えていないし傾聴もしていない」。[27] その代わり、この新しい版の目標は、「新世紀の新しい場面での軍隊建設と運用の主要な戦略的課題をしっかりと掌握すること」としている。[28] 編者序文の後段において、２０１３年版が「戦略的高さ、理論的深さおよび実現に向けた強力な態勢（強烈的現実針対性 [strong practical focus]）を持つように理論と実践を組み合わせていると主張し、さらに新しい状況下における軍の戦略的指導のための主要問題を理論的に説明しかつ回答できる」と述べている。[29]

この方向付けにおける相違点の影響により、分析者は２０１３年版には２００１年版に記載されている内容が省略され、記載されていないからといって、自動的に中国の思考の変化と解釈してしまうことにはかなりの注意を払わなければならなくなった。最近、たとえば、2年ごとに発行される中国国防白書はある特別な主題を強調的に取り扱っている、その結果、当該版に何も触れられていない政策はおそらく廃棄されつつあるとその時の外部観察者が間違って演繹してしまうことになりがちである（中国の核の先制不使用のように）。重要な人民解放軍教科書の一連の出版物を分析する時、証拠のないことは必ずしもないことの証明とはならないことに留意しなければならない。

これらの2冊の分量と目次体系が『戦略学2013』の実際的な方向付けをしている。2013年版は2001年版より40パーセント分量において短くなっている。2001年版は軍事戦略の全領域を概念化するための詳細な理論的枠組みを作成しているが、2013年版はそのような総合的検証を避け、その代わり中国が直面するだろう脅威の本質、このような脅威に対抗するための作戦および行動ならびにこれらの行動を可能にするために必要な軍隊建設に力点を置いている。これらの相違点に関連していえることは、2001年版は戦略的意思決定、戦争準備、戦争管理、戦略的抑止、戦略的行動原則、戦略的攻勢、戦略的防御、戦略的機動、戦略的航空攻撃と反撃、戦略的情報作戦、および戦略的支援に関するおのおのの章を設けている。これとは対照的に、2013年版は軍事的抑止行動のための戦略指導の章以外、これらの項目に言及する章を設けていない。

同様に、「戦争形態」に関しての詳細レベルにおいても2001年版と2013年版では相違点がある。2001年版は「ハイテク条件下の局地戦」の特質を検討するために3つの章を設けている。しかしながら、2013年版は「情報化条件下の局地戦」の最新の概念的枠組下でこれらの同じ問題を1つの章のある部分だけで取り扱っているに過ぎない。[30] 2013年版はさらに核、宇宙、およびサイバーの機能領域、軍と戦区の戦略、およびこれから本章において討議される新たな概念を含む2001年版で言及されていないか、またはその詳細が言及されていない事項について検討している。

第三の相違点は中国が直面するかもしれない戦争についての２０１３年版の中国の安全保障環境に関する記述は、明確さに欠け、敵対的であり、かつ基本的に勝つか負けるかとしか述べていない。特に、同書は中国の平和的発展に対する5つの挑戦を明確にしている。第一に、「中国に対して戦略的囲い込みをしようとしている米国に率いられた西側諸国である」。これら西側諸国は中国を米国の主敵とみなす政策であるリバランスやエアシーバトルのような現状の国際秩序（米国主導）の中へ中国を引き込もうとする米国の努力指向に全面的に同調している。[31] もう1つの脅威は、「中国の国益拡大指向に対する抵抗が増大していることである」。すなわち、同書の著者は西側の独占主義者は世界の天然資源の大部分を支配し、米国が世界の主要な戦略的交通路（通道）を支配していると批判している。[32] 中国にとってますます重要な国益となる深海、北極と南極、宇宙、およびサイバー空間は中国の国益拡大を制限している列強によって決定的に支配されているとこの著者は述べている。[33] その他の挑戦は中国の周辺地域における増大しつつある危機と危険、台湾の統合に対する妨害、および増大しつつある国内の不安定がある。さらに、２０１３年版は中国の主たる敵（対手）としての米国に対して、多くの直接的または暗示的な言及をしている。一方、２００1年版には、同じような言及は極めて少ない。

２００1年版は中国が将来直面すると思われる特別な戦争について簡単に述べているに過ぎない。侵攻の局地戦と台湾独立戦争の可能性について特別に言及しているだけである。これとは対照的に、２０１３年版は中国から台湾への大規模侵攻または戦争だけでなく係争中の領土上での紛争または対テロやシーレーン防衛のような戦争に至らない行動に係る近隣諸国内の不安定という4種類の潜在的紛争について概括的に言及している。さらに、２０１３年版は中国のさらに複雑な安全保障環境の鍵となる形態についての全般的判断を示している。同書は東方と海洋方面の重要性、宇宙と電磁スペクトラムのような新しい機能領域の役割、および伝統的な西部地域での中国国境越えと伝統領域での作戦の可能性を強調している。このように、現在係争中の南シナ海および東シナ海を念頭に置いて、同書は中国に対して最も生起しそうな戦争は「海洋領域における限定的軍事紛争」としつつも、備えなければならない最も重要な戦争は、「海洋方面における核戦争条件下での比較的大規模で高烈度の局地戦である」と分析している。[34] 中国の将来戦の準備目標の特質は２００１年版と比較した時、海洋領域の重要性を著しく高く位置付けていることであり、ＰＬＡの予算と軍隊建設の優先順位付けに変化を及ぼしている。

第四の相違点は２０１３年版が核、宇宙、およびコンピューターネットワークの機能領域を強調していることである。２０１３年版において、核問題は大いに注目された。なぜならば、中国は軍および民間の中国の個々の学者による出版物と同様に、国防白書においても核政策および戦略を含む核問題についての討議に対して比較的オープンであるからである。[35] しかしながら、宇宙とネットワーク領域については、２００１年版が起草されつつあり、当時の中国核領域ほどの実質的軍事能力をこの両領域は持っていなかったので、これら領域に対する戦略的関心はそれほど顕著なものではなかった。２０１３年版は今や現代戦はどのようにして「五次元一体」（五維一体）であるかにあると強調している、五次元とは、すなわち、陸、海、空、宇宙、および情報領域ならびに指揮統制と同様に軍事組織間の主要業務を実施する際の相互連携においてどのように優越しているかに特徴付けられるものである。

第五の相違点は２０１３年版が２００１年版よりはるかに将来を見据えていることである。２０１３年版ははっきりと提言をし、中国の将来の軍事戦略に関して、軍事科学院戦略部の総合的進言を提供するための多くの節を設けている。このため、２０１３年版は読むのが楽しくなるし、人民解放軍の指導的戦略家が「方法と手段と目標」との関係についてどのような考えを持っているかについてのより明確な考え方を示している。しかし、将来的には、これらの進言のいくつかは戦略修正のために採用されるかもしれないが、2013年版が中国の現在の軍事戦略を表しているものとみることはできない。同書はPLA関係者によって起草され、PLAの能力向上に係る多くの変革を提言しているので、一般経済が下り坂にもかかわらず、PLAが中国軍事予算の高増加率の維持を主張することを助長しているのは驚くに値しない。

最後の相違点は2013年版の内容がそれを執筆した時点において存在していた人民解放軍の組織構造にどの程度挑戦したかという点である。同書は人民解放軍の多くの伝統的な聖域を（聖なる牛）攻撃している、すなわちその攻撃は陸軍の支配および四総部と軍区構成、名目だけの統合指揮系統における陸軍の優先のような陸軍支配に従う制度体系から始まっている。また同書は「大陸軍概念」(big army thinking)、本土領域防衛の重視、戦略方向と独立的または専制的形態または区域としての戦区の取り扱い、および長期の陸軍支配に伴うPLAのその他の形態についても批判している。前にも述べたように、同書は通常戦争における新しい領域の重要性を強調するとともに、陸、空、海、宇宙、およびサイバー空間に対してより平等に焦点を当てることを要求している。

新戦略概念

同書は特別なあるいはその付随問題に関する『戦略学』の論述内容を深く探求している。これに加えてさらなる特別の分析に対する重要な内容を提示するいくつかの新しい高レベルの戦略概念が2013年版において紹介されている。これらの概念は前方防衛、戦略空間、効果的抑制、および戦略体制である。

前方防衛（前沿防衛）

おそらく２０１３年版に導入された最も重要な概念の１つは前方防衛または中国の戦略縦深を増すために中国の国境以遠に戦闘空間を拡大することであろう。[36] この概念は中国軍事戦略の基本的概念である、「積極防御」を再定義するための努力の一環として導入された。２０１３年版は中国の積極防御戦略の内容は過去において数回調整されたが、常に国土の中でもしくは「国境線上での戦いを念頭に置いた防勢戦略」の一部であり、それ以遠の戦略ではなかったと述べている。それと対照的に、２０１３年版は内容に関して、我が戦略は国境や領域を守る単純かつ伝統的な戦略を突き破り、国土防衛から前方防衛への拡大を積極的にかつ確実に実現しなくてはならないと述べている。[37] 後になって、２０１３年版は「国益の単一方向への拡大を支援し、将来遭遇するだろう戦争に勝利する」必要があるので、「我々は戦略的に前方防衛を指導的思想として確立する義務がある」と読者に主張している。[38] もし２００１年版が中国の国境や沿岸を戦略的「第一線」または前線と認識しているならば、２０１３年版の「前方防衛」構想は、第一線を中国の国境や沿岸から外方に押し出すことを求めている。これによって、戦闘が中国の国土の中や国境線上でなく、本土領域から遠隔の地域で生起することを確かなものにする。２０１３年版はこのようにして、中国の国境や沿岸は紛争の外線ではなく、内線とみなされている。

前方防衛を強調することにより、過去数十年に及ぶ戦略問題に対する中国のアプローチに対しかなりの変化が生じている。まず、中国の国益の拡大または拡張（拓展）である。中国の国益は平和的に拡大しているが、同書は中国の国益は、取り除くことのできない深刻な脅威となっている西側諸国からの抵抗に直面していると述べている。さらに次のように述べている、すなわち、「我が国の国益はすでに本土、領海、および領空という伝統的な枠を超えており、その周辺および連続的に拡大している海洋、宇宙、および電磁波空間の世界へ向けて連続的に拡散している」。[39] 結果として同書は海洋、極地帯、宇宙、およびネットワーク領域の国際公共財の領域をまたぐ国家間の「闘争と管理」の重要性を強調している。

第二の変化は情報化された長距離戦闘システムに向けた世界動向を考慮すれば、中国は十分な戦略縦深を確保するためその防衛空間を自国沿岸からさらに拡大する必要があるという分析である。中国が侵略される危険性は低いが、同書は「主要な脅威は伝統的な中国本土侵攻から宇宙、空・海、およびネットワーク・空が一体化された非接触攻撃に変わってしまっており、また我が国土は全土にわたり敵の中長距離火力の射程内にある」とみている。[40] 米国に関する記述は露骨ではないが、同書は「海洋方面における総合的遠距離戦争に優越しかつ中国から攻撃されることのない強力な敵対国である」と述べている。結果として、「(中国が) 我が国土を守るために我が国土を利用し、我が近海を守るために我が近海を利用することの困難さは著しく増大した。我々はおそらく勝利を確たるものにすることはできないであろう。それゆえ、外方に向けた防勢作戦の実施の戦闘形態の増加拡大を考えなければならない」。[41] 過去において、中国の国益への主たる脅威は本土領域への直接脅威と重なっていた。しかしながら、現在および将来においては中国の国益は中国の国境を越えて拡大している、他方軍事技術の進歩や海洋における紛争は深刻な懸念事項となっている。結論として、中国は必要とする戦略縦深を作り出すため国境線以遠の作戦を実施することにより、これらの脅威に対抗する準備をする必要がある。

積極防御の内容を修正する基盤としての前方防衛構想の提起はいくつかの重要な考え方を示している。第一は「内外および多次元」(内外兼顧、多維立体 [internal and external, multidimensional]) という戦略空間の新型概念を要求していることである。この概念については次に詳述する。第二は、それは中国の「戦略方向の形と戦区」を修正することを求めている。たとえば、戦略方向の形は中国国境の内側と外側を結び付けるために拡大されなければならない。本土内側戦域は中国の陸上国境線以遠に拡大されなければならないし、沿岸戦域は外洋に向けて拡大されなければならない。さらに、同書は「状況が熟したならば、大洋での全般優位および支配をより円滑に計画するため、独立した海洋戦区を設立することを考えよ」と主張している。[42] 第三は、それは、中国が「戦略攻撃能力を持ち戦略攻撃態勢を構築すること」を求めている。[43] その主たる理由は1990年以降、「攻勢と防勢は統合的になっており、両者の区別は曖昧になっている、他方軍事列強国は攻勢作戦を著しく強化していることにある」。[44] 結果として、同書は、「我々が敵の攻撃を受けたら反撃するという戦略方針を維持する一方で、戦略攻撃は積極防御の重要な作戦の形であるべきである」と述べている。第四は、中国は「重要な作戦形式として本土を基地とする統合遠隔戦（連合遠戦）を視野に入れていることである」。[45] その著者は中国本土および近海を内線、太平洋を外線とみている。彼らのいう基本的な考えは周辺の物的目標を攻撃するため、中国本土または近海に展開した「遠距離戦のための軍事力および武器」を行使することであり、このことは中国の国力の及ぶ範囲を広げて、中国軍の残存性を高めることになる。つまるところ、統合遠隔戦の本質は「一体化された統合作戦」（一体化連合作戦）である。「一体化された統合作戦」とは一般的に西側諸国で理解されている「統合作戦」に関する人民解放軍の軍事用語である、他方、「統合作戦」なる中国語は通常単に指揮系統が協力関係にある軍と考えられる。[46]

戦略空間

『戦略学２０１３』は「戦略空間」を「外国の妨害や侵略に抵抗しその生存と発展を防護するために民族および国家が必要とする区域」と定義している。[47] 前方防衛と似ているが、両者の主な相違は戦闘作戦の範囲を巡る点にあると思える。前方防衛の概念は中国が将来軍事作戦を実施可能にしようとする区域と密接に関係している、すなわち中国の国境や海岸からその周辺に押し出していく考え方である。これとは対照的に、戦略空間は中国が非戦争作戦による軍事力や非戦闘でより静的なプレゼンスにより影響力を及ぼそうとする区域を念頭に置いている。

まったく新しい概念である戦略空間はおそらく最も曖昧なものである。この概念は中国の国益が国境をはるかに越え、多次元の中に拡大していき、全次元において中国の軍事力は中国の国益を守るために必要とされるという考え方を意味する。戦略空間の範囲は次のように定義される。「その外縁は国益の拡大した範囲により定まるし、軍事力が投入できる距離によっても決められる」。[48]『戦略学２０１３』は戦略空間を「中国興隆の過程においてまったく新たな分野」と位置付けている。[49] 戦略空間の考えの理論的根拠は中国の発展と安全保障における最近の「深遠なる変化、特に多次元空間からの戦争の脅威」からきている。[50]

変貌しつつある21世紀の戦略空間の特質論に続いて、『戦略学２０１３』は中国が何を求められているかについて述べている。それは拡大しつつある中国の戦略空間の概要として「支援母体としての国土、重要な柱となる２つの海洋、およびその鍵となる宇宙とネットワーク」からなる新しい公式を提示している。基本的な考え方は本土から中国の安全保障環境に直接的衝撃を持つ区域へ「ゆっくりと戦略空間を広げて」いくべきであるというものである。２つの海洋とは世界の海洋の50パーセントを占めるアフリカ、北米、南米、オセアニア、および北極を含むすべての沿岸海域からなるインド洋・太平洋を指している。このことは中国のさらなる海洋権益を防護し、危機発生時にはこれを防衛する必要があることを意味する。[51] 宇宙空間とは「宇宙空間支配に対する陰謀を図っている」とみなされている米国に対する懸念である。中国の宇宙への拡大は宇宙からの脅威が増加しているだけと思われる時は「不適当である」といわれている。[52] 最後にネットワーク関連については「ある西側の国家」によるネットワーク攻撃と情報技術サプライチェーンへの侵入に対して脆弱である。また中国は核心的技術の独自開発に欠けており、そのような攻撃に対する防衛能力に限界がある。[53]

効果的抑制

『戦略学２０１３』に導入された第三の概念は紛争状態における「効果的抑制」（有効控制）である。「戦争抑制」（戦争控制）の概念は２００１年版で策定され注目されたが、抑止、危機管理、および戦闘に加えて、さらに軍事力の非戦争使用をも包含したものになっており、効果的抑制の概念はより幅広いものとなっている。効果的抑制は戦争防止（遏制戦争）と危機管理に関係するものであるが、さらに可能であれば、中国の国益を防護または防衛することも含むものである。

効果的抑制の出発点は中国の現在の限界と弱点を明確に認識していることである。『戦略学２０１３』は次のように述べている。「我が国は現在豊国、強国になるための重要な段階にある。我が国の総合的国力は明らかに増しているが、我が国の戦略的能力、とりわけ海外での軍事行動能力は依然として限られたものである」。[54] 結果として同書は「何かを現実に達成しながら時間を稼いで生き残れ」という故鄧小平の２０００年代の修正を支持している。[55] もし平和的発展が絶対的であるとするならば、軍事力の行使は状況の抑制と全般情勢の安定という戦略目標を達成するため、支援、畏敬、および忍耐の持つ戦略的機能を示しながらソフトパワー（弱武）の精神をより多く反映しなければならない。[56] 同書は過去30年間に中国の戦争・戦闘能力およびその潜在能力は向上したにもかかわらず、短期戦争や段階的に拡大して大規模となる潜在性のある戦争を避けることに重点を置いており、中国の継戦能力（戦争承受能力）は下降していると述べている。このように、中国が戦う備えをしている局地戦であっても、「戦争の危険と戦争の破壊性をできるだけ軽減するために」積極的に抑制されなければならないと述べている。[57]

さらに、一般論として、効果的抑制は戦略目標達成手段を短期間の戦争に変えようとしているといえる。同書は効果的抑制の核心となるものとして、次の3つのアプローチ変更をあげている。すなわち、①防衛（防）強調から抑制（控）強調に変更、②「戦」強調から「勢」強調に変更、および③「戦勝」強調から「先勝」強調に変更である。[58] 別の言い方をすれば、効果的抑制とは戦争と同じ目標を達成しようとするが、もし可能であれば、戦に訴える必要性をなくし、もし敵対行為が生起したならば、その烈度を低く抑えることである。

『戦略学2013』によれば、効果的抑制概念は3つの要素からなる。第一に、「優位態勢の作為」（営造態勢）である。その著者はこれを「内部の安定と外方拡大および長期秩序と安全のために戦略的に優位な状況を作り出すこと」と定義している。その中心は戦略的均衡、周辺の安定、および連帯促進のための反分離主義にある。[59] 戦略的均衡とは「封じ込めおよび抑圧」（遏控）する覇権的行為に対して中国がどのようにして立ち向かうかである。同書は中国が挑発に乗らないようにし、政治的、経済的、または外交的問題が戦略的紛争になることを阻止し、米国の同盟国が中国を敵とみなすことを阻止し、「中国に対する戦略的抑止と抑制または軍事的介入することの危険と代償」を増加させるべきであると述べている。[60] また同書はその地域および台湾に関して中国が有利な態勢を構築することを討議している。前者は「戦わず、混乱のより少ない」（不戦少乱）地域にするため、危険を効果的に抑制する手段である全中国版善隣関与政策を含んでいる。[61] 後者は江沢民が始めた「ペンで攻撃し、剣で防ぐ」（文功武備）または政治的統一を推進しながら、軍事的に台湾独立を阻止するという長期戦略を継続することであるとしている。[62]

効果的抑制の第二の要素は危機を防止および抑制（防控危機）することである。同書は中国が「戦略的危険」時代でもある「戦略的機会」の時代にいると述べているように、「危機への対応が不適切となるや否や、国の発展と安全の全般的状況に深刻な妨害と破壊をもたらし、ひいては中国の興隆の歴史的過程に影響を及ぼすことになる」。[63] したがって、同書は危機管理の強化と「大規模事案の発端となりかねない些細な小競り合いを防止するとともに、戦争へ発展する危険を未然に防止するため軍事的抑止と戦争以外の軍事行動を特に適切に行使すること」を求めている。[64] 同時に、同書は、危機は「平和時には決定的に推進することが難しいある戦略的方法を確実に実現する好機を摑む」ために用いることができると示唆している。[65] 例として、１９５９年のチベットのラサ暴動の勃発後の「民主的改革」の実行があげられる、またこのような示唆は２０１２年4月に発生したフィリピンとの危機の間に中国がスカボロー礁を効果的に支配してしまったことにも当てはまる。同書は効果的抑制のこれらの異なる要素をどのように均衡させるかについては述べていないが、想像できることは、さらなる段階的拡大する危険が低いと判断されれば都合の良い行動を断固遂行すべきであるということである。

効果的抑制の第三の要素は「戦況の抑制」（控制戦局）である。戦況の抑制とは「平和や発展の全般情勢が破壊された」後に生起するものであるが戦争抑制に関する２００１年版の考え方が繰り返し述べられている。これらは軍事的目標が政治的目標を支援することを保証することを含んでいる、すなわち戦場の有利な状況を確実にすることは政治的目標を拡大することにはならないし、かえって戦争を拡大してしまうことを念頭に置くことである。完全に準備した後に戦争を開始した場合のみ、その終結は制御できる。[66]

戦略態勢

「戦略態勢」(戦略布局)とは「戦略目標を達成する戦略力(力量)と資源の全般的行使活動」として定義される。[67]『戦略学2013』によれば、戦略態勢の目的は「有利な戦略情勢(態勢)を作為し、戦略主導(戦略主働)を勝ち取るため」軍事力を全般的に展開し、それを活用することにある。[68]このように、同書は中国が「最重要点」(関節点)を制御できる方法で中国軍を展開する全体的アプローチを要求している。[69]このことは独立的で相互に排他的な戦略方向および軍区の考え方からもたらされた如何ともしがたい硬直性の故、中国が十分な全般計画作成や展開力に欠けていること想像させる。中国の安全保障環境の複雑さと変転極まりない軍事力行使目標はどのようにして軍を展開するかについてより全般的でより統合されたアプローチを必要としている。

過去において、主要戦略方向に従って中国軍を展開させることは戦略態勢の一例であったと『戦略学2013』は述べている。作戦目標は「主要戦略方向」に対して兵力を集中することによって敵の侵攻を阻止するための有利な戦略情勢を作り出すことにあった。領域防衛を超えたものに移行するという主題に呼応して、中国の安全に対する脅威、戦略目標、軍事能力、戦争の形態、地理的状態等のすべてにおける変化は「軍事戦略情勢の最適化と調整を必要としている」とその著者は述べている。[70]伝統的および非伝統的安全保障上の脅威との連接の増加を含む、中国の安全保障(安全形勢)における変化は主要な戦略的敵および作戦対象(主要戦略対手与作戦対象)に対する中国の対処能力を向上させている。連鎖反応または複数危機や紛争の同時発生の可能性があるため、これらの準備は特に重要であると考えられる。[71]さらに、世界レベルでは、国益は徐々に国境をまたいでしまいつつある。その著者は海洋、宇宙、および情報領域における権益を海外経済と安全上の利益に沿うべきこの傾向の例としてあげている。最後に、「戦争形態」

の変化の速度は加速している。情報化での戦闘は中国が陸上戦闘（陸戦性）および近接戦（進戦性）への伝統的重視を取りやめ、統合、遠距離および攻勢（連合、遠戦、攻勢）アプローチ指向の国土防衛（国土防御性）を必要としている。[72]

『戦略学２０１３』は「多様的機能、多次元統合、内外結合、および総合的協調」を中国の戦略態勢を最適化するに必要な4つの改革として認識している。多様的機能（功能多様）とは「安全保障重視」から「安全保障防護と発展支援」に転換することである。これは「国の平和的発展のための平和的で安定した内外的環境」を作るために、古い領域と新しい領域、伝統的脅威と非伝統的脅威に対応できる戦略態勢を構築する。これは平時においては危機が発生した時の拡大化を防ぐための迅速な対応能力、戦時においては、戦略的主導性を確保する能力を必要とする戦略態勢を作り出すことを含んでいる。多次元統合（多維一体）とは地上軍強調から「全方位、多次元、および多領域」態勢への転換を意味するものである。[73]同書は陸、空、海、宇宙、およびネットワーク空間のネットワーク統合を強調するために再度「大陸軍」を非難している。内外結合とは本土防衛から前方防衛に転換するための内外的要素を結合した戦略態勢の構築を意味する。内的とは、中国内陸部からより沿岸部へ兵力を移動させることによって国内の部隊をより前方に展開することを意味する。外的とは、海外の軍事行動を支援する海外戦略的支援点（支点）を構築することを意味する。総合的協調（整体協調）とは機能の区割り主義（縄張り主義）から人民解放軍の即応性を促進する中央集中主義と非中央集中主義との吻合に改革することを意味する。この改革がねらいとする主なものは作業および作戦区域の計画作成に対する部隊の柔軟性を過去において阻害していた縦割りアプローチ（stove-piped）である。同書はどのようにして中国の戦略態勢を最適なものにするかについて3つの指導原則をあげている。これらの原則は２０１３年版の将来へ向けての前向きな姿勢を再度反映したものである。第一は「効果的な戦略縦深、相互信頼および十分な能力を持った戦略態勢を外方に拡大」するため、陸上基本戦略方向の調整である。[74] 第二は近海防御と遠海防衛への効果的支援を可能とする戦略態勢を構築するための海上戦略方向の拡充である。[75] 第三は戦略的方向として述べられている、宇宙への戦略配備の構築である。

『戦略学』と人民解放軍の将来

『戦略学2013』は軍事戦略に対する中国の思考方法について関心を持つすべての者の読むべき重要な書である。それは中国の公式の軍事戦略やドクトリンを示すものではないが、中国の現在の安全保障環境および将来の軍事戦略に関してのPLA内の有力な集団による見方や識見をしっかりと把握している。さらに、それは中国の戦略家がどのようにして戦略問題にアプローチし、中国自身の軍事戦略がどのように将来進歩していくかについて、さらに研究し検証していくための重要な基本線を提供している。

将来を見据えれば、中国の軍事戦略に対する理解を深める将来研究は次の3点に焦点を当てるべきである。第一は『戦略学2013』と軍事戦略に関する2015年国防白書および2015年11月に概要が明らかにされた組織改革を比較することである。比較により『戦略学2013』のどの考えが中国の公式軍事戦略に反映されているか明確になる。たとえば、白書は機能的領域と作戦区域を強調しているが、これは『戦略学2013』におけるこれらの問題の討議内容とほぼ同じである。同時に、白書には前方防衛、効果的抑制、戦略空間概念の記述が欠落している。同様に、『戦略学2013』は改革の基本的推進を反映した統合指揮の進展と地上軍司令部の格下げについて述べている、すなわちこの改革は中央軍事委員会の直属組織としての統合参謀部（連合作戦部）の創設ならびに他の軍種においても陸軍司令部と同等格付け司令部を創設することを含んでいる。同時に、『戦略学２０１３』はＰＬＡ空軍に対して改革の中で新しい戦略支援部隊を含むいくつかの異なる組織を横断的に一体化し、宇宙に焦点を当てるよう求めている。換言すれば２０１５年版白書と同年の組織改革書はどの考えが採用され、どれが今現在不採用であるかを知る理想的な機会を提供してくれている。

第二の領域は『戦略学』に関して、軍事科学院発行の２０１３年版と国防大学発行の２０１５年版を比較することである。この比較により、軍事戦略問題に関して人民解放軍戦略家間の相違点を明確にすることができる。１９９０年代後半において、たとえば、軍事科学院と国防大学は同じ題名の二重発行本における軍事戦略の意味についての討論を実施した。このＰＬＡ内の異なる研究所からの同一題名での２つの本をほぼ同時発行することにより、どのようにして軍事戦略を構築し、これを行使するかという同一問題について中国内の異なったアプローチによる詳細にわたる分析をさせている。

将来研究の第三の領域は『戦略学２０１３』に含まれている重要概念と考え方の使用を踏襲することであろう。それは中国の公式的軍事戦略またはドクトリンを表すものではないが、同書の考えはどのようにして中国の戦略が将来進化するかについて重要な役割を果たしている。同書の影響を検証する1つの方法は導入されたどの概念が他の発行物や文書に将来どの程度採用されるかを検証することであろう。

1 著者は Dennis Blasko、Fiona Cunnibham、David Finkelstein、Eric Heginbotham、および Joe McReynolds からの有用なコメントと助言に対し謝意を表する。

2 改革とそれらの潜在的重要性については、次を参照。David M. Finkelstein, Initial Thoughts on the Reorganization and Reform of the PLA, CNA China Studies, January 15, 2016; Kenneth Allen, Dennis J. Blasko, and John F. Corbett, "The PLA's New Organizational Structure: What is Known, Unknown and Speculation (Part 1)," China Brief, February 4, 2016, https://jamestown.org/program/the-plas-new-organizational-structure-what-is-known-unknown-and-speculation-part-1/; Kenneth Allen, Dennis J. Blasko, and John F. Corbett, "The PLA's New Organizational Structure: What is Known, Unknown and Speculation (Part 2)," China Brief, February 23, 2016, https://jamestown.org/program/the-plas-new-organizational-structure-what-is-known-unknown-and-speculation-part-2/.

3 Qiao Liang and Wang Xiangsui [乔良、王湘穗], Unrestricted Warfare: Two Air Force, Senior Colonels on Scenarios for War and the Operational Art in the Era of Globalization, [超限战：两个空军大校对全球化时代与战法的想订], (Beijing: PLA Literature Press, 1999).

4 Shou Xiaosong, ed., The Science of Military Strategy [战略学], (Beijing: Military Sciences Press, 2013). Hereafter cited as SMS.

5 中国で発行される書籍の中での「学」の意味は学習、および研究する主題を表す。たとえば、「数学」はいわゆる数学であり、数を学ぶことを意味する。「戦略学」は戦略を学ぶことであり、軍事的には軍事戦略を学ぶことを意味する。

6 軍種に関しては、たとえば、次を参照。Dai Jinyu, ed., The Science of Air Force Strategy [空军战略学] (Beijing: National Defense University Press, 1995).

7 Junshi kexue yuan, ed., Military Terminology of the Chinese People's Liberation Army [中国人民解放军 军语], (Beijing: Military Sciences Press [internal circulation], 2011), p. 12.

8 SMS 2013; Gao Rui, ed., The Science of Military Strategy [战略学] (Beijing: Academy of Military Sciences Press [internal circulation], 1987); Peng Guangqian and Yao Youzhi [彭光谦、姚有志], eds., Science of Military Strategy [战略学], (Beijing: Military Sciences Press, 2001).

9 過去15年間、この研究部門は戦略研究部門、戦争理論・戦略研究部門、および軍事戦略研究部門と呼称されている。

10 Wang Wenrong, ed., The Science of Military Strategy [战略学] (Beijing: National Defense University Press, 1999); Xiao Tianliang, ed., The Science of Military Strategy [战略学], (Beijing: National Defense University Press, 2015).

11 Fan Zhenjiang and Ma Baoan, eds., On Military Strategy [军事战略论], (Beijing: National Defense University Press, 2007).

12 中国戦略方針の詳細研究については、次を参照。M. Taylor Fravel, Active Defense: Explaining the Evolution of China's Military Strategy (book manuscript under advance contract with Princeton University Press). The most recent guideline adopted in 2014, see M. Taylor Fravel, "China's New Military Strategy: 'Winning Local Informationized Wars'," China Brief, June 23, 2015, https://jamestown.org/program/chinas-new-military-strategy-winning-informationized-local-wars/.

13 China's Military Strategy［中国的军事战略］State Council Information Office［中华人民共和国国务院新闻办公室］, May 29, 2015. http://www.scio.gov.cn/zfbps/gfbps/Document/1435341/1435341.htm. 1999年の国防大学戦略学に関する、10年前の研究において、筆者は同書が権威あるものであり、公式の軍事戦略を反映していることの度合を過大視していた。次を参照。M. Taylor Fravel, "The Evolution of China's Military Strategy: Comparing the 1987 and 1999 Editions of Zhanlue Xue," in David M. Finkelstein and James Mulvenon, eds., The Revolution in Doctrinal Affairs: Emerging Trends in the Operational Art of the Chinese People's Liberation Army (Alexandria, Va.: Center for Naval Analyses, 2005), pp. 79–100.

14 Zhang Yang, ed., Accelerate and Promote National Defense and Armed Forces Modernization［加快推进国防和军队现代化］(Beijing: People's Press, 2015). 同書の主任編集者は総政治部主任のZhang Yang将軍であった。軍事科学院の国防政策研究センターからの学者達が同書の起草にたずさわった。同センターの各研究員は2年毎に発刊される中国国防白書の起案に参加している。

15 "寿晓松," Baidu Baike, [accessed March 15, 2016], http://baike.baidu.com/view/1183279.htm.

16 また、戦略部門の有識者が同書の全領域に均等に配員されることはない。たとえば、著者の中で、核戦略およびサイバー戦のエキスパートと認識されている者はいない。

17 On the drafting, see SMS 2013 p. 275.

18 ここに、中国軍事戦略の進化を理解する上での核心的挑戦の1つがある。いささか権威のある中国出版物といえどもその準備に数年を要し、西側の分析者（その多くは中国語を読まない）がその新しい資料を彼らの見積もりに取り込み始めるまでにはそれに加えてさらなる時間が必要である。この年単位の時間差は論議しなければならない世界の最も重要な双務的国家安全保障関係がどのようなものであるかについての戦略的相互理解における努力を複雑なものにしている。

19 中国軍事戦略方針の進化については、次を参照。Fravel, Active Defense.

20 積極防御の細部見直しについては、次を参照。Dennis Blasko, "The Evolution of Core Concepts: People's War, Active

Defense, and Offshore Defense, in Roy Kamphausen, David Lai and Travis Tanner, eds., Assessing the People's Liberation Army in the Hu Jintao Era (Carlisle, PA: Army War College Press, 2014), pp. 81–128.

21 SMS 2013, p. 42.

22 SMS 2013, pp. 48–50.

23 Peng Guangqian and Yao Youzhi［彭光谦、姚有志］, eds., Science of Military Strategy［战略学］, (Beijing: Military Sciences Press, 2001), p. 15.

24 "对以战争为核心武装力量建设与运用全局的筹划指导." See SMS 2013, p.4.

25 Yao Youzhi and Zhao Dexi, "The Broadening, Conservation and Development of 'Strategy', [' 战略' 的繁华' 守恒与发展]," China Military Science, No.4 (2001), pp. 120–127.

26 新歴史的使命の議論については、次を参照。Daniel Harnett, "The 'New Historic Missions': Reflections on Hu Jintao's Military Legacy," in Roy Kamphausen, David Lai and Travis Tanner, eds., Assessing the People's Liberation Army in the Hu Jintao Era (Carlisle, PA: Army War College Press, 2014), pp. 31–80; M. Taylor Fravel, "Economic Growth, Regime Insecurity, and Military Strategy: Explaining the Rise of Noncombat Operations in China," Asian Security, Vol. 7, No.3 (2011), pp. 177–200.

27 SMS 2013, preface l.

28 Ibid.

29 Ibid.

30 PLAが使用する「情報化条件」の概念についてのさらなる情報は、次を参照。Joe McReynolds and James Mulvenon, "The Role of Informatization in the People's Liberation Army under Hu Jintao," in Roy Kamphausen, David Lai and Travis Tanner, eds., Assessing the People's Liberation Army in the Hu Jintao Era (Carlisle, PA: Army War College Press, 2014), pp. 207–256.

31 SMS 2013, p. 79.

32 SMS 2013, p. 81.

33 Ibid.

34 SMS 2013, p. 100.

35 これらの新しい情報源に基づく研究例については、次を参照。Fiona S. Cunningham and M. Taylor Fravel, "Assuring Assured Retaliation: China's Nuclear Posture and U.S.-China Strategic Stability," International Security, Vol. 40, No.2 (Fall

2015), pp. 7–50.

36 This could also be translated as "frontline defense."

37 SMS 2013, p. 104.

38 SMS 2013, p. 105. これは著者が彼らの使用する言語で、公式政策を反映するのではなく、彼らの立場にたって主張する明白な一例である。実際、前方防衛構想は２０１５年国防白書に述べられていない、唯一単独記事が２０１４年に発刊された解放軍日報に掲載されているのみである。

39 SMS 2013, p. 105.

40 SMS 2013, p. 106.

41 SMS 2013, p. 106.

42 SMS 2013, p. 107.

43 Ibid.

44 Ibid.

45 SMS 2013, p. 108.

46 SMS 2013, p. 109.

47 SMS 2013, p. 241.

48 Ibid.

49 Ibid.

50 Ibid.

51 SMS 2013, pp. 246-247.

52 SMS 2013, p. 247.

53 SMS 2013, p. 248.

54 SMS 2013, p. 110.

55 SMS 2013, p. 110.

56 SMS 2013, p. 111.

57 SMS 2013, p. 111.

58 SMS 2013, p. 112.

59 SMS 2013, p. 113.

60 SMS 2013, p. 113. しかしながら、『戦略学２０１３』は「対干渉」の明白な戦略を提示していない。次を参照。M. Taylor Fravel and Christopher P. Twomey, "Projecting Strategy: The Myth of Chinese Counter-Intervention," The Washington Quarterly, Vol. 37, No.4 (2015), pp. 171–187. For an opposing view, see Timothy Heath and Andrew Erickson, "Is China Pursuing Counter-Intervention?," The Washington Quarterly, Vol. 38, No. ３ (2015), pp. 143–156.

61 SMS 2013, p. 113.

62 SMS 2013, p. 113.

63 SMS 2013, p. 114.

64 SMS 2013, p. 114.

65 SMS 2013, p. 115.

66 SMS 2013, pp. 115-117.

67 SMS 2013, p. 244. これはまた「戦略的設定」と訳すことが、同書のこの部分で使われているどのように軍が編成され、展開されるということを表す「posture［態勢］」が「lay out［設定］」よりも中国語の意味をよりつかんでいる。

68 SMS 2013, p. 250.

69 SMS 2013, p. 251.

70 SMS 2013, p. 252.

71 複合同時紛争についての懸念については、次を参照。M. Taylor Fravel, "Securing Borders: China's Doctrine and Force Structure for Frontier Defense," Journal of Strategic Studies, Vol. 30, No. 4–5 (2007), pp. 705–737.

72 SMS 2013, p. 252.

73 SMS 2013, p. 254.

74 SMS 2013, p. 255.

75 SMS 2013, p. 255.

第Ⅱ部

中国の通常戦および核戦争のための戦略

第3章

人民解放軍空軍の使命、役割、および要求の進化

クリスティーナ・L・ガラフォラ／沢口信弘訳

鄧小平以来、あらゆる中国の指導者は、人民解放軍空軍（PLAAF）に能力の強化、航空機の近代化とさらなる外に目を向けた任務群を担うことを求めるようになった。たとえば、江沢民は、1999年の演説で「攻勢および防勢作戦に同時対応可能（攻防兼備）である強力な近代化された空軍を構築すること」の必要性を強調した。[1] 近年では、PLA空軍司令官が2004年以来、PLA海軍（PLAN）およびPLA第2砲兵部隊（PLASAF）司令官とともに中央軍事委員会（CMC）に席を与えられたことに伴い、PLA空軍の役割はますます拡大した。またその年は、中国の指導部に対する空軍の重要性とその成長する政治的影響力を確認する試金石となるPLA空軍の軍種個別戦略、および「戦略空軍」構想の双方が策定された。戦略空軍構想は、PLA空軍が攻勢と防勢両方の能力を保有することおよび航空と宇宙能力を一体化することを記述している。

この進化は、この期間に公表されたPLA戦略思想上の主要な業績として反映されている。『戦略学2013』および他の当局の情報源を含む2001年から近年に至る業績に関するPLA空軍の議論の変化は、紛争間に決定的な影響力を及ぼすことができる「戦略軍」として、PLA空軍の責務の増加を強調していることである。これらの情報源は、PLA空軍が今でも1991年の湾岸戦争の教訓を吸収し適応

させるキャンペーンに焦点を当てたアプローチから、攻勢と防勢作戦、抑止使命、多層防空、中国の国境と海洋「権益」の防護、および戦争以外の軍事活動（ＭＯＯＴＷ）を実施することができる戦略レベルに焦点を当てることへの転換を描いている。

ＰＬＡ空軍の変わりつつある立場、使命および役割

つい最近まで、ＰＬＡ空軍の立場および使命は、ＰＬＡ陸軍に対する支援軍種としての立場を大きく反映していた。近年の当局の刊行物は、ＰＬＡ空軍が１９４９年11月11日に設立されて以来ＰＬＡ空軍の発展を３段階で記述している。初期段階（１９４９年から１９５５年まで）の間、それらの焦点は、「陸軍基盤上に空軍を構築すること」、朝鮮戦争間の戦闘にＰＬＡ空軍をどのように用兵するかを明らかにすること、および航空機産業を確立することに置いていた。[2]

第二段階（１９５６年から１９８０年代まで）の間、ＰＬＡ空軍は戦闘能力および政治上の観点の双方で苦しんだ。文化大革命と１９７１年の「林彪事件」（国防大臣である林彪はＰＬＡ空軍とその司令官である呉法顕［Wu Faxian］と強い絆を持ち、国家から逃亡し航空機墜落で死亡した）の間における標準以下の教育および訓練は、ＰＬＡ空軍に否定的な影響を与えた。その結果ＰＬＡ空軍指導者の粛清およびＰＬＡ空軍の政治的信頼に関する深い疑念をもたらした。[3]

改革開放期の開始後、鄧小平は将来戦の兵力提供者として、「空軍第一」を言明した。しかしながら、ＰＬＡ分析官は、この期間のＰＬＡ空軍の主要な戦略的使命は、本土防空および「陸軍と海軍作戦の支援」であると記述している。[4] この期間を通じ、ＰＬＡ空軍の作戦運用上の注目点は領域防空にあると記述され

ている。一方、中国はまた自立的航空機産業の発展を継続させている。[5] 冷戦の終結まで、PLA空軍の主要使命は、単に領域防衛、阻止、およびPLA陸軍のための近接航空支援から成り立っていた。[6] この一連の役割は、PLA全体使命の一部で、主に潜在的な地上ベースのソビエト連邦との領土侵攻型紛争への北方集中と呼ばれる。[7]

しかしながら、第三段階(1990年代以降)において、可能性のあるソビエト連邦との紛争に関する戦略的懸念は1991年のその崩壊以降和らげられた。また、PLAは、主要な全世界的規模の戦争タイプの変化、特に、地上兵力に対する航空戦力を強調したコソボ紛争および2つの湾岸戦争のような戦争のハイテク性の研究を始めた。[8] ある第二次湾岸戦争に関する研究では、これらの戦争において、航空戦力の使用により「戦略目標」を達成することができるという「新しい作戦モデル」を導き出したことを論じている。その研究は、局地戦の方法は…航空戦の位置付けとしての制圧機能であることを(明らかにした)と結論付けている。[9] 全体的に、教訓研究は、PLAの戦争遂行能力を向上させるため、「国防および近代化構築を大きく強化」する基礎として、「ハイテク航空攻撃」が現代戦において果たす役割の特別な評価とともに、中国は「将来のハイテク条件下の局地戦に勝利するための要件を獲得すべきである」と結論付けている。[10] これらの懸念は、上級中央軍事委員会指導部に反響し、江沢民は1999年の重要な演説において、PLA空軍が本土防空軍から「攻勢および防勢作戦に同時に対応する」(攻防兼備)兵力に転換することを求めた。[11]

PLA空軍の戦略的役割の獲得

現代戦に対するこれらの変化に関する観察は、PLA空軍およびPLA海軍双方に影響を及ぼした。『戦略学2001』において、PLA分析官は両軍種の「役割および責務」の双方において著しい増加があったと言及している。すなわち、「海軍および空軍が独立して戦略任務を達成する機会はますます増加し、海上および航空作戦を計画し、海軍および空軍を建設するという戦略レベルでの目標要求がある。したがって、積極防御に関する中国軍事戦略の統一指針下では、中国の…空軍は…攻勢防空の…戦略を確立することが求められている」。[12]「攻勢防空」構想は、PLA空軍の外方への進出を2つの重要な方法で表している。第一に、その構想はPLA空軍の使命を、中国の領土を大規模に防衛しPLA陸軍作戦を支援する冷戦時代の使命から拡大したことである。第二に、それはこれまで20年以上にわたり疑惑や不信という遺産を空軍に遺した林彪事件以来、おそらくPLA空軍にとってPLA内における立場を向上させる最初の機会を与えたことである。作戦上、PLA内で航空戦の重要性が高まるにつれ、軍事行動および作戦構想におけるPLA空軍の役割は拡大した。『戦略学2001』は、攻勢と防勢作戦、戦略機動、および戦略空襲（SAR）と対空襲防衛（DAAR）におけるPLA空軍の役割が重要であると記述している。[13]『戦略学2001』は、PLA空軍を現代戦の変化する要求に応じた、拡大する範囲の内容の攻勢航空戦力として運用すると記述している。[14] その著者は、過去の戦争において、航空攻勢は主に他の軍種、特に陸軍による戦略攻勢行動との「調整」内で実行されてきたと言及している。[15] しかしながら、今や中国にとって、戦争を支配する「ハイテク条件」下では、1999年のコソボ紛争でNATOが航空戦力を用いたこと同様に、PLA空軍を地上軍事作戦と連携せずに「独立した戦略攻勢」作戦に利用できるという付加的動機付けとなっている。[16] 他の航空戦力の用法も同じように探求されている。すなわち、PLAがすでに優勢になりつつあり、敵が退却を強いられている場合、航空戦力は航空機動および航空攻撃と同様に空対地攻撃による優位を倍増させることができることをその著者は主張している。[17] また、PLA空軍は、通信および輸送ハブのような「敵の外部接続の切断」による戦略封鎖の実行を支援することを期待されている。[18] 最後に、その著者は、「垂直着陸攻撃」がＰＬＡ空軍およびＰＬＡ海軍によって同時に実行でき、「戦略的戦力投射ならびに敵の地上、沿岸、または大きな島の制圧」をすること、すなわち、ＰＬＡ空軍による台湾危機シナリオ間の作戦計画作成に対する間接的な言及をしている。[19]

同様に、ＰＬＡ空軍は、特に敵の空襲に対抗する防勢作戦においても重要な役割を果たす。[20] 空爆に対抗するため、ＰＬＡ空軍の防空部隊（ＳＡＭ、ＡＡＡ、レーダー、およびＥＣＭ部隊を含む）は他の軍種同様、防空作戦および航空作戦双方を実施する。主要兵力が国内の主要地域を防衛する間に、すべての軍種および部門は、特にＣ４ＩＳＲシステム、空港、およびミサイル発射地点に対する反撃を行うだろう。[21] 中国が封鎖に直面した場合、『戦略学２００１』は、ＰＬＡ空軍および他の軍種は、「重要地域の航空および海上の地域司令部を勝利」させるため、連携した作戦を実行すべきであると述べている。[22] 撤退が必要な場合、ＰＬＡ空軍はエアカバーを提供するために結集される。[23] 最終的に、ＰＬＡ空軍はＰＬＡ特有の組織構成から生じる追加の役割を持っている。中国軍のシステムでは、空挺部隊はＰＬＡ陸軍よりはむしろＰＬＡ空軍の隷下にあり、単なる航空機による兵器、補給物資、および兵員移動を越え、ＰＬＡ空軍に空輸任務の範囲を付与している。[24]

戦略空襲（ＳＡＲ）および対空襲防衛（ＤＡＡＲ）におけるＰＬＡ空軍の役割は、『戦略学２００１』内で最も拡張された役割範囲である。これらの任務は著者が想定する脅威環境にとって、「ＳＡＲもしくはＤＡＡＲの成功または失敗は、戦争の進行およびその結果に直接影響と制約を及ぼす」[25] ことから、特に重要である。ＳＡＲは、『戦略学２００１』において、他の軍種および部隊と調整し、空軍が主に実施すると唯一記述された任務である。[26] 理想的な中国のＳＡＲ作戦は、精密攻撃ミサイルおよびステルス機のようなハイテク兵器の使用を特徴としており、すべての軍種および部隊間の調整はもとより、情報戦および電子戦の行使も同時に想定されている。夜間の精密攻撃作戦は、「1回の攻撃で敵を麻痺させる」ために敵の防空を極小化させるであろう。[27]

ＳＡＲ作戦に従事するＰＬＡの兵力は、航空および陸上兵力双方を含んでおり、多くはＰＬＡ空軍が提供する。航空部隊は攻撃兵力の主力として「小編制（小編隊）の部隊で攻撃の主要方向に集中する」べきで、一方、陸上部隊は「指揮の利便性、支援、および計画目標に対する戦略攻撃の調整のため、迅速に編成する」べきである。[28]

『戦略学２００１』は戦略的ＤＡＡＲを、短時間の警報下で緊急作戦を実施し、大規模な作戦空間全体でこの態勢を維持するする能力として特徴付けている。敵はＰＬＡの防空を「一撃」で喪失させる企図があり、電子戦能力、統合作戦のための効果的ドクトリン、および組織化された部隊間調整のために必要なＣ４ＩＳＲシステムが、ＤＡＡＲを成功させるために絶対的に必要である。[29] ＤＡＡＲ任務は、早期警戒との連携、指揮統制、攻撃と反撃、防衛活動の要塞化、作戦支援、および民間防衛の組み合わせである。[30]

現代戦にはＰＬＡ空軍の統合作戦採用が必要

ハイテク戦争の要件を前提として、『戦略学２００１』は「戦争の勝利は、包括的に対立する戦闘システムの全体容量に依存し」、特に、全体の戦闘効率を向上させるための複数の部門および軍種からの兵力を統合する能力であると強調している。[31] それゆえ、その著者は、「一体化された統合作戦」（Integrated Joint Operation［IJO］）はハイテク局地戦の基本パターンになると結んでいる。[32] 一体化された統合作戦は、ＰＬＡ専門用語で、伝統的に西側で理解されている統合運用を参考にしている。これまでのＰＬＡの統合作戦の概念は、真の統合指揮に欠け、より連合部隊に類似した機能であった。
一体化された統合作戦の範囲は、PLA空軍の直轄で、攻勢任務、たとえばスタンドオフ戦略空爆または「精密攻撃」を必要とする戦略的攻勢作戦の一部を実行する長距離攻撃を含む。[33] また敵兵力に対する空対海および空対地攻撃機動が実施でき、一方、中国領土を防護するには[34]、PLA空軍に呼応した中国の陸地周辺での反撃および地域の制空・制海権を争うPLA海軍との沿岸作戦が含まれる。[35] 前述したPLA空軍の空挺の役割は、同様に特殊作戦と関連している。[36]
歴史的文脈の中で、PLA空軍の役割に関するこれらの分析の認識は重要である。江沢民時代の終焉で、PLA空軍は、主要任務が領域防衛およびPLA陸軍の支援に制限されていた数十年間から抜け出した。近年の現代戦における航空戦力の役割の発展は、防勢作戦同様に攻勢作戦におけるPLA空軍のより広い役割を生み出した。これらの航空戦力の運用理論は開発されたが、PLA空軍がこれらの拡張した任務において成功しようとする場合、兵員募集、教育、訓練、および調達における向上もまた必要であった。2000年度当初、PLAは全体として、技術的に優れ、よりよく訓練され、さらに近代化したシステムを運用する敵との紛争には成功できないと評価された。[37] 現代戦闘の要求に基づけば、PLA空軍はチェーン内のひとつの弱い環であった。

胡錦濤および習近平時代のPLA空軍の進化

『戦略学2001』刊行後の15年は、現代戦において航空戦力の果たす重要性に関する広範な認識、膨大なPLA全体の再構成および近代化努力によって、PLAに対する多くの変化をもたらした。PLA内の

ＰＬＡ空軍の相対的立場は向上し、それは２００４年の新しい軍種特定戦略の到来によって裏付けられた。最近のＰＬＡ空軍の任務および役割の記述に上昇の兆しがみられ、中国はＰＬＡ空軍が将来の紛争における作戦上の要求を満たすために必要となるシステムと能力の取得を成し遂げた。

新しい立場および新しい構想――「戦略空軍」としてのＰＬＡ空軍

２つの大きな変化が２００４年にＰＬＡ空軍に影響を及ぼした。第一に、ＰＬＡ空軍司令官が、ＰＬＡ海軍およびＰＬＡ第2砲兵部隊（現在のＰＬＡロケット軍）司令官と同様に、中央軍事委員会にその地位に応じた席が用意された。この地位はＰＬＡ空軍にＰＬＡ内の最上級人物としての公式発言を許されるとはいえ、実態はＰＬＡ陸軍将校が中央軍事委員会委員の多数を引き続き占めていた。[38]

第二に、２００４年にＰＬＡ空軍は最初の軍種個別戦略を付与された。一方、戦略自体は公開されておらず、２０１３年に発行された最新版の『戦略学』は、迅速に軍事力を展開するように中国の国益を反映する戦略および軍事作戦レベルの任務を実行するために、「攻撃・防御能力双方を有する航空宇宙一体化」（空天一体、攻防兼備）としての包括的な主題を記述している。[39] この構想は公式国営メディアおよび他の情報源に「戦略空軍」設立として紹介されている。[40]

新しい使命

航空宇宙一体化および攻勢・防勢能力という主題と調和して、ＰＬＡ空軍はより集中的であるが強力な一連の使命を実行する準備に向けて変わった。最新の『戦略学２０１３』は、前著に比べ戦術に焦点を当てていないため、２００１年から２０１３年までのさまざまな軍事行動におけるＰＬＡ空軍の役割を直接

表１　PLA空軍の５「戦略使命」

1	主要な「戦略命令」に従事
2	国土防空を実施
3	中国の国境および海洋権益を防護
4	緊急事態および災害救助作戦を実施、すなわち国内治安維持を支援
5	国際軍事交流を実施

比較することは難しい。しかしながら、『戦略学２０１３』は他の最近の公式刊行物同様、戦略およびＰＬＡ近代化任務上の鍵となる主題を考察し、比較の根拠を提供している。

『戦略学２０１３』はＰＬＡ空軍の基本目標を、中国領土の積極防御を実施し、ＰＬＡ内の一体化した抑止姿勢の構築を援助し、ＰＬＡ内で迅速かつ柔軟な作戦を実施し、そしてＰＬＡ空軍の相対的優位を練磨することにより、国家再統一および国土（中国の「海洋権益」と同じく）の保護を実現することと記述している。[41] 具体的には、ＰＬＡ空軍は５「戦略使命」を持ち、それらの戦略使命には平時および戦時両方の要素がある。

第一に、ＰＬＡ空軍は、警告攻撃、不測事態作戦、統合火力攻撃と他の統合作戦、封鎖作戦、島嶼上陸作戦、および戦域防空作戦の組織化のような作戦の実施によって主要な「戦略命令」に従事する。[42] この使命は、すでに定義されたＰＬＡ空軍の戦略攻勢と戦略空襲構想の要素を合体していることを表している。

第二は、ＰＬＡ空軍が、「首都を中心として、（および）沿海地域を鍵となる地点として組織された」本土防空に従事することである。[43] また、『戦略学２０１３』は、ＰＬＡ空軍は「国家の領空の安全と主権を実効的に守るため、航空監視と活動の範囲を拡大」すべきであると記述している。[44] 本責務には、２０１３年11月に東シナ海に設定された防空識別圏（ＡＤＩＺ）内哨戒を含んであり、追加のＡＤＩＺが設定される場合、将来のどのようなＡＤＩＺ内哨戒も含まれるであろう。[45]

言及されている第三の使命は、沿岸防衛作戦と同様に国境および海洋「権益」の防護におけるＰＬＡ空軍の役割である。『戦略学２０１３』は、海軍および陸軍との作戦の調整を越えるＰＬＡ空軍の役割を詳述していない。しかしながら、これは、他の2軍種を「支援していた」１９８０年代と比べてＰＬＡ空軍の役割が強化されたことを表している。

第四に、ＰＬＡ空軍は、緊急および災害救助を実施する役割を持っている。[46] ＰＬＡ空軍は、２００８年の成都地震後を含む、国内および海外の緊急事態および災害対応に参加してきた。ごく最近、２０１５年4月25日にネパールを襲った地震では、ＰＬＡ空軍は中国の対応において輸送支援、機材、および当該国内で災害救助を実施する軍隊による突出した役割を果たした。[47] また、ＰＬＡ空軍は「対テロ攻撃」を含む国内治安維持の役割を持っている。[48] これは、ＰＬＡ陸軍が、海外での攻撃作戦に加えて、ドローン作戦を含む中国国境内での作戦を実施する役割を示しているであろう。[49]

最後に、ＰＬＡ空軍は国際軍事交流および協力活動に参加する。これらは主に、航空部隊がロシアのアビアダーツ（Aviadarts）国際パイロット競技会、上海協力機構の共同軍事演習、および本土と海外でのＰＬＡ空軍の「バイ」（八一、ＰＬＡ創立日を参照）アクロバットチームによるパフォーマンスのようなイベントで実施する。

開発中の作戦能力

これら使命を達成するため、『戦略学２０１３』は「1システム」（系統）、「5兵力」（力量）、および「7作戦能力」の構築を求めている。[50] この枠組みは、現在の活動の記述というよりはむしろ提案であるが、それは将来のＰＬＡ空軍兵力構築および近代化のおそらく中心分野の確固たる方向性を提示している。特に、7作戦能力の向上を評価し、「5兵力」につながってみえる1つを除くすべてが、構想に記述された航空宇宙一体化および攻撃・防御能力の達成に向けたＰＬＡ空軍の進歩のさらなる真相を提示することができる。

情報化および統合作戦――すべてを一体化する1つのシステム

情報化および統合作戦は、ＰＬＡ空軍の「航空宇宙一体化」および「攻撃・防御能力」構想を実現するために不可欠である。『戦略学２０１３』は、ＰＬＡ空軍にとって、「航空宇宙ネットワーク一体化」の全世界的傾向という文脈的レンズによって航空宇宙一体化の必要性を説明している。[51]『戦略学２０１３』に記述される「1システム」は、「空軍の宇宙での戦略的活動空間を覆う」ための「指揮情報システム」への言及である。それは、航空、宇宙、および地上領域を、戦略、軍事作戦、および戦術レベルの戦いのために「3階層ネットワーク」に統合する宇宙ベース情報プラットフォームを含んでいる。[52]このシステム・オブ・システムズは、中国が定める第四世代航空機（米国が定める第五世代航空機）、空中給油機、長距離偵察機、早期警戒管制機（ＡＥＷ＆Ｃ）、ＵＡＶ、および誘導兵器（たとえば、空中発射型巡航ミサイル、対レーダーミサイル）を含み、関連する作戦および支援組織も含んでいる。一体化するための将来システムには、ステルス戦略爆撃機および「航空宇宙一体化装備」も含むことができるだろう。[53]

航空宇宙における攻勢攻撃

ＰＬＡ空軍は、航空攻勢作戦および攻勢防空作戦（情報化条件下で）双方を実施するために適合した

表２　PLA 空軍システム、兵力および能力

1 システム	5 兵力	7 作戦能力
指揮情報システム	航空攻撃兵力	中長距離精密攻撃
	防空／対ミサイル兵力	「三線統制防空構造」の防空対ミサイルシステム・オブ・システムズ
	偵察、早期警戒、および監視兵力	(PLA 空軍のさまざまな作戦能力の実施に不可欠として記述されている)
	情報作戦兵力	情報支援サポート能力 電子戦およびネットワーク戦能力
	戦略輸送兵力	航空戦略投射能力 空挺部隊作戦能力
		包括支援能力

「航空攻勢兵力」を保有すべきである。これは、中国が定める第三世代および第四世代航空機用のより優れた中長距離精密航空攻撃システムを含んでいる。この実現のため、『戦略学２０１３』は、ＰＬＡ空軍が技術および他の標準の合理化ならびに「遠距離戦闘能力」に集中化することを要求している。「遠距離」は、教範では、中国の国境から３０００キロメートルと定義されており、「そのため、プラットフォーム半径またはプラットフォーム半径に火力半径を加えたものは、より広域な防空空域または圏の裏付けとして第二列島線に達する」。[54] 中長距離精密攻撃を実施する能力向上のために、ＰＬＡ空軍は新型航空機とミサイルの配備および空中給油使用の増加によって作戦空域を拡大してきた。[55] また、ＰＬＡ空軍は特に洋上での長距離訓練活動を実施している。たとえば、中国メディアは、ＰＬＡ空軍が２０１５年に西太平洋で4回の洋上長距離訓練を実施したと報道した。[56] これら長距離攻撃能力は、権威筋の中国情報源では述べていないが、潜在的に中国の核攻撃能力におけるＰＬＡ空軍の役割を含んでいる。[57]

その指揮情報システムは到達範囲および高度化において成長するにつれて、ＰＬＡ空軍は航空、「大気圏」、「宇宙空間」、および「ネットワーク空間」に対して攻勢および防勢作戦を拡大することを期待されている。[58] これは、航空宇宙一体化（空天一体）の継続的開発に対して述べられている重要性と同様に宇宙領域でますます重要な役割を果たそうとするPLA空軍の野心を反映している。しかしながら、PLA空軍が進める航空宇宙一体化への取り組みの最終状態は、これまで以上にPLA空軍の作戦にC4ISRプラットフォームを深く組み入れる方向という一般的傾向以外、不明のままである。[59] PLAが最近実施した組織改編の公表内容は、戦略レベルでPLA空軍が、おそらく旧PLA第2砲兵部隊（現在のロケット軍）だけでなく新しい戦略支援部隊を含むPLA内の他の組織と宇宙領域の共有を継続しなければならないことを示唆している。[60] 『戦略学2013』は、航空宇宙抑止におけるPLA空軍の役割について論じており、PLA空軍が「航空宇宙戦闘」および「航空からの宇宙統制という抑止的役割の漸次開発」（逐歩発揮以空制天的威懾作用）に積極的に参加するよう提言している。[61]

本土防衛

また、重要な点は、国家防空システムの「安定性確保」および情報化条件下で空襲に対抗するための対ミサイル防空兵力の開発である。PLA空軍は、領域防空および「多方向作戦」の必要性と要求が均衡する対ミサイル防空システム・オブ・システムズを必要としている。要求される向上については、さらなる地上施設の建設および空中早期警戒管制機（AEW&C）の使用による覆域ギャップの閉塞を含んでいる。『戦略学2013』は「防空に投資される資源は攻撃手段のそれよりもさらに多くなるだろう」と言及している。2000年代初頭に比べて、PLA空軍は今日、HQ-9、SA-10、SA-20、および中国が近々ロシアから4から6個大隊分を調達するSA-21（S-400）を含む多数の新型長距離地対空ミサイル（ＳＡＭ）システムを配備している。[62] また、ＰＬＡ空軍は旧ＫＪ－２００およびＫＪ－２０００プログラムに加えて、新たなＫＪ－５００システムを含むさらなるＡＥＷ＆Ｃ航空機を配備している。

これらおよび将来の防空システムとともに、『戦略学２０１３』は、ＰＬＡ空軍はその態勢および「戦場（兵力）構築」を最適化する「三線統制」（三線控制[three-line control]）防空構造を構築すべきであると述べている。三線は中国の国境から外方へ円弧状に拡大する。すなわち、領空は「信頼統制」（reliable control）区域であり、中国を越え第一列島線および主要周辺国は「制限統制および安全保障協力区域」であり、第一列島線および第二列島線間は「長距離監視および制限抑止区域」である。ランド研究所によるシナリオベースの分析では、配備数が増加している高度化されたＳＡＭシステムは、能力向上させた要撃機による防御対航空哨戒と組み合わせて、２０１７年までに第一列島線までの多層防御構造を構築できるだろう。[63] また、『戦略学２０１３』は、中国の防空システムに求められる他の向上は、敵が本土空域の緊要地域上空で中国の管轄と争う事態においてステルス戦闘機および無人システムに対抗すると同様に終末対ミサイルシステムを使用するための「ＯＲベース計画立案」であると述べている。

空中の目

第三に、偵察、早期警戒、および監視部隊は、ＰＬＡ空軍の作戦空間内の攻撃および防御双方を航空、宇宙、および陸上アセットの一体化によって強化し、戦略警報を提供し、そして「戦場の透明性を維持する」。ＰＬＡ空軍の戦略偵察および早期警戒能力は、航空偵察および早期警戒から作戦に正規に用いられる航空宇宙一体化早期警戒に進化すべきである。[64] 前述のとおり、中国はＫＪ－２００、ＫＪ－２０００および新たなＫＪ－５００プログラムを含む能力向上ＡＥＷ＆Ｃ機を配備している。他の構成要素には、中国の衛星ネットワーク、地上ベースレーダーシステム、敵潜水艦から防護する海洋哨戒機および無人機（ＵＡＶ）の要素を含むこともあり得る。[65]

戦略空輸

戦略空輸兵力は戦略的兵力投射ならびにＰＬＡ空軍の機動および輸送機着陸作戦を容易にするだろう。『戦略学２０１３』は、戦略空輸システム開発の必要性は「戦略空軍の重要な目標」、特に装備および兵員移動のための「中型と大型、長距離、多用途空輸機」であると言及している。関連能力には空挺部隊および特殊戦部隊を展開させる戦略的航空兵力投射能力および輸送機着陸作戦能力を含んでいる。[66] Ｙ－20大型軍用輸送機は、中国分析者が数年以内に運用開始すると予測しており、[67] ＰＬＡ全体の有事作戦を支援するためにＰＬＡ空軍の装備および兵員輸送を増強するために重要な役割を果たすだろう。

サイバーおよび支援部隊

最後に、『戦略学２０１３』は、ＰＬＡ空軍はソフトキルおよびハードキルによる敵情報システムの「実効性のある制圧および破壊」を可能とする情報作戦（ＩＯ）部隊能力を統合「情報防護能力」と同様に保有すべきであると述べている。これらには、「空軍作戦空間をカバーする」情報支援サポート能力ならびに電子戦および空陸双方を連携するネットワーク戦能力を含んでいる。さらに、ＰＬＡ空軍は「大規模、高烈度持続作戦に適合」した包括支援能力を保有すべきである。[68] 『戦略学２０１３』の発行以来、ＰＬＡ組織再編の一部として発表された革新は、これら機能のいくつかを一体化するＰＬＡ戦略支援部隊（ＳＳＦ）の設立を含んでいたが、どのようにＰＬＡ空軍部隊と作戦を調整するかは明らかではない。

違いの中の継続性——最近の刊行物におけるPLA空軍の取り扱い

我々はどのようにPLA空軍の発展のために『戦略学2013』において提示された枠組みの関連性を評価すべきだろうか？　PLA空軍の発展傾向を論じた他の最近の文献上の論評は、ある主題または優先事項が他に比べ、より大きく強調されているにもかかわらず、主要なテーマの広範な重複を明らかにしている。国防大学（NDU）発行の『戦略学2015』（軍事科学院発刊の2013年版とは関連がなく一般的に権威がないとみなされている）は、作戦上の要求、動向、およびPLA空軍近代化の主要分野を検討している。航空宇宙一体化、攻勢・防勢能力、およびPLA空軍の情報化の重要性を強調することに加えて、国防大学版『戦略学』はPLA空軍が熟達しなければならない5分野について記述している。これらの分野は、主に『戦略学2015』で論じられている「5兵力」（航空攻撃兵力、防空／対ミサイル兵力、ISR兵力、情報作戦兵力および戦略輸送兵力）（原文に戦略輸送兵力が記述されていないため追記）に対応している。また、国防大学版『戦略学』は、情報化条件下での航空作戦の継続性を確実にするために堅固な「基地防護兵力」の必要性を深く掘り下げている。[69] また、『戦略学2013』と同様に、攻勢攻撃、精密攻撃、およびハイテク戦争を可能にするシステム・オブ・システムズに焦点を当てた空軍の近代化動向に関する節では、現代戦におけるステルスおよび無人システムの重要性についても論じている。[70]

2015年に公開された中国の最新の軍事戦略に関する国防白書におけるPLA空軍の限定的な考察は、同様に『戦略学2013』に記述されたPLA空軍戦略および構築目標の概念に一致している。PLA空軍は具体的には3つの段落でしか述べられていないが、白書は、PLA空軍は「戦略早期警戒、航空攻撃、航空ミサイル防衛、対情報対策、空挺作戦、戦略的兵力投射および包括支援」能力の強化によって、「領域防空から防勢と攻勢双方へのその重点の移行ならびに情報化作戦の要求に合致することのできる航空宇宙防衛兵力態勢の構築」のために努力するだろうと言及している。[71] このリストは、ＰＬＡ空軍戦略構築のために『戦略学２０１３』によって目標とされた7作戦能力とほぼ同じである。また、その白書は、ＰＬＡ空軍予備役比率および陸軍兵力に見合った戦闘支援兵力の増強を要求し、「全方位対応と全領土への対応、および弛まない効率的な戦闘態勢の維持（継続）」を含む軍事闘争の準備におけるＰＬＡ空軍の役割を示している。白書は、兵站、調達、人員採用および訓練を含むＰＬＡ空軍に関連ある近代化の追加分野を示している。

結論として、過去15年間に、ＰＬＡ空軍の地位、理論、および将来の展望に多くの変化がみられる。現在、ＰＬＡ空軍は、攻勢と防勢両能力の保持および航空宇宙両能力の一体化の要求を達成するために活動する「戦略軍種」として記述されているが、結局のところ、ＰＬＡ空軍のこれらの目標への進展はまだ明らかではない。ＰＬＡ内で発表された最近の改革が、新たな問題を惹起している。たとえば、組織改編の一部として、旧7軍区を５「戦区」に置き換え、戦区には軍事作戦を指揮するための任務を付与している。一方、各軍種司令部は責任ある兵力の人事、訓練および装備に専念する。どのようにＰＬＡ空軍または他の軍種がこの後者の役割に順応し、戦区と多くの新たな連携を管理するかは、まだ知られていない。しかしながら、全体的に『戦略学２０１３』の最新版は、ＰＬＡおよび政府筋からの他の最新文献によって、ＰＬＡ空軍が成功裏に目指す目標に向かい進歩しているか否かの多くの指標やベンチマークを提供している。これらの文献は、ＰＬＡ空軍と戦区との連携ならびにＰＬＡ空軍システムと装備の発展、兵員、訓練、および全体作戦能力に関するさらなる情報が利用できるようになるにつれて、ＰＬＡウオッチャーおよび広範な読者が等しくＰＬＡ空軍変革のより良い評価をするのに役立つに違いない。

1 China Air Force Encyclopedia［中国空军百科全书］Aviation Engineering Press, vol.1, 2005, p. 39.

2 Shou Xiaosong［寿晓松］ed., Science of Military Strategy［战略学］, Academy of Military Sciences Press, 2013, p. 219.

3 Wu Faxian（呉法憲）逮捕後、ＰＬＡ空軍は18ヵ月間指揮官不在であった。また、航空業界の崩壊も、この期間のＰＬＡ空軍の苦闘の重要な要因であった。この期間および林彪事件については、次を参照。Kenneth W. Allen, Glenn Krumel, and Jonathan D. Pollack, China's Air Force Enters the 21st Century, Santa Monica, CA: RAND Corporation, 1995, pp. 71–74; John Wilson Lewis and Xue Litai, "China's Search for a Modern Air Force," International Security, Vol. 24, No.1 (Summer 1999), pp. 64–94; and Kenneth W. Allen, "The PLA Air Force: 1949–2002: Overview and Lessons Learned," in Laurie Burkitt, Andrew Scobell, and Larry M. Wortzel, eds., The Lessons of History: The Chinese People's Liberation Army at 75, (Carlisle, PA: Army War College Press, July 2003), pp. 93–94.

4 SMS 2013, pp. 219-220.

5 SMS 2013, p. 220.

6 ＰＬＡＡＦは5部隊を保有する。すなわち地対空（ＳＡＭ）、対空射撃（ＡＡＡ）、空挺、およびレーダーで、他の専門部隊同様に通信、対電子対策（ＥＣＭ）兵力、化学防護、および技術偵察を含む。People's Republic of China, Ministry of National Defense, "Structure and Organization of the Armed Forces." As of August 2, 2015: http://eng.mod.gov.cn/ArmedForces/index.htm. For more on these historical missions, see Mark Stokes, "The Chinese Joint Aerospace Campaign: Strategy, Doctrine, and Force Modernization," in James Mulvenon and David M. Finkelstein, eds., China's Revolution in Doctrinal Affairs, pp. 245–246.

7 追加情報は、次を参照。M. Taylor Fravel, "The Evolution of China's Military Strategy: Comparing the 1987 and 1999 editions of Zhanlüexue," in China's Revolution in Doctrinal Affairs, pp. 79–99.

8 次を参照。Peng Guangqian and Yao Youzhi［彭光谦、姚有志］, eds., Science of Military Strategy［战略学］, Academy of Military Sciences Press, 2001, pp. 340–344.

9 Wang Yongming et al. eds., Research into the Iraq War, (Beijing: Liberation Army Publishing House, March 2003), p. 134.

10 Wang Yongming et al. eds., Research into the Iraq War, (Beijing: Liberation Army Publishing House, March 2003), preface. “High technology air strike” from The Military Training Department of the General Staff of the Chinese People’s Liberation Army, Research into the Kosovo War, (Beijing: Liberation Army Publishing House, 2000).

11 China Air Force Encyclopedia［中国空军百科全书］, Aviation Engineering Press, vol. 1, 2005, p. 39. See also SMS 2013, p. 220.

12 SMS 2001, p. 26. “Offensive air defense” is “攻势防空.”

13 ＳＡＲおよびＤＡＡＲは『戦略学２００５』で使用され、『戦略学２００１』では使用されていない。(『戦略学２００５』は『戦略学２００１』の英訳)。次を参照。Peng Guangqian and Yao Youzhi, eds., Science of Military Strategy, (Beijing: Academy of Military Sciences Press, 2005).

14 戦略核攻撃および宇宙攻勢を含む特定航空戦力の役割に関する2種類のパターンについては言及していない。SMS 2001, pp. 303-304.

15 SMS 2001, p. 299.

16 SMS 2001, pp. 302, 304.

17 SMS 2001, p. 301.

18 SMS 2001, p. 302.

19 SMS 2001, pp. 302-303.

20 SMS 2001, p. 317.

21 SMS 2001, p. 317. 航空兵力は防空部隊の一部として計上されない。なぜならば、それらは防空任務の役割を果たしているからである。

22 SMS 2001, p. 318.

23 SMS 2001, p. 320.

24 SMS 2001, p. 334.

25 SMS 2001, p. 340.

26 SMS 2001, p. 342.

27 SMS 2001, p. 343.

28 SMS 2001, p. 344.
29 SMS 2001, pp. 348-349.
30 SMS 2001, pp. 349-352.
31 SMS 2001, p. 447.
32 SMS 2001, p. 447.
33 SMS 2001, pp. 313, 461.
34 SMS 2001, p. 460.
35 SMS 2001, p. 479.
36 SMS 2001, p. 479.
37 次を参照。U.S. Department of Defense, "Annual Report on the Military Power of the People's Republic of China," Arlington, VA: DoD, 2002, p. 14. For more information on the combat capability of the PLAAF in the late 1990s and early 2000s, see Eric Heginbotham, Michael Nixon, Forrest E. Morgan, Jacob L. Heim, Jeff Hagen, Sheng Li, Jeffrey Engstrom, Martin C. Libicki, Paul DeLuca, David A. Shlapak, David R. Frelinger, Burgess Laird, Kyle Brady, and Lyle J. Morris, The U.S.-China Military Scorecard: Forces, Geography, and the Evolving Balance of Power, 1996–2017, Santa Monica, CA: RAND Corporation, 2015.
38 中央軍事委員会で自らの部門の制服を着用する最初の陸軍所属ではない副主席である海軍上将（大将）劉華清（Liu Huaqing）は１９８９年から１９９６年の間陸軍の制服を着用して副主席を務めた。
39 SMS 2013, p.222.
40 さらなる「戦略空軍」構想に関しては次を参照。Michael S. Chase and Cristina L. Garafola, "China's Search for a 'Strategic Air Force,'" Journal of Strategic Studies, September 14, 2015.
41 SMS 2013, p. 225.
42 SMS 2013, p. 221.
43 SMS 2013, p. 221.
44 SMS 2013, pp. 221-222.
45 しかしながら、『戦略学２０１３』はＡＤＩＺという用語に関して、特に述べていない。ＰＬＡ空軍の哨戒行動については以下の文献を参照。たとえば、"Expert: China Capable of Defending East China Sea ADIZ," China Military Online,

December 2, 2015. As of March 8, 2016: http://english.chinamil.com.cn/news-channels/china-military-news/2015-12/02/content_6796532.htm; "China Air Force Conducts West Pacific Drills, Patrols ADIZ," Xinhua, November 27, 2015. As of March 8, 2016: http://news.xinhuanet.com/english/2015-11/27/c_134862853.htm.

46『戦略学２０１３』はＭＯＯＴＷ（p.157）実施における航空兵力使用および法執行作戦（law enforcement operations）、間接的救援作戦（indirectly in aid operations）（p.135）における航空資源の役割について、いくつかの例を議論している。本件はＭＯＯＴＷ作戦が広範囲を担務し、『戦略学２０１３』が示す、大規模領域および距離での作戦（p.165）が可能であるＰＬＡ空軍の長所を生かす、特別な役割を示している。調整機構上、『戦略学２０１３』はＣＣＰおよび中央軍事委員会が、ＰＬＡ空軍または他の軍種がＭＯＯＴＷ活動を調整および指揮するために、関連する司令部指揮機能を強化できると記述している。(p. 166).

47 たとえば次を参照。"China's Rescue Materials Arrive in Nepal," Xinhua, April 28, 2015. As of August 3, 2015: http://english.chinamil.com.cn/news-channels/2015-04/28/content_6466339.htm; People's Republic of China, Ministry of National Defense, "Defense Ministry's Regular Press Conference on April 30, 2015," April 30, 2015. As of August 3, 2015: http://english.chinamil.com.cn/news-channels/china-military-news/2015-04/30/content_6469486.htm.

48 SMS 2013, p. 222.

49 中国国境を越えるドローン運用は、２０１１年に11人の中国人船員殺害容疑で指名手配された２０１３年のミャンマー麻薬王追跡「ＵＡＶを使用し20キログラムのＴＮＴ爆薬でその地域を爆撃する計画があったが、存命のまま逮捕との命令によって拒否された」を含め、以前から中国政府で議論されている。South China Morning Post, February 20, 2013. As of August 2, 2015: http://www.scmp.com/news/china/article/1154217/china-considered-using-drone-myanmar-kill-wanted-drug-lord.

50 本節は SMS 2013, pp. 222-224 において議論されている。

51 SMS 2013, pp. 224-225.

52 SMS 2013, pp. 222-223.

53 SMS 2013, p. 224. 後者について、列記された具体例は、「航空宇宙作戦機、近接宇宙攻撃兵器、および航空機搭載レーザー兵器」である。

54 この用語はＡＤＩＺに用いられている用語（その用語は防空识别区）と同じではないことに注目すること。

55 いくつかの例について、次を参照。Zhao Lei, "Air Force Now Able to Launch Long-Range, Precision Strikes," China Daily, October 14, 2015. As of March 8, 2016:http://www.chinadaily.com.cn/china/2015-10/14/content_22178512.htm; "H-6U Aerial Refueling Tanker Improves PLA Air Force's Long-Range Raid Capability," China Military Online, September 8, 2015. As of March 8, 2016: http://english.chinamil.com.cn/news-channels/china-military-news/2015-09/08/content_6671974.htm.

56 "China's Air Force Conducted Four Drills over the Western Pacific in 2015," China Military Online, January 4, 2016. As of March 8, 2016: http://english.chinamil.com.cn/news-channels/china-military-news/2016-01/04/content_6842698.htm.

57『戦略学２００１』は、航空および他の領域での通常兵器は戦略抑止全体的の構成要素であると述べている。(p.236)『戦略学２０１３』は航空戦力の抑止効果に関する歴史的例を含んでいる。(p.139) また、抑止が海洋権益にどのようにその役割を果たすか、航空強化システム (p.145) の構築が航空力の投射により促進されるかについて議論されている。

58 SMS 2013, p. 226.

59 たとえば、『戦略学２０１３』は、いったん、戦争が勃発したなら「宇宙基盤情報支援下の航空攻撃が主要な空軍の戦略適用手法」となることを述べている。(p.227)

60 Space is discussed in SMS 2001 on pp. 342;350 and in SMS 2013 on pp. 222, 226.

61 実際何がこの句に関連しているか不明確である。「空からの宇宙統制」という句の正確な翻訳は「宇宙を統制するための空の使用」である。

62 SA-21に関する追加の情報は、次を参照。Timothy R. Heath, "How China's New Russian Air Defense System Could Change Asia," War on the Rocks, January 21, 2016. As of March 7, 2016: http://warontherocks.com/2016/01/how-chinas-new-russian-air-defense-system-could-change-asia/

63 Heginbotham et al., The U.S.-China Military Scorecard, pp. 101–109.

64 SMS 2013, p. 227.

65 中国ＵＳＢにより実施されるＩＦＲ任務に関する追加情報は、次を参照。Kimberly Hsu with Craig Murray, Jeremy Cook, and Amalia Feld, "China's Military Unmanned Aerial Vehicle Industry," U.S.-China Economic and Security Review Commission Staff Research Backgrounder, June 13, 2013. As of March 7, 2016: http://origin.www.uscc.gov/sites/default/files/Research/China's%20Military%20UAV%20Industry_14%20June%202013.pdf.

66 SMS 2013, p. 222. 残念ながら、本能力に関する詳細は本章では提供されていない。

67 ＰＬＡ空軍指揮幕僚大学教授 Chen Hong は、Ｙ－20 は２０１６年早期に運用開始と述べている。From “China’s Y-20 to be Put into Military Use in 2016, Experts Say,” People’s Daily Online, March 1, 2016, http://www.china.org.cn/china/2016-03/01/content_37904239.htm.

68 SMS 2013, p. 222. 残念ながら、本能力に関する詳細は本章では提供されていない。

69 Xiao Tianliang［肖天亮］, ed., Science of Military Strategy［战略学］, National Defense University Press, April 2015, pp. 356–357.

70 SMS 2013, pp. 349-353.

71 Information Office of the State Council, “China’s Military Strategy,” May 26, 2015, http://www.china.org.cn/china/2015-5/26/content_35661433_3.htm.

第4章 新たな波紋を広げている海洋変革ドクトリン

――中国の海洋戦略に関する検証

アンドリュー・S・エリクソン[1]／伊藤和雄訳

世界第2位の経済力と国防費を背景として、中国は未解決の領土および近海（黄海、東シナ海および南シナ海）の支配権を主張し、最終的にこれを解決することを最優先としてその近海以遠での切れ目のない漸増的戦略を構築し、実施しつつある、他方、その外側にさらなる国益と影響力行使のための低烈度圏をさらにゆっくりとではあるが構築しつつある。

特定のハードウェア面における軍事能力について中国は海外の分析者をイライラさせるほどはっきりしたことをいわないが、中国人民解放軍（ＰＬＡ）の組織や運用を報じる軍事戦略の「ソフトウェア」については少なくともその幅広い目的と範囲に関してははるかに透明性がある。明らかに権威のあるＰＬＡのテキスト、たとえば、軍事科学院（Academy of Military Science[AMS]）の『戦略学』（Science of Military Strategy[SMS]）に関する複数の版は広範囲にわたる他の刊行物やデータと同様に政府刊行の国防白書（ＤＷＰ）に徐々に統合されている。この題材をともに考えるには中国の軍事的立ち位置と意図するその将来方向について明瞭な構図を描くことである。

本章の主題である海軍および広範囲な海洋安全保障の発展は、中国軍の地理的および運用的発展の最前線を表している。この分野で、前述の出版物は近年の重要な戦略改革の実施者としてＰＬＡ海軍を位置付けている。同様に、海洋における包括的取り組みを支援する改革は、国家海洋局の中国海警局（China Coast Guard[CCG]）に統合しつつある4つの中国海上法執行機関（Maritime Law Enforcement[MLE]）（中国海上法規執行機関の4つとは、「海監（国土資源部国家海洋局）」、「海警（公安部辺防管理局）」、「漁政（農業部漁政局）」および「海関（海関総署）」である）と海上民兵組織に対して行われている。世界最大の外洋沿岸警備隊と最大の海上民兵組織は、間もなく世界第2位になる外洋海軍と協同しつつ責任を分担しているが、ＰＬＡ海軍が近海における先導的役割を保持している。北京はその重要性と現実性が中国の領土および海上紛争を本土から距離を置いたところで、速やかに解決するための優先順序の明確な序列化を推し進めている、他方で軍の総合的近代化と地理的外方への展開に取り組んでいる。[2]

　この進行中の海洋変革は、特に２０１５年国防白書と同様に『戦略学２０１３』およびそれ以前の版で明確に要約されている（必ずしも簡潔で、反復されないにしても）。この戦略に関する国防白書の初版は、北京の軍事開発の努力の最新で最高レベルのドクトリンと戦略的表現を提供し、それは、さらに『戦略学２０１３』がどのように刷新され、強調され、実行されているかを特に強く指摘している。なかでも中国の指導者が新たな現実を受け入れ、平時および戦時の広範囲の緊急事態対処における海洋戦力の強化、統合および運用の優先順位付けおよび構想化に関する新たな洗練された考えを示しつつあることを示唆している。それは、平時のプレゼンスと臨戦態勢の圧力を組み合わせた理想的で切れ目のない包括的アプローチを通じて、中国の増大しつつある複雑で広範囲な権益を防護することをＰＬＡに要求している。海洋権益に対する前例のない力の入れ方とそれを支える作戦が存在し、それらは中国海上部隊に対し、それら部隊の中核であるＰＬＡ海軍と一緒に、新たな挑戦と機会を与えている。国防白書は「陸は海に勝るという伝統的考え方は放棄されるべきで…最も重要なことは沿岸域と海洋を管轄し海洋の権利と権益の防護に結び付けることである」とまで言及している。[3] それにより、中国の「海洋の戦略的管轄」および「多機能かつ実効性のある海上戦闘組成の構築」を強化する決心を強調している。

これら公式刊行物は、以前の文書に基づき論理的に構築され、他の同時発行文書とある程度一貫性がある。それらは単なるページ上の言葉ではなく、国内での中国の海軍および国内海上勢力の増強および海外での権益・活動の展開を反映している。この実態は、中国人民会議を通じて、２０１６年3月7日に公布された第13回５か年（２０１６～20）計画の新しい強固な海洋の内容により強調されている。前述の刊行物で議論された多くの構想を運用しつつ、最も権威があり包括的なすべての国家計画文書は中国が次のように行うことを宣言している。

1　「海洋国家」を構築する。
2　海洋資源の調査および開発を強化する。
3　海洋問題における歴史的および法的研究を深化させる。
4　海外権益保護のための高度な実効性のある制度を創設し、中国人民および法人の海外権利・権益を保護する。
5　「21世紀海上シルクロード」の戦略支点構築を積極的に推進する。
6　予備軍の建設、特に海上動員部隊の建設を強化する。[4]

しかしながら、「どのような基準を持ってしても」、ライアン・マーティンソン（Ryan Martinson）が説得力に富んだ議論を展開しているように、「中国はすでに海洋変革を実行に移している」。それにもかかわらず、

「中国の政策担当者は中国の海洋変革は完成には程遠いと確信している。海洋政策を巧妙に操ることで、さらに多くの富が生み出され、力が増大され、利益が保護され、そして、名声が享受される」。中国の最高開発計画は、それによって「地球規模の範囲で増大する海洋における野心を具体化している」[5]

中国の軍事および海軍戦略に関する公刊物とそれらの内容の多くの実際に実行中のものとの間に強い結び付きがあるとするならば、[6] 北京の過去、現在、および将来の海洋における方向と速度の兆候に対してのの重要な文献を深く検証すべき時機に至っている。これがすなわち本章の残りの部分の目的そのものである。

現代中国海洋戦略の基盤——江沢民時代のPLA海軍

軍事科学院は、2001年に、初期の戦略的著作である『戦略学』に対する近代としては初めての改定版を発行した。2001年、第一次湾岸戦争における米国のサダム・フセイン軍の打破および「軍事革命」の誕生の結果、江沢民下での中国の軍近代化に対するアプローチに関する多数の変化を包み込んだ2001年の中国語版が、将来中国の戦略策定者になる将校および中央軍事委員会の関係者を含むPLAの高級意志決定者の教育に使用された。指導的な外国の中国研究者は、実際のPLA戦略およびドクトリンを理解するために、2000年に中国の国防大学によって公刊されたより作戦および戦術に特化した『戦役学』(Science of Campaigns)のようなさまざまな他の教範と一緒に『戦略学』を検討した。これらの図書に最も近い米国のものは、米国の統合ドクトリン(JP3-0)になるであろう。

2005年に、専門家チームによって、PLAの考えを海外の読者にも理解させようとする努力の一環として戦略に関する最初の中国の英訳版が出版された。その編者、彭光謙（Peng Guangqian）少将と姚有志（Yao Youzhi）少将は、中央軍事委員会と中央政治局常務委員会のアドバイザーとしてPLAの戦略形成に敏腕を振るった。『戦略学2001』は、今は2013年版にとって代わられてはいるが、PLA海軍の引き続いての戦略的進化を研究するための比較検討すべき権威ある基本的なものを提供するものとして熟慮に値するものである。

『戦略学2001』は、大陸国家から大陸・海洋複合国家へと今日広く認識されている中国の重大な改革の始まりについて記述している。その著者は、今の時代を「海洋の時代」と呼び、そこでは前任者と同様に、海洋国家が、「包括的海上権力の積極的展開」および「海洋における戦略的縦深の拡大」のためにマハンおよびその他の戦略を用いるだろうと述べている。その版を通じて、人民戦争を継続する適合性は海洋を含んだ中国軍事戦略の基本として強調されている。当時においてはこの固定的な考えは、多くのPLAの非専門家にとっては奇妙で時代遅れの感を持たせたが、今日、海上民兵組織の広範囲な展開と運用において重要な意味を持っている。

この非正規海上兵力は、人民共和国の黎明期に端を発し「海上人民戦争」という中国の継続的ドクトリンにおける重要な任務を見出している、しかしながら、今日においても海外の評論家はもとよりアジア・太平洋において相対峙する軍事作戦関係者にとってもこれは十分に認識されていないし、理解もされていない。北京の「海洋権益」を獲得するための一翼を担うこの強大な軍事力は、規模と能力において戦うことのできないベトナムを援助するどのような国の民兵と仮想的にも比較できるものではなく、事実上無類の規模である。それ（海上民兵組織）は、中国における最近の深刻な軍事衝突において有意義な役割を演じた。すなわち、2つの海上民兵哨戒部隊が1974年、ベトナムとの西沙諸島（パラセル諸島）の戦いにおいて中国軍の勝利に重要な役割を演じた。[7] 今日、中国のほとんどのエリート海上民兵組織は、2009年の中国と米国間のインペカブル事案および2014年の中国・ベトナム間の「HYSY-981石油リグ孤立」(Oil Rig Standoff)事案のような国際海洋案件において重要な役割を演じている。[8] 中国の海上民兵組織に関する大量の公開情報がここ数十年にわたり、国民に公開され、『戦略学2001』は、中国の「海上民兵組織」(Little Blue Men)が周辺における中国海上戦略の重要な構成要素であり、正当に評価すべき戦力であるとする説得力のある確証を提供している。

現在、中国は海上民兵組織の展開と配備をかつてないほどの高いレベルに持ち上げたように思われる。中国の最新5か年計画(FYP)で重視されている前述の6番目の分野である「海上動員部隊」に関して、最近の日刊PLAの草案テキスト記事は次の点を指摘している。「この文章は計画について簡潔に記載したものであるが、海南島海軍区政治委員Liu Xinを喜ばせた。過去2年間において彼は「海上民兵組織構築の精力的推進」を要求してきた。Liu Xinは、海上動員部隊の構築がその計画に盛り込まれていたという事実が、「これは国家戦略になってきたことを示唆している」と述べている。[9] 最高権力指導者および最高司令官として習近平は徹底したPLAの縮小と再編を行い、スリム化し、各軍種を平均化し、統合作戦を通じて現代戦に戦い勝利できるようなさらなる能力を持つようにすることを引き続き推進しているので、海上民兵組織は独立した軍種となった海軍部隊に付加されてその地位を強化するであろう。[10]

江沢民時代の終末時点における戦争の本質を研究する軍事科学院の考え方についての『戦略学2001』の説明および北京に対してのその戦略的意味合いは、いまだに高い適合性がある。軍事科学院の戦略家は、中国は陸軍国と海軍国双方としての多面的な戦略的機会と挑戦に直面していると主張している。1万8000キロメートルの海岸線を持つにもかかわらず、中国は世界最長の列島によって封じ込められており、その中心にあるのが、戦略的にも政治的にも経済的にも重要な台湾である。台湾は中国本土が主張する唯一の遠隔の領土であるが、統治下に置くことができない。しかしながら、すなわち「100万平方キロメートル」にも及ぶ領海、「中国の国土の1／9」はいまだに係争中である。また、その著者は、特にエネルギー供給安全保障を中国の国家的発展上重大なものと認識している。南シナ海の豊富な石油埋蔵量は中東のそれに匹敵するという中国の声明は、西側の評価とは一致しておらず、読者に北京の主張に関する真の戦略的ねらいに疑問を抱かせている。中国の地理的に報じられている戦略的優先順位の格付けを踏まえて、『戦略学2001』の台湾に関する戦略分析は、全体として、南シナ海より明確で一貫している。今日、大洋に向き合う北京のドクトリンに関する刊行物、公式声明、および努力は、いくらかよりはっきりした考えを映し出している（それはまだ、外部に向けて主張されていないものであるけれども）。

当時の中国の戦略家は、中国の主権、海洋権益、および統一の大義に対して考えられる脅威を予見し、もしも他のすべての手段が失敗に終わった場合、中国の国境、沿岸部、および空中において防衛戦争（結果的に必然的に起こるものであるが）が不可避であると予見していた。結果的に起こるハイテク条件下の局地戦では、PLAが技術的に優位な敵に立ち向かうことを要求するであろう。したがって、『戦略学2001』の著者は、先制の重視、広範な先進軍事技術の展開、および任務での市民と軍隊の一体化（たとえば、「海上ゲリラ戦」（再び、海上民兵組織の強力な提議とその役割）を示唆しており、しかもそれらは政治、経済および法律戦と融合している。進化する技術の強化を鼓舞するものは、一般に「切り札」（殺手鐗は時として英語では「暗殺者の棍棒［assassin's mace］」[11]と不適切に翻訳される）と呼ばれる非対称プラットフォームを含むものであり、それは、戦略弾道ミサイルおよび巡航ミサイルの世界最大の軍としての中国の急速な発展および配備を予感させるものであった。[12]『戦略学2001』以来15年間で、北京は、規模と範囲で巨大で広範囲にわたる海洋安全保障発展戦略を追求してきたが、全体としてほとんど不可解ではない。すなわち、この基本的活動は、中国が現在実施中の海洋への転向を知らしめる目的と方法についての明確な説明として受容できる。

習近平時代初期の中国海洋戦略

近年中国の発展が広範なエリアに及んでいることもあり、ドクトリン類やそれらが報じる「水上における事実」は、その戦略的一貫性と物理的実現の急速性（ハードウェアおよび要員の開発および配備に関する）の双方を頻繁に取り上げている。ところが『戦略学２００１』は中国が始めようとしていた事柄の総合的論理と、さらなる進歩に向けた漠然ではあるが多くの抱負について書かれていた識者文書を排除していた。一方２０１３年版は、海洋の安全保障発展の第一歩に関して、より鋭く、より興味をそそるよう詳細に書かれ、それは海外の観察者の目の前ではっきりと表明したことになった。『戦略学２０１３』は、中国は「前縁防衛の実施」により既存の「積極防御」ドクトリンに基づき地理的に外方へ指向し、その結果、本土からできるだけ遠くにどのような将来の紛争においても潜在的な最高点を拡大しなければならないと論じている。中国の国益が「周辺および世界に向けた継続的拡大ならびに海洋、宇宙、および電磁（波）空間に向けた継続的拡大のために伝統的な領土、領海、および領空範囲を越えた」時代に、そこでは主要な戦争脅威は伝統的な内陸方面から海洋方面に切り替わった。ＰＬＡは「中国の国益を維持するためにその軍事戦略視野の拡大およびより大きな空間領域内で強靱かつ強力な戦略的支援の提供を行わなければならない」。[13] これらの状況下で、中国の戦略家は、中国の権益を脅かすために

「強い敵」(遠まわしにいう米国とおそらく日本のような一国あるいはそれ以上の同盟国を指す)が「海洋方面におけるその包括的遠隔戦闘優勢」を投射することを特に恐れている。したがって、「本土から本土の防衛および近海から近海の防衛の困難性はますます拡大していく」。それゆえ、PLAは、「本土から周辺へ、陸から海へ、空から宇宙へ、および有形空間から無形空間へとその戦略的前縁を極端に推し進めなければならない」[14]

『戦略学2013』で明確に表現された「前縁防衛」の概念は、海洋との密接な関係を明確にしている。すなわち、それは、中国大陸中心部から、沿岸、沿海、および大洋方面へと広げる戦略的能力投射、特に、中国の「西太平洋と北インド洋を覆う弓形の戦略海域」確立の全般的要求を担っている。[15] ひとたび中国が戦略的主導権を失うことがあれば、この「突出した」弓形は戦略的外縁線となり、その抑止、併合、および支配が戦略的内縁線として本土と沿岸域での作戦によって可能となる。[16] これは、他の中国の出典すなわち「沿海を支配するために陸を利用し、大洋を支配するために沿海を利用する」(以陸制海、以海制洋)に多くみられる明確な定式化と関連している。[17] 中国の防衛パラメータの外方拡大と調和して、この文言の最初の半分(海洋安全保障に対する大陸的アプローチ表現)は中国の書物で長い間用いられてきたが、強調している残りの半分(北京の新生の陸海軍国態勢に適合する)はより新しいものである。[18]

PLA戦略家は、中国最高指導者の革新的に進歩したPLA海軍のビジョンによって定義されているように、PLA海軍が現在第三時代にあるとみなしている。前時代の「近海防御」戦略は「遠海防衛」の外縁層の追加により統合されてきた。[19] 2015年国防白書が検討しているように、PLA海軍は、通常臨戦哨戒の組織化および実行ならびに関連海域での軍事プレゼンスの維持を継続するだろう。一方でまた、制限された外洋海軍として増大する戦力投射能力を展開しつつある。

これは、多くのデータと情報源から帰納的に行き着いた中国の海上組織・軍の展開と配備に対し階層的に優先順位付けされ、かつ多層的に検討された明確なドクトリン的秘蔵物である。これこそ成長と完成の過渡期にあるPLA海軍とその姉妹軍種が現在実施している構想そのものである

2004年に胡錦濤がPLAに指示した「新歴史的使命」とそれに呼応したPLA海軍に対する新しい戦略が開始され、軍組織の発展における第三時代は、「近海外方から遠海へと戦略正面を徐々に拡大し、そこには国家の生存と発展の権益（また利害関係にある）がある」。この要求に応えるためには、PLA海軍が「多様な海洋脅威に対処し、さまざまな海上における任務を完遂する」ことが求められる。[20]

中国の「拡大する国益」を保護するための「軍事紛争の準備」の一環として、PLA海軍は「情報化された海上局地戦に対応」しなければならない。2015年国防白書は、中国の最新軍事戦略指針の新しい「基本点」として、「情報化された局地戦の勝利」（打贏信息化局部戦争）をさらに強調している。近海における未解決の島および海洋の権益の主張がますます強調される兆候の中で、この白書は、軍事紛争の準備（Preparation for Military Struggle[PMS]）のための「基本点」は海上軍事紛争および海上PMSを重視する情報化された局地戦の勝利に置かれるだろうと強調している。これらの条件下で、『戦略学2013』はPLA海軍に次に示す8つの「戦略任務」を与えている。

1　作戦の主要戦略軸における大規模作戦に参加せよ

前線の作戦責任は、PLA海軍が「最も困難で複雑な状況を含む軍事紛争に備えなければならない」ことを意味する。

2　海上からの軍事的侵入を封じ込め、抵抗せよ

屈辱の世紀の間、中国沿岸は繰り返し侵入に悩まされていた。現在では前例のない財力とインフラがそこに集中されている。ＰＬＡ海軍は、特に潜在的敵の攻撃の中核になると想定される「大規模で高烈度な中・長距離攻撃」を含むこのような不測事態に対処する特別な責任を負っている。

3　島嶼主権と海洋権益を防護せよ

中国の公式声明とドクトリン刊行物は、『戦略学２００１』を含めて、長々と概要を説明し、これに関連する北京の主張、利害、および目的を強調してきた。『戦略学２０１３』は、「約１５０万平方キロメートルに及ぶ（中国の）管轄海域は他国の実効支配下に置かれ、50以上の島嶼と環礁が外国に占有されている」と主張している。中国の３つの主な海上戦力、すなわちＰＬＡ海軍、中国海警局、および海上民兵組織すべてがこの点において果たすべき重要な役割を持っている。

4　海上輸送の安全を確保せよ

これは近海以遠に広がっている中国の外層海域の海洋権益および努力に関連したものである。海上交通路は「中国の経済、社会の発展にとって『生命線』」とみなされている。海賊のような非国家組織の脅威に対しては２００８年12月以来、すでにアデン湾での護衛任務部隊としてＰＬＡ海軍により継続的に効果的な取り組みがなされているが、「ひとたび海上で危機や戦争が勃発し、中国の海上交通路が寸断されるという」さらなる懸念に対しての対処は非常に難しい。したがって、その著者は、「海上交通路（Sea Line Of Communications[SLOC]）防衛と海上輸送の安全確保という海軍の将来任務

は骨の折れるものとなろう」と予想している。

5　海外権益および中国の主権・国益の保護に関与せよ

近年、陸地と海洋の資源および富を求めて海外に渡航している大量の中華人民共和国のパスポート所持者は、特に彼らの生命と財産に対するリスクの増大という形態の中で、新たな利益と脆弱性を生み出している。海外におけるＰＬＡ海軍の救助任務は、２０１０年にリビア撤退における限定された役割を「新たな先例」とみなし、『戦略学２０１３』は、「国家の海外権益および人民と海外駐在員の権利の保護が海軍の正規の戦略的任務になってきている」と判定している。２０１５年国防白書は、ＰＬＡが「中国の海外権益の保護任務」を持つことを前例がないほど強調している。

6　核抑止と核反撃を実施せよ

中国は海洋に対する核抑止策採用の過渡期にある。したがって、ＰＬＡ海軍は、「秘匿の優位性、海上ベース核部隊の攻撃能力および作戦距離を活用し、核抑止と核による反撃を積極的に実行するために他の戦略核部隊と連携しなければならない」

7　陸上における軍事紛争と連携せよ

毛沢東思想と劣悪な技術規制が、本土深く敵を人的損耗の消耗戦におびき寄せることに集中した地上軍中心部隊隷下にあって、最上の扱いでも足罠部隊にＰＬＡ海軍を格下げした冷戦時代と異なり、現在、ＰＬＡ海軍はこれまで中国の沿岸に接近することから生じた紛争を理想的な形で防止させる最前線部隊としてそれ自身の権限を行使でき、またそれを強化した。この行動基準に基づき、PLA海軍は、「陸上作戦との強力な連携および支援と同様に海軍戦域における戦略側面および封じ込めの役割を担うべきである」

8　国際的海洋空間の安全を防護せよ

「海洋国家への中国建設」のための中国共産党第18回全国代表会議の報告で交付された目的の達成において、PLA海軍は、また「調和の取れた海洋」の標語のもと、多種多様な方法で「国際的な海上安全」の防護に従事している。これは中国にそれ自身の特定の安全保障権益を確実にさせるのに役立つだけではなく、「国際的責務遂行」により信用された「地球規模の影響力を持つ大国」としてそれ自身をより包括的に主張することになる。[21] 関連覚書に基づき、PLA海軍は、多様な戦争以外の軍事作戦（MOOTW）[22]に従事し、その任務はそれらが対応するように計画された脅威の多様性を反映しなければならない。[23] その著者は、「特に海洋安全協力を継続的に拡大・深化するための多国間遠海護衛および共同救助任務によって提供される国際プラットフォームを中国は全面的に活用すべきである」と力説し海軍特別扱いの節を脱稿している。[24] これにより、国際海洋安全問題における中国の声と影響力が徐々に大きくなっていくであろう。これは2015年国防白書におけるより強力な主張、すなわち「中国が直面する国家安全保障問題は、さらに多くの問題を含み、さらに広範囲に拡大し自国の歴史の中のどのような時におけるよりもさらに長い時間幅を含んでいる」と習近平が声高に繰り返している言明と関連している。このようにPLAは伝統的、非伝統的安全保障を包含した「国家安全保障の全体展望」を持たねばならず、錬成された戦闘即応状態を付加した「包括的危機管理」と同様に平時の調査と圧力をも含む広範囲にわたる作戦準備が必要である。

その8つの「戦略使命」を実行するため、ＰＬＡ海軍は次に示す具体的な努力をしなければならない。

1　海事情報システム構築の包括的強化

習近平下での鍵となる現代戦を戦いこれに勝利するためにＣ４ＩＳＲ能力をさらに強化し統合することはＰＬＡ海軍の能力向上策の中心に位置付けられるべきである。「先進国海軍と比較して海軍がまったく欠落しているいくつかの重要領域と同様に中国の情報システムのレベルもまた依然として大きなギャップがある」それゆえ、ＰＬＡは、外方へ向けての「鍵となるノード」の拡大、情報システムの向上とより良いネットワーク化、およびデータ融合の向上によって「戦闘力生成モデルを転換し、また情報化された海軍を構築し」なければならない。米国の観察者は、これを「中国式ネットワーク中心戦」の準備のための事前研究とみなすであろう。他のＰＬＡ情報源は、大げさな言い回しの典型的なＰＬＡ文体を使って、その考えを統合化された「情報システムベース・システム・オブ・システムズ作戦」(Information Systems-based System of Systems Operations[ISSSO]) として要約している。それは２００５年に胡錦濤によって初めて宣言された概念であるが、「２０１０年初頭以降までＰＬＡ戦略家によって十分に明言され運用されたものではなかった」[25]

2　海軍の次世代主要戦闘軍備開発の加速

ＰＬＡの指導グループにおける多くの議論を反映した声明がここにあるが、何人かの中国の戦略家による具体的な優先順位および妥当性についての論議は確かにいまだ残っている。現行の潜水艦、航空機、およびミサイル重点論に加え、『戦略学２０１３』は、「海軍発展のための重視事項を、空母を中核とする大規模および中規模水上戦闘団に置く」と述べている。これは米国様式の豪華主義を追求するという野心的な努力とおそらく「中国的特色を持った空母の開発・運用モデル」（有中国特色的航母発展和運用模式）の形成に対してより標準的なかつ特別な意味を持たせるという双方の意向を反映している。[26] いずれにしても、この艦載機中心主義は、「水中、水上、および航空宇宙ならびに長距離、中距離、および短距離を組み合わせた三次元打撃能力を保有する」という「世界の大国海軍の発展傾向」によって啓発された努力の現れである。大国としての中国の「国際的地位」向上を図ろうとする努力によってある程度鼓舞されるが、他方、長射程、精密、スマート、ステルス、および無人兵器（中国自身が必死に投資しようとしている非対称物理学に基づく能力競争）の世界中での加速度的な利用が必然であると２０１５年国防白書が明確に認識しているように、対空母長距離兵器が進歩発展するこの時代において、最大の艦を持つというこの大きな賭けの由来は、頑迷な米海軍内においてさえ激しく議論されている設想すなわち「予見し得る将来において、空母は、海洋の攻撃力、兵力、および情報力を包括的に投射する主要プラットフォームとして残るであろう」によるものである。

3　海上ベース戦略核戦力の発展への努力

中国はこの領域で進歩しているにもかかわらず、軍事科学院の戦略家は「先進国と比較して大きなギャップ」があることを認識しており、外国の弾道ミサイル防衛システムに対する懸念を喧伝している。したがって、彼らは「核、非核能力を持ち双方の作戦を遂行できる新型戦略核潜水艦の開発と装備」に対して最近編成されたPLAロケット軍のアプローチを適用することを提言している。このような活動の方向は、それを控えめにしようとしても、そのようにならず、潜在的な外国の懸念を誤って引き起こすことになりかねない。

4　海上部隊の配備と戦場配置の調整

「本土沿岸、近海および遠海の3つの戦略領域の組織的連携」がこの指令の核心である。このような中国本土から外方へ、なかんずく南方に向けての統一および統合に向けた発展的能力の拡大は少なくとも2つの主要な方法で支えられている。第一は、中国は「本土前方に向けた（本土から）拡大および島嶼と環礁に依存した広域海上防衛システムを徐々に構築するだろう」し、この努力は今やはっきりとスプラトリー諸島とパラセル諸島における産業規模での構造物、その増加、および防御工事の形で現れている。第二は、中国は「空母、戦略核潜水艦、および重駆逐艦護衛部隊の出入港、係留、および補給を実施するための戦略母港にねらいを定めた大・中規模港湾および中核空港の建設を強化するだろう」。これらの努力は、特に中国のジブチにおける最初の海外海軍補給基地の建設と相俟って、より広いインド洋域での中国の港湾建設の形で明らかに進行している。

5　軍編成を最適化するための将来の海上戦の特性に集中

PLA海軍は、部隊と同様にその司令部の編成と効率性の見直しに着手した。組織は、新編された戦闘および支援部隊ならびに拡大された特殊作戦と水陸両用部隊を伴って、軍種ベースから任務ベースに移行しなければならない。「空母戦闘群」は、「洋上機動作戦のための戦略打撃」としてPLA海軍の将来の軍編成の中核になるとみられている。[27]

最後に、情報化条件下における中国の総合的海上戦闘能力に従って戦争におけるＰＬＡ海軍の潜在的戦略使用の準備に関して、軍事科学院の戦略家は、次の４つを将来の海軍作戦の準備のための「重視」事項としてあげている。

１　作戦の縦深化に卓越すること

中国本土から広がる地理的に定義された作戦領域の間において、流動的に調整するべしと発令されている命令を堅持するには、ＰＬＡ海軍は統一され、相互補完の形で「中国は近海と遠海の２つの戦場の全体計画を作成しなければならない」。敵がＰＬＡ海軍の作戦を「近海に限定したり、または封じ込めたりすること」ができないのであれば、むしろ、中国の海軍は、中国本土からできるだけ遠く離れた最高点で会敵するための「決戦」ならびに「敵の前線と背後に対する打撃を組み合わせる」一体化された複合領域作戦（multi-domain operations）に打って出て形勢を一転させることができるようにしなければならない。これは、２０１５年国防白書において明確にされたより大きな部門の一部を示すものである。すなわち全体としてＰＬＡおよび特にＰＬＡ海軍は、「沿海と大洋、宇宙空間、サイバー空間、および核部隊」を含む「枢要領域」におけるますます複雑で広範囲にわたる権益を防護することを共産党によって付託されている。

２　攻勢的作戦に卓越すること

攻撃、これは「将来の海上局地戦」における「主導権の獲得および勝利のための奮励努力」に不可欠なものとしてみられている。すなわち、ＰＬＡ戦略家は、先んじて行動する部隊は顕著な優位が得られると確信している。関連する任務には、「海上統合海空攻撃機動隊形、潜水艦部隊による海上封鎖、航空強襲と空爆および特殊部隊の潜入と破壊活動」を含んでいる。これは２０１５年国防白書の積極防御の「戦略概念の強化」指令を正確に反映しているものと思われる。

3　一体化された統合作戦に卓越すること

初期におけるＰＬＡの統合とは西側が「共同関係にある軍」(combined arms）としているものと類似したものであったが、「一体化された統合作戦」（一体化連合作戦、Integrated Joint Operation[IJO]）とは、ＰＬＡが「真の統合」作戦に言及した専門用語であり、西側の軍隊に長期にわたって認識されている統合に相当するものである。これは、「すべての要素がシームレスに連接し、さまざまな作戦プラットフォームが独立および協同して能力を発揮すべく一体化された統合作戦システムを構築する」ために２０１５年国防白書で大々的に述べられている労作の一部である。ＩＪＯは「近海における主要海軍作戦形態」である。なぜならば、それは「海上局地戦における体系化された優位性を形成する基盤」であるからである。ＰＬＡ海軍は明らかに「海上における主力戦闘部隊」であり、すべての統合海上安全活動とその調整における正真正銘の指導部隊である一方、それはあらゆる状況の必要に役立つため三軍だけでなく軍と民間双方を一体化した海上戦闘体系の一部でもある。言い換えると、中国海上法執行機関、特に海上民兵部隊と同様に一体化された中国海警局に統合された4つがこの問題の重要な部分である。[28]　これらの民間海上および非正規部隊は、彼ら自身の権限のもとに平時および個別の任務を追求しているが、近年では、最重要の国際海事対立（前述の「インペカブル」や「ＨＹＳＹ－９８１石油リグ孤立」事案のように）における彼らの関与は、彼らを注意深く監視するＰＬＡ海軍とより密接に連携して行われ、おそらく、ＰＬＡ海軍は米政府が「拡大監視」と称する行為能力の下で彼らに指示を出している。[29]

4　非対称戦争に卓越すること

ここではＰＬＡ海軍は、潜在的敵対者に対し最大の効果を与えるため「近海と遠海戦域」の特徴を活用するよう指示されており、そこではそれぞれの進歩が他の戦域の中国軍に対する圧力を軽減する。近海は、「戦闘パターンが同時性または相互性に富む」といわれ、一方、遠海では、「統合作戦の下での比較的独立した作戦」を必要としている。すなわち「敵の重要ノードおよび高価値目標に集中した潜水艦および長距離航空攻撃の活用を重視している」。「敵の作戦的および戦略的後背地に向け戦場をそのように押しやることは、近海戦域で対峙している中国を勢いづかせることになる」[30]

これらの勧告は、いくらか抽象的なものであり、広い範囲の潜在的な解釈を提供する。それらは、概念的には、中国の安全保障権益の継続的、進行中である地理的および概念的な拡大に置かれている。作戦感覚では、戦略空間は、中国の積極防御戦略の実施のための縦深および海上の人民戦争を含む海上戦闘を遂行する海洋での曖昧な境界線と領域を作り出させるのに役立つものである。しかしながら、習近平がどのように正確に彼の軍・海上部隊と関係活動家に対し中国の拡大する利益について言及するかに関しての解釈についてはさらに複雑な疑問が残る。

このような風潮の中で、『戦略学２０１３』は、広範な解釈が可能な文言で「戦略空間を徐々に拡大しながら、本土に依存する」（依託本土適度拓展戦略空間）ことを要求している。[31] その問題の核心は、『戦略学２０１３』が直接的に定義していないにもかかわらずしばしば使用している用語の「本土」およびそれが関係する物理的位置である。この文書および他のところにおいて南シナ海に対するすざましい権利主張の「反駁の余地のない」性格を中国が公式に強調していることを考えると、この曖昧で潜在的に総合的な用語は、中国本土だけでなくすべての南シナ海の島嶼と環礁ならびに北京によって権利主張されている他の地域までを含むかもしれない。その著者が示唆する、この「有利な条件」と「強固な基礎の構築」は、管理と執行を示威するため権利主張している領域でのプレゼンスを高め、前方支援された戦略的拡大のための領土的基盤をますます強固にしていくことを可能にする。[32] 前述した中国の「島の建設」および海洋の要塞化行動は、このようなアプローチにまさしく追従しているものである。最小限の範囲として、その著者が心に描いているのは、中国の国益、能力および戦力の非常に意味深いさらなる外方投射である。

我々の軍隊の軍事能力の継続的向上と相俟って、我々は戦闘空間を拡大するため、より高い戦略要求および本土に依存する領域における必要性を有するであろう。我々は主に領土と沿岸海域の現在の戦略空間から関連する海域、外方空間および情報ネットワーク空間に向けて漸次押し出していき…「本土への依存、周辺の安定、沿海域の管轄、宇宙への進出、情報の重視」という戦略思想を持って、各階層に分割された鍵となるポイントを持ち、依存物としての本土、鍵となるポイントとしての両洋および核心としてのネットワーク空間と一緒になって、相互に支援し、連結される戦略空間を形成する必要がある。[33]

これは我々に、以前の権威ある中国の文書の中で広く論議されていない、中国の海上戦区構想を想起させる。すなわち、前述した「西太平洋と北インド洋を覆う弓形状戦略海域」において要約されるように、中国海軍のインド洋・太平洋双方重視の考え方である。[34] この海域は、権威ある情報源では「両洋地区」と呼ばれ、「近隣アジア、アフリカ、オセアニア、北米、南米、南極などの沿岸地域と同様に、主に太平洋とインド洋」を含むものとして記載されている。「これらは、全部合わせると地球の半分を占める。すなわち、両洋海域の合計は2億5460万平方メートルの面積になり、地球の大洋領域の71パーセントを占める」[35]

『戦略学2013』の著者は、この両洋地区は中国およびその安全保障権益にとって非常に重要である。それは、「大西洋区域、地中海区域、北極区域への入り口になる中間海域」であるのと同様に中国の「将来の戦略展開と安全保障」に「影響する重大な地区」として表現している。中国の活動のグローバル化の性向に従って、中国は、その「国益が非常に大胆な方法で伝統的な領土、領海、および領空の範囲を越え、他方で、両洋地区が最も重要なプラットフォームと媒体になるだろう」。この基盤に基づき、中国の関係者は、「両洋地区における地位の確立、資源開発と両洋の空間利用への参加、および北極・南極地区での開発を加速するだろう」。確かに、その著者は、新たな挑戦ならびに伝統的および非伝統的性質の「安全保障上の脅威」が全面的な「特に海洋方向から」の戦略地政学上の拡大を伴うことが予想されるべきであることを認めている。これら相互に関係する要素は、この先何年もＰＬＡ海軍の計画された質的および量的発展のための継続的な理論的根拠を提供しそうである。

その理由は、我々の海域における主権と権益は、頻繁に侵害されてきた、一方、危機の高まりが紛争や戦争につながる可能性があり、我々は勃発する可能性のある危機に備えるため、力強く強固な両洋枠組みを形成する必要がある。したがって、我々は、両洋地区に向けた戦略空間を合理的および適切に拡大するために国益の拡大維持、海洋権益の保護、および本土への依存に集中するべきである。[36]

継続した階層的優先順位の真ん中に位置付けているけれども、中国の戦略家は、PLA海軍には、最も重要な作戦のためにかなりの地理的に「発展する余地」(文字どおり地球の半分)があると公言している。

中国海軍戦略の進化の指針

理論的継続の一部として、『戦略学』の最近の繰り返しは、前任者の論理構築を頼りにしている一方で、2001年版と2013年版の間の特別な差異を検討することは重要なことである。

◉「ハイテク条件下の局地戦」から「情報化条件下の局地戦」への転換

『戦略学2001』は、ハイテク条件下の局地戦の増大する重要性およびその徐々ではあるが定着しつつあるハイテク局地戦の基本的パターンを紹介したが、中国の幅広い情報化政策と米軍が金科玉条としている近代的な統合化されたネットワーク中心戦に関するPLAの重視の双方を反映して、その特別なアプローチはかなり進化してきている。

●「近海防御と遠海防衛」の二層戦略の適用

「海洋強国」になるという中国の目標は、『戦略学２０１３』でＰＬＡ海軍の重要目標の１つとしてあげられており、海軍戦略の新しい２つの部分として報じている。それらは『戦略学２００１』に著された「遠海作戦」という戦略的フレーズと一致するものではないようだが、しかし、近海における多層作戦と遠海作戦能力の強化の考え方は新しいものではない。この戦略的フレーズを興味あるものにしているのは、防衛に関する用語の選択の違いである。すなわち、「fangwei（防衛）」という用語は、「fangyu（防御）」に比較して、むしろ戦略形成の第二の部分であり「fangyu（防御）」に対するものよりも論理的に烈度の低いレベルを示唆し、より地理的に遠隔の作戦を意味する。２つの用語は「防衛」と訳され、必ずしも両者の間に明確な区別はないが、明らかに異なる意味を含んでいる。「fangyu」は、より狭く焦点が当てられ、より烈度が激しく、さらなる２つの要求、すなわち、敵の攻撃に対する活発な抵抗作戦であることおよび戦闘の基本タイプの１つであることを要求している。例をあげると、台湾封鎖を遂行するＰＬＡ海軍水上艦艇および潜水艦を防御するために地上、艦船、および航空機を基本とするシステムの使用を含んでいる。これに対して「fangwei」は、さまざまな異なった不測事態に対する広い範囲にわたる「防衛と堅持」を意味している。この種の例として、中国国旗を掲げ、不安定な中東諸国からの中国人民の避難を支援しつつインド洋を航行する中国空母周辺の防御カバーを構成するにわかづくりの「戦闘群」の要素として、はるかに限定された海上ベース武器システムを使用することも考えられる。[37] 『戦略学２０１３』がＰＬＡに、特にＰＬＡ海軍に、何時、どのような場所で要求されても作戦のレベルとエリアを吻合し統合するように教示しているように、この戦略的二分論は絶対的であるよりもむしろ文脈的であることは確かである。[38]

●中国の沿岸から遠方に潜在する敵の作戦に対する「積極防御」の強化

この新しいＰＬＡ海軍の多層戦略は、『戦略学２００１』で支持されたコンセプトからの海洋変革（sea change）を表している「前方防衛遂行」のための幅広い努力を反映している。[39] したがって、『戦略学２０１３』は前方プレゼンスの強化について前例のない強調をしている。すなわち、「戦争脅威の必要性の取り扱い、拡大する国益の保護、および前方作戦に向けた本土防衛の変革を含む戦略的枠組みの最適化は…」。[40] これは純粋な本土防衛から戦略前線の防衛、特に海域の防衛への移動を伴っており、それによって作戦領域を中国本土からはるか遠くへ押しやっている。それは敗走する敵に対する「戦略追撃」の強調と周辺海域への全方位の戦力投射を含んでいる。[41] それは、情報化条件下において「実効性のある統制」を卓越させ、統合、遠方作戦を遂行することを要求している。[42] 非対称戦闘の強化は（『戦略学２００１』では広範的だがより論理的に、『戦略学２０１３』はより実践的なものに焦点を当てているが）「戦闘力生成方式転換」（転変戦闘力生成模式）のための熱烈な努力の中心的存在である。このような「非対称戦闘に卓越する」ことは「相対的優勢」を作り出すためのＰＬＡ能力増強策の一部分である。[43] 新しい強化策には、敵の重要ノードと高価値目標の打撃に焦点を当てること、敵の作戦・戦略的後背地まで戦場を押しやることを含んでおり、これにより近海戦闘での圧力を緩和できる。[44]

●国益維持における戦略空間の拡大

『戦略学2013』全般を通じての枢要な主題の1つは、かつて前線であった戦略空間の必要な拡大に呼応した権益拡大についての従来から切望されている考え方である、すなわち、それは太平洋とインド洋の両洋地区内の東方および南方への拡大を意味する。[45] このことは『戦略学2001』の中国の戦略空間の拡大についてのくだりにおいて、はるかに基本的で、より淡々とした、より地理的でない議論に基づいて構築されている。同様に、『戦略学2001』は「戦略重心」の概念を紹介しているが、この戦略重心が現在南シナ海へ向けて南方へ移動していると明記しているのは2013年版である。鍵となる国家の軍事戦略重視の比較検討の確証として、『戦略学2013』は、東アジア沿岸により焦点を当てるために、イラクおよびアフガニスタン戦争からのワシントンの撤退願望と解釈される「戦略重心的転移」との用語を用いて、米国の戦略重心の移行として米国の「アジア・太平洋リバランス」を頻繁に記述している。中国の現在の軍の努力の中で同じように中心的なものとして、『戦略学2013』は南シナ海における、適切な戦争準備と戦場建設、軍、物資、および装備の戦略的事前配備を通して、先制衝突に向けた努力を含む「戦場建設」の重要性を議論している。その取り組みを含むこれらの手段は、前方プレゼンスを確固たるものとし、戦略空間を拡大させるであろう。また、それは最終的には戦略防衛空間を深化させることになる。南シナ海における最近の北京の動きを見ると、これらのいくつかは実際に実行されつつある。

◉「戦略的事前配備」推進の必要性に関する前例のない力説

パキスタンや最近、海軍支援施設の建設をしているジブチにみられるように、港湾開発プロジェクト、港湾寄港や海軍演習など広大なインド洋海域各国に対する中国の活動が活発化していることに関連して考えてみる時、「戦略預置」の用語（『戦略学２００１』の２００５年軍事科学院の正式翻訳では「予め決められていた」とされたが、しかし、おそらく「戦略事前配備」としての意味であろう）は、両洋戦略遂行に向けての統合された動きを示唆しているかもしれない。関連用語「預儲」は、事前配備と同じと解釈されていたが、正確な翻訳に拘泥せず、戦略事前配備は『戦略学２０１３』でさらに強調されている。その用語は、重要な意味を持つものとしてさまざまな文に何度も出てくるが、対照的に『戦略学２００１』では一度しか現れていない。[46] 重要なことは、『戦略学２０１３』の最後の著者脚注において、戦略事前配置は、複数の専門家の提案による文書の中で、熟慮され強調された項目の１つとしてリストアップされていると書かれていることである。[47]

●ＭＯＯＴＷおよび国際的海事貢献重視の増大

『戦略学２０１３』は、「戦争以外の軍事作戦」（Military Operations Other Than War[MOOTW]）の役割の重要性を大々的に述べ、そこでの海軍の役割に対する海軍戦略の議論を特別扱いにして取り上げている。また、国際的海洋を守るというより大きな責任を伴いながら、いつもいわれているように「国際的奉仕団」としての海軍であるとのより強い認識がある。関連した言い回しである「調和の海」は『戦略学２００１』には述べられてはいないが、『戦略学２０１３』には、海軍の主要戦略使命の１つを含む重要な概念として著されおり、それは２００８年に胡錦濤によって初めて紹介されたものである。[48] この戦略思考の新たな方針は、習近平には同じように優先されてはいないが、それにもかかわらず、中国および世界規模の安全保障を約束する意味合いを持って継続している。ゼロサム心理を恒久化し地域的戦略緊張を招くことになる前述した中国の近海主権拡張努力と対比すると、ＰＬＡ海軍遠海作戦は国際安全に対する積極的貢献を可能にする。国連の平和維持活動展開の枠組みでの公共財の供給や、アデン湾の対海賊作戦や海外への病院船の訪問、さらに未来に向けての強固な努力は真の相互利益（win-winな利益）と未来の協力を一時的にも作り出すという認識を北京に与えている。[49]

海事領域における北京の急増する努力の特別な経験的行動現象に対して、時代を通しての資料を分析し、比較してみると、中国の主要なドクトリン刊行物や公式の声明は、戦略的優先順位における海洋の改革とそれらに対する必要能力を明らかにしている。中国は国家安全保障優先順位の統制の取れた階層制度を維持しつつ、漸増的アプローチを取っている。しかし、この階層化された発展は、古代エジプトの中期王国がますます海に向けて陸海複合大国として方向転換したように、すでに大きな外部拡散波となっている。

戦略意図から演繹的にみるか、開発、作戦、および戦術活動から帰納的にみるか、そのどちらであれ、中国のＰＬＡ海軍を中心とする、ますます近代化および統合化された海上部隊は、2倍の努力を追求している。すなわち、遠方へより拡大した多様な権益を持つ「遠海防衛」と一体になった未解決の島および中国近海周辺部の海洋主権の集中的「近海積極防御」の追及である。

現実の発展および南シナ海に対する進行中の中国の活動は、『戦略学』、国防白書および関連する公文書と公式声明において繰り返し述べられている戦略思想が具現化されたことを示唆しており、さらにそれが単なる「ページ上の言葉」ではなく、むしろ現在および未来にわたり実際にＰＬＡが計画し実行するということを強く示している。一般に中国軍、特にその海軍に関する分析者は、そのため、北京の最新の概念思考のいくつかは、翌年に実行に移されるものとして詳細に検討を続けるべきである。その点において、特に3つの概念は、さらなる論旨展開のため最優先事項として享受されなければならない。すなわち、中国の「本土」とその戦力投射の役割、中国の「戦略空間」の性質と拡大、高度の海軍作戦を想定した「両洋」戦略海域における活動と優先順位である。

1 著者はConor KennedyとRyan Martisonの価値ある助言に感謝する。

2 戦略的優先順位の中国の階層についての結節、経験分析、および独特な実体については、次を参照。Andrew S. Erickson, "China's Near-Seas Challenges," The National Interest 129 (January-February 2014): pp. 60–66, http://nationalinterest.org/article/chinas-near-seas-challenges-9645; Andrew S. Erickson, "The Pentagon's 2016 China Military Report: What You Need to Know," The National Interest, May 14, 2016, http://nationalinterest.org/feature/the-pentagons-2016-china-military-report-what-you-need-know-16209; Office of the Secretary of Defense, Military and Security Developments Involving the People's Republic of China 2016 (Arlington, VA: Department of Defense, May 13, 2016), http://www.defense.gov/Portals/1/Documents/pubs/2016%20China%20Military%20Power%20Report.pdf; The PLA Navy: New Capabilities and Missions for the 21st Century (Suitland, MD: Office of Naval Intelligence, April 9, 2015), http://www.oni.navy.mil/Intelligence-Community/China.

3 この点について国防白書では中国の陸・海の最適バランスに関して議論のあることを示唆している。これについては次を参照。Andrew S. Erickson, Lyle J. Goldstein, and Carnes Lord, eds., China Goes to Sea: Maritime Transformation in Comparative Historical Perspective (Annapolis, MD: Naval Institute Press, July 2009); Andrew S. Erickson and Joel Wuthnow, "Barriers, Springboards and Benchmarks: China Conceptualizes the Pacific "Island Chains," The China Quarterly 225 (March 2016): pp. 1–22.

4 Su Xiangdong［苏向东］, Ed., China's Five Year Plan for Social and Economic Development (Full Text)［中国国民经济和社会发展第十三个五年规划纲要（全文）］, Xinhua, March 17, 2016, http://www.china.com.cn/lianghui/news/2016-

03/17/content_38053101.htm, http://www.china.com.cn/lianghui/news/2016-03/17/content_38053101_11.htm, http://www.china.com.cn/lianghui/news/2016-03/17/content_38053101_14.htm, http://www.china.com.cn/lianghui/news/2016-03/17/content_38053101_20.htm. The author thanks Ryan Martinson for bringing these documents to his attention.

5 Ryan D. Martinson, "The 13th Five-Year Plan: A New Chapter in China's Maritime Transformation," Jamestown China Brief, January 12, 2016, https://jamestown.org/program/the-13th-five-year-plan-a-new-chapter-in-chinas-maritime-transformation/.

6 これの相関関係は何回となくPeter A. Duttonが著述している。"A Maritime or Continental Order for Southeast Asia and the South China Sea?" Presentation at Chatham House,16 February 2016, https://www.chathamhouse.org/event/south-china-sea-and-future-maritime-east-asia; Bonnie S. Glaser and Peter A. Dutton, "The U.S. Navy's Freedom of Navigation Operation around Subi Reef: Deciphering U.S. Signaling," November 6, 2015, http://nationalinterest.org/feature/the-us-navy%E2%80%99s-freedom-navigation-operation-around-subi-reef-14272; Peter A. Dutton, Professor and Director, China Maritime Studies Institute, U.S. Naval War College, Testimony before the U.S.-China Economic and Security Review Committee Hearing on China's Maritime Disputes in the East and South China Seas, April 4, 2013, http://www.uscc.gov/sites/default/files/Dutton%20Testimony,%20April%204%202013.pdf; Peter Dutton, Associate Professor, China Maritime Studies Institute, U.S. Naval War College, Testimony before the United States Senate Committee on Foreign Relations Hearing on Maritime Disputes and Sovereignty Issues in East Asia, July 15, 2009, http://www.foreign.senate.gov/imo/media/doc/DuttonTestimony090715p.pdf; Peter A. Dutton, Associate Professor, U.S. Naval War College, Testimony before the U.S.-China Economic and Security Review Committee Hearing on The Implications of China's Naval Modernization for the United States, June 11, 2009, http://www.uscc.gov/sites/default/files/6.11.09Dutton.pdf; Peter A. Dutton, Associate Professor, China Maritime Studies Institute, U.S. Naval War College, Testimony before the U.S.-China Economic and Security Review Commission on China's Views of Sovereignty and Methods of Access Control, February 27, 2008, http://www.uscc.gov/sites/default/files/08_02_27_dutton_statement.pdf.

7 Toshi Yoshihara, "The 1974 Paracels Sea Battle: A Campaign Appraisal," Naval War College Review 69.2 (Spring 2016): pp. 41–65, https://www.usnwc.edu/getattachment/7b5ec8a0-cc48-4d9b-b558-a4f1cf92e7b8/The1974ParacelsSeaBattle.aspx; Andrew S. Erickson and Conor M. Kennedy, "Trailblazers in Warfighting: The Maritime Militia of Danzhou," Center for International Maritime Security, February 1, 2016, http://cimsec.org/trailblazers-warfighting-maritime-militiadanzhou/21475.

8 Conor M. Kennedy and Andrew S. Erickson, "From Frontier to Frontline: Tanmen Maritime Militia's Leading Role: Part 2," Center for International Maritime Security (CIMSEC),17 May 2016, http://cimsec.org/frontier-frontline-tanmen-maritime-militias-leading-role-pt-2/25260; Conor M. Kennedy and Andrew S. Erickson, "Model Maritime Militia: Tanmen's Leading Role in the April 2012 Scarborough Shoal Incident," Center for International Maritime Security (CIMSEC),21 April 2016, http://cimsec.org/model-maritime-militia-tanmens-leading-role-april-2012-scarborough-shoal-incident/24573; Andrew S. Erickson and Conor M. Kennedy, "China's Maritime Militia," CNA Corporation, March 7, 2016, https://www.cna.org/cna_files/pdf/Chinas-Maritime-Militia.pdf; Andrew S. Erickson and Conor M. Kennedy, "China's Daring Vanguard: Introducing Sanya City's Maritime Militia," Center for International Maritime Security, November 5, 2015, http://cimsec.org/chinas-daringvanguard-introducing-sanya-citys-maritime-militia/19753; Christopher P. Cavas, "China's 'Little Blue Men' Take Navy's Place in Disputes," Defense News, November 2, 2015, http://www.defensenews.com/story/defense/naval/2015/11/02/china-lassen-destroyer-spratly-islands-south-chinasea-andrew-erickson-naval-war-college-militia-coast-guard-navy-confrontation-territorial-dispute/75070058/; Andrew S. Erickson and Conor M. Kennedy, "Irregular Forces at Sea: 'Not Merely Fishermen—Shedding Light on China's Maritime Militia'," Center for International Maritime Security, November 2,2015, http://cimsec.org/newcimsec-series-on-irregular-forces-at-sea-not-merely-fishermen-shedding-light-on-chinas-maritime-militia/19624; Andrew S. Erickson, "Making Waves in the South China Sea," A ChinaFile Conversation, Asia Society, October 30, 2015, http://www.chinafile.com/conversation/making-waves-south-china-sea; Andrew S. Erickson and Conor M. Kennedy, "Directing China's 'Little Blue Men': Uncovering the Maritime Militia Command Structure," Asia Maritime Transparency Initiative, Center for Strategic and International Studies, September 9, 2015, http://www.andrewerickson.com/2015/11/chinas-daring-vanguard-introducing-sanya-citys-maritime-militia/; Andrew S. Erickson, "New U.S. Security Strategy Doesn't Go Far Enough on South China Sea," China Real Time Report [中国实时报], Wall Street Journal, August 24, 2015, http://blogs.wsj.com/chinarealtime/2015/08/24/newasia-pacific-maritime-security-strategy-necessary-but-insufficient/?mod=WSJBlog; Andrew S. Erickson and Conor M. Kennedy, "Tanmen Militia: China's 'Maritime Rights Protection' Vanguard," The National Interest, May 6, 2015, http://www.nationalinterest.org/feature/tanmen-militia-china%E2%80%99s-maritime-rights-protection-vanguard- 12816; Andrew S. Erickson and Conor M. Kennedy, "China's Island Builders: The People's War at Sea," Foreign Affairs, April 9, 2015, https://www.foreignaffairs.com/articles/east-asia/2015-04-09/china-s-island-builders; Andrew S.

Erickson and Conor M. Kennedy, “Meet the Chinese Maritime Militia Waging a ‘People’s War at Sea’,” China Real Time Report, Wall Street Journal, March 31, 2015, http://blogs.wsj.com/chinarealtime/2015/03/31/meet-the-chinese-maritime-militia-waging-a-peoples-war-at-sea/.

9 Yang Zurong, “Military Representatives Discuss the ‘Thirteenth Five Year Plan’: Increase Manpower Efforts Concerning Economic and National Defense Construction,”［加大经济建设和国防建设统筹力度］, PLA Daily, March 7, 2016, http://zb.81.cn/content/2016-03/07/content_6945906.htm.

10 Phillip C. Saunders and Joel Wuthnow, China’s Goldwater-Nichols? Assessing PLA Organizational Reforms (Washington, DC: Institute for National Strategic Studies, National Defense University, April 2016), http://ndupress.ndu.edu/Portals/68/Documents/stratforum/SF-294.pdf

11 その背景および説明については、次を参照。Andrew S. Erickson, Chinese Anti-Ship Ballistic Missile Development: Drivers, Trajectories, and Strategic Implications (Washington, DC: Jamestown Foundation, May 2013), especially p. 30, pp. 34–39; Andrew S. Erickson, “Raining Down: Assessing the Emergent ASBM Threat,” Jane’s Navy International, March 16, 2016.

12 次を参照。Andrew S. Erickson, “Academy of Military Science Researchers: ‘Why We Had to Develop the Dongfeng-26 Ballistic Missile’—Bilingual Text, Analysis & Related Links,” China Analysis from Original Sources 以第一手资料研究中国, December 5, 2015, http://www.andrewerickson.com/2015/12/academy-of-military-science-researchers-why-we-had-to-develop-the-dongfeng-26-ballistic-missile-bilingual-text-analysis-links/.

13 SMS 2013, pp. 105-06.

14 SMS 2013, p. 106.

15 SMS 2013, p.106.

16 SMS 2013, p. 108.

17 SMS 2013, pp. 102, 109.

18 たとえば、この概念は中国の対艦弾道ミサイル開発の根拠として10年前に用いられた。Wang Wei,［王伟］, “The Effect of Tactical Ballistic Missiles on the Maritime Strategy System of China”［“战术导弹对中国海洋战略体系的影响”］, Shipborne Weapons［舰载武器］, 84 (August 2006): pp. 12–15.

19 SMS 2013, p. 212.

20 SMS 2013, p. 209.

21 SMS 2013, pp. 209-12.

22 SMS 2013, p. 215.

23 SMS 2013, p. 217.

24 SMS 2013, p .218

25 Nan Li, "China's Evolving Naval Strategy and Capabilities in the Hu Jintao Era," pp. 257–99; especially pp. 269–70, http://www.strategicstudiesinstitute.army.mil/pdffiles/PUB1201.pdf.

26 SMS 2013, p. 232.

27 SMS 2013 , pp. 213-15.

28 中国の民間海上兵力および中国海警局の統合化の先導的分析に関しては、次を参照。Ryan D. Martinson, "The Courage to Fight and Win: The PLA Cultivates Xuexing for the Wars of the Future," Jamestown Foundation China Brief 16.9, June 1, 2016, https://jamestown.org/program/the-courage-to-fight-and-win-the-pla-cultivates-xuexing-for-the-wars-of-the-future/; Ryan D. Martinson, "Shepherds of the South Seas," Survival 58.3 (2016): pp. 187–212, http://www.tandfonline.com/doi/abs/10.1080/00396338.2016.1186987?journalCode=tsur20;Ryan D. Martinson, "Deciphering China's Armed Intrusion Near the Senkaku Islands," The Diplomat, January 11, 2016, http://thediplomat.com/2016/01/deciphering-chinas-armed-intrusion-near-the-senkaku/; Ryan D. Martinson, "China's Great Balancing Act Unfolds: Enforcing Maritime Rights vs. Stability," The National Interest, September 11, 2015, http://www.nationalinterest.org/feature/chinas-great-balancing-act-unfolds-enforcing-maritime-rights-13821; Ryan D. Martinson, "From Words to Actions: The Creation of the China Coast Guard," a paper for the China as a "Maritime Power" Conference, CNA Corporation, Arlington, VA, July 28–29, 2015, https://www.cna.org/cna_files/pdf/creation-china-coast-guard.pdf; Ryan D. Martinson, "East Asian Security in the Age of the Chinese Mega-Cutter," Center for International Maritime Security, July 3, 2015, http://cimsec.org/east-asian-security-age-chinese-mega-cutter/16974; Ryan D. Martinson, "China's Second Navy," U.S. Naval Institute Proceedings 141.4 (April 2015), http://www.usni.org/magazines/proceedings/2015-04-0/chinas-second-navy; Ryan D. Martinson, "Jinglue Haiyang: The Naval Implications of Xi Jinping's New Strategic Concept," China Brief, January 9, 2015, https://jamestown.org/program/jinglue-haiyang-the-naval-implications-of-xi-jinpings-new-strategic-concept/; Ryan D. Martinson, "Chinese Maritime Activism: Strategy Or Vagary?" The Diplomat,

December 18, 2014, http://thediplomat.com/2014/12/chinese-maritime-activism-strategy-or-vagary/; Ryan D. Martinson, "The Militarization of China's Coast Guard," The Diplomat, November 21, 2014, http://thediplomat.com/2014/11/the-militarization-of-chinas-coast-guard/; Ryan Martinson, "Here Comes China's Great White Fleet," The National Interest, October 1, 2014, http://nationalinterest.org/feature/here-comes-china%E2%80%99s-great-white-fleet-11383; Ryan Martinson, "Power to the Provinces: The Devolution of China's Maritime Rights Protection," China Brief, September 10, 2014, https://jamestown.org/program/power-to-the-provinces-the-devolution-of-chinas-maritime-rights-protection/.

29 たとえば、次を参照。Office of the Secretary of Defense, Military and Security Developments Involving the People's Republic of China 2015 (Arlington, VA: Department of Defense, May 8, 2015), http://www.defense.gov/Portals/1/Documents/pubs/2015_China_Military_Power_Report.pdf. pp. 7, 44.

30 SMS 2013, pp. 216-217.

31 SMS 2013, p. 244.

32 SMS 2013, pp. 244-246.

33 SMS 2013, p. 245.

34 SMS 2013, p. 106.

35 SMS 2013, p. 247.

36 SMS 2013, pp. 246-247.

37 Quotations are from Wang Bindang, Zhang Hao, and Ye Qinqing [王斌党, 张浩, 叶钦卿], Fangwei Does Not Equal Fangyu ["防卫不等于防御"], China Defense News [中国国防报], December 4, 2008; hypothetical examples were devised by the author.

38 SMS 2013, p. 232.

39 SMS 2013, Chapter 5, Section 1.

40 SMS 2013, p. 265.

41 SMS 2013, p. 122.

42 SMS 2013, p. 121-127.

43 SMS 2013, pp. 234 and 462.

44 SMS 2013, p. 234.

45 たとえば、次を参照。SMS 2013, pp. 121-123.

46 SMS2005, p. 320. 本ページの第14章、第4節、6の「機動と事前配備の吻合」は現代戦闘とはどのように多大の消耗を要する相対的な短期戦であるかを陳述している。それは「いわゆる戦争に備えての戦略的事前集積とは戦略的判断に従い潜在的な作戦戦域の近傍に前もって武器、装備品、および組織システムの物資を備蓄する。それにより、戦争勃発の際には、これらの武器、装備品、物資を迅速に作戦戦域へ移動することができる」と述べている。

47 SMS 2013, p.292.

48 SMS 2013, pp. 229-230, 235.

49 これらの地理的に連動した否定的および肯定的関わり合いについてのさらなる考察については、次を参照。Andrew S. Erickson, "China's Military Modernization: Many Improvements, Three Challenges, and One Opportunity," in Jacques deLisle and Avery Goldstein, eds., China's Challenges (Philadelphia, PA: University of Pennsylvania Press, 2014), pp. 178-203

第5章

人民解放軍ロケット軍

――中国の核戦略と政策の実行者

マイケル・S・チェイス／鬼塚隆志訳

本章は、『戦略学』（Science of Military Strategy[SMS]）に関するごく最近の軍事科学院（ＡＭＳ）の２つの版、および最近の国防白書（Defense White Papers[DWP]）のような信頼に足る政策文書の中に含まれる、核と人民解放軍ロケット軍（ＰＬＡＲＦ）に関する中国の考え方の進化について詳細な分析を提供するものである。章の最初の節は、その２つの文書間の組織的なまた主題別の類似点と相違点について論じている。第２節は、『戦略学２００１』とその後の信頼に足る文書で示唆しているこれらの主題に関する人民解放軍（ＰＬＡ）の基本的な考え方に関して要約している。第３節は、核政策および戦略ならびに人民解放軍第２砲兵部隊（ＰＬＡＳＡＦ）をＰＬＡロケット軍にする最近の改編を含む軍近代化に関する問題点を検討するものである。第４節はＰＬＡロケット軍の戦略と能力を論じている。第５節と最終節はいくつかの結論となる意見を提供している。

道路移動型ＩＣＢＭおよび弾道ミサイル搭載原子力潜水艦（ＳＳＢＮ）のような中国の核兵器能力には、過去10年以上にわたって多くの重要な進展があるが、信頼に足る中国筋の分析は、核政策および核戦略に関するＰＬＡの考え方が、時を経ても高いレベルで継続しているということを明らかにしている。しかしながら同時に、『戦略学2013』は、核問題に関し中国の各部隊が核抑止力の代用になり得ると示唆しているようであり、中国がその能力をさらに発展させ、またPLA部隊の組織の主要な再編成を2016年に着手するにつれて、出てくるであろう内部の議論について、ほのめかしている。中国の核政策に関する分析者は、中国の増大する能力が中国の指導者に核に必要な道具に関してより広い政策の選択肢を与えることから、将来これらの議論を注意深く見守る必要があるだろう。

PLAロケット軍の戦略とミサイル部隊の近代化に関する『戦略学2013』の内容は、北京が優先度をPLAロケット軍の核と通常（兵器）のミサイル能力をさらに強化することに置いていると強調している。また『戦略学2013』は、現在進行中の主要な再編成によって、唯一解決しつつある（特に情報戦に関連する能力に関する）中国の将来の部隊組織に関して、PLA内部のある程度の不安と不確かさを反映して、中国の戦略ミサイル部隊については、宇宙およびサイバー空間における役割が増大するだろうと予想している。

中国の核抑止に関する取り組みの中核となる基盤

『戦略学1987』と『戦略学2001』は核抑止に対する中国の取り組みに関心ある学者および分析者にとっては重要な文書である。それは両書が核問題に対する中国の考え方と、軍事戦略の幅広い文脈に合った、確実な信頼に足る基礎を与えるからである。正確な意味で、両書は、核政策と核戦略に関連する『戦略学2013』の一部のような、後の研究との有益な比較を可能にするものである。

『戦略学1987』は、核政策と核戦略を比較的簡単に扱っているが、これらの問題に対する中国の考え方を考察する出発点を与え、時間的な視点で中国の考え方に関する注目に値する継続性を説明していることから、極めて重要な文書である。たとえば、『戦略学1987』は中国の核の先制不使用（No First Use[NFU]）政策について要約し、「中国の核戦略は本質的に防御的であるが、敵が最初に核兵器を使用するならば、中国は断固として核による反撃を実行し、核報復を行うことになる」と述べている。[1] また、『戦略学1987』はPLAの核ミサイル部隊の任務を次のように概説している。

第2砲兵部隊の任務は、平時においては、敵が中国に対して核戦争を開始するのを抑止するために核抑止力を利用することであり、戦時においては…中国の平和的な外交政策を支援するために、その戦略的任務は、通常の戦争が核戦争へと段階的に拡大しないように防ぐことであり、核戦争の段階的拡大を阻止することである。すなわち、もし中国が敵の核攻撃を受けるならば、核兵器による反撃を実行し、敵の戦略目標を攻撃し、その潜在的な戦争能力と戦略攻撃部隊を弱化することである。[2]

『戦略学1987』で概説されている一般的な取り組みは、『戦略学2001』にも引き継がれている。さらに重要なことには、『戦略学2001』は、核抑止を、通常の（通常兵器による）抑止、宇宙空間での抑止、情報による抑止の他に、核抑止を加えた4つの「主要な戦略的抑止の類型」の1つであると定義している。核抑止は「核兵器を使用すると威嚇し、または核兵器による報復の実行を決定することによって、敵に衝撃を与えかつ敵を牽制する拘置戦力（Backup power）として核兵器部隊を使用する核による抑止行動および態勢・姿勢」として定義されている。[3] 核抑止力は政策目標の達成に密接につながる心理的な一連の作用（プロセス）としてみられている。『戦略学2001』の著者によれば、その本質は、敵に対して自分の行動の「予想される重大な結果」が、どのような潜在的利益よりもより大きいと理解させることによって、敵の意思決定上の計算に影響を及ぼすことであり、そうすることによって敵に「抑止する者の決意に従わせ、または敵の本来の企てを放棄させ、そのようにして抑止する者の政治目的の達成を容易にすることである」[4]

『戦略学２００１』によれば、核兵器の抑止力としての潜在力は、国際政治と軍事戦略に変化をもたらした。『戦略学２００１』は次のようにはっきりと述べている。「核兵器の出現は、兵器は作戦および戦闘の範囲内でのみ有効であり、かつ戦略目標はただ徐々に達成されるという伝統的なモデルを壊すことになった」[5]

しかしながら、核兵器が変えられなかった1つのことは、敵を抑止するためには、現実のまた具体的な能力が必要であるという事実であった。核抑止力は「『当事者の』核戦力の発展レベルに基づく」と理解されている。重要なことであるが、『戦略学２００１』の著者は、核抑止を、自身が「核の強度の3段階」、すなわち最大、最小、中強度の核抑止と述べる内容に従って、分類している。この説明の中で、「最大核抑止」は、抑止する側が質的、量的に優れた核戦力を備えている限り、敵を牽制し威圧する目的を達成するために、最初の大規模な核攻撃を用いて敵を無力化することによって、敵を威嚇するように計画される。これに比し、「最小核抑止」は、「敵の都市に対する攻撃で敵を威嚇するわずかな核兵器に依存する」ので、（使用する）必要条件は非常に低くなる。最後に「中強度の核抑止力」については、『戦略学２００１』の著者は、最大核抑止力と最小抑止力の両極端の間に収まる範囲内の核抑止力であると記述している。特にその著者は、中強度の核抑止力は、一方が抑止…の目標を達成する程度まで、耐えられない破壊で敵を威嚇できるような、核攻撃能力の「十分かつ効果的な」レベルに依存すると記述している。[6] その著者は中国が実行する抑止力の種類については明確に述べてないが、中国の核抑止部隊の説明としばしば結び付けられる「十分かつ効果的な」の用語の使用は、実際には「最小核抑止」よりもむしろ「中強度の核抑止」であると暗示している。

中国の戦略家は、しばしば核抑止力の重要性を強調するが、『戦略学2001』あるいは別の文書等で、核抑止力は「全能ではなく、多くの限界がある」と認めている。それについてはまず、核兵器は破壊力が非常に大きいので、核抑止は「軍事戦争特に局地戦では、自由にはほとんど使用できないだろう」ということである。さらに次のようにみている。主要な核兵器保有国間に存在する相互の核抑止の状況のために、核の脅威を作り出すどの国も、「核報復の危険に直面する」ことになるだろう。結果として、「核抑止力の信頼性は大きく損なわれ、局地戦を抑制するその効果は、明らかに小さくなる」。[7] この観点において、核兵器が戦闘で最後に使用されて以来数十年で、核抑止力の限界は「ますます露呈」してきている。通常兵器の抑止力は、特に中国の長距離攻撃能力が進化していることから、より信頼性のある、また制御可能な選択肢となっている。しかしながら核抑止は中国の「統合戦略的抑止（力）」の「拘置戦力」として重要な役割を果たし続ける。[8]

中国の核政策および核戦略の進化と核部隊の近代化

すでに概説した核抑止力に対する中国の取り組みに関する本質的な要素は、誇張して記述されてはおらず、基本的に変更されていない。それにもかかわらず、強調する内容の微妙な変更が、徐々に認識できるようになっている。

『戦略学２００１』で前記の基礎的評価を出した5年後、中国の２００６年国防白書は、当時の中国の核政策と核兵器に対する自国の取り組みの重要な要素について要約した。国防白書は、国外向けの外交文書であり、外国の読者が微妙な問題を徹底的に調べる場合には注意しなければならないが、それでも、それらは、特に中国が自国の意図を隣国および潜在的な対抗者に明確に伝えることにより利益を得ることになる核政策のような分野における公式な中国の外交および軍事政策に関する十分に審査された声明として、かなりの影響力を持っている。

２００６年国防白書は、核問題に取り組んだ最初のものであるが、中国は引き続き「どのような時でもまたどのような環境下でも、核兵器の先制不使用（核兵器を最初に使用しない）政策を固く決意し」ており、かつ核兵器非保有国に対して、また「核兵器のない地帯」において、「核兵器の使用あるいは核兵器を使用するという威嚇」は行わないという無条件の誓約を含んでいると述べている。少なくとも原則として中国は、核兵器に関して包括的な禁止と完全な廃絶を支持すると表明している。しかし同時に中国は、「信頼性ある核抑止力部隊として役に立つことを含み、国家安全保障の必要性に合致する能力のある規模を縮小した効果的な核兵器部隊を建設する」という目的を持って、「自衛のための反撃の原則と核兵器の限定的な開発を支持する」と誓約している。結局、中国は、自国を「自国の核兵器開発には大きな抑制を行っている」とみており、中国は「どのような他国との核兵器競争にも加わったことはなく、また決して加わらない」と主張している。

さらに、多様な要素からなる国防白書は、自国の核兵器部隊は「中央軍事委員会の直接指揮下にある」ということを含む中国の核に関する指揮系統の基本的な組織は、中国の核兵器の意思決定に関する最も重要な統制を、軍の出世第一主義者よりも党指導部の最高階層内に置いていると断言している。[9] 国防白書によれば、「平時に、（中国の）核ミサイル兵器は…どの国にも向けられていない」が、中国が「核兵器の脅威を受ける」ならば、自国の核兵器部隊は、敵に攻撃を思い止まらせるための反撃開始を準備できる「警戒態勢」に入るだろうとのことである。[10]

国防白書は中国外務省によって提供される英文訳の公的な外交文書であるが、それでもその趣旨・意味については、容易には翻訳できない時がある。２０１３年国防白書「中国軍の多様化した運用」は、以前の国防白書とは異なり、先制不使用政策については明瞭には言及していなかった。[11] ＰＬＡの数人のオブザーバーは当初、この省略は、先制不使用政策の完全な棄却とは言わないものの、先制不使用からの暗黙の離脱をなすものだと解釈した。[12] しかしながら、ＰＬＡの将校は後に、２０１３年国防白書のより多くの主題に対する取り組みは、以前の国防白書の「包括的な」形式からの離脱を意味していたために、先制不使用の解説については、他の問題に重点が置かれているこの白書では、特に必要とはされなかったと説明した。[13] 国防白書の公表を取り巻く混乱の結果として、中国の数人の役人および将校は、国外の相手に対して、中国の（核）先制不使用政策は変化していないということについて、念を押しかつ安心させるようになった。[14] 中国のごく最近の２０１５年国防白書は、特に中国の軍事戦略を重点的に取り扱っている。それは、核（兵器）部隊の役割を、「国家の主権と安全を保障する戦略の基礎」として強調し、かつ中国の核政策に関して先制不使用政策とその他の継続的な見方を何度も繰り返している。[15]

２０１３年に公表された、ごく最近の当局の『戦略学』は、国防白書で見出せる核問題に関する主張と一致しているが、一方で中国の核抑止力の信頼性に対する潜在的な問題のような非常に重要ないくつかの問題点についてかなり詳しく記述している。また『戦略学２０１３』は、中国が発展させつつある特別なシステムについてはどのような詳述もしていないが、中国軍の近代化と、中国の対応が抑止の効果をどのように確実にするのかという議論には、非常に率直である。特に『戦略学２０１３』は、特定のごく重要な分野に関しては以前の版よりもかなり進んでいる。この点に関して、それは、中国の技術の進歩に伴っているようにみえる政策と戦略に関する議論が出ていることを反映するもので、開発中の核能力は北京に対して新しい戦略的な選択肢を広げる可能性があるということを示唆している。

　中核となる部分において、『戦略学２００１』と『戦略学２０１３』の間には高い継続性がある。『戦略学２００１』と同じように、新版は、核抑止力を、通常戦力、宇宙戦力、ネットワーク戦力を含む一連の戦略的抑止能力という、より幅広い文脈の中に置いている。また前版と同様に、『戦略学２０１３』は、通常（兵器）の抑止力の重要性が高まっていると強調しており、その能力は通常兵器の攻撃能力の「情報化」とともに大きくなりつつあると論じている。『戦略学２０１３』とその他のＰＬＡの出版物によれば、ＰＬＡの戦略家はまた、宇宙と情報の抑止力も同様により重要になってきており、これらの領域の中で強まりつつある軍事的な競争と関係する１つの傾向だと考えている。『戦略学２０１３』によれば、「21世紀になって以来、科学技術、特にネットワーク技術の急速な発展と幅広い利用とともに、ネットワークと宇宙は、次第に新しい戦略的抑止の領域の中へと進化し続けており、利用者が多くの種類の抑止力の方法を包括的に利用するのを可能にしている」。[16] しかしながら、『戦略学２０１３』が、実のところ最も強力な通常戦、宇宙戦およびサイバー戦の各部隊が核抑止力の代用になり得ると示唆するまでには至っていないということについては、留意しなければならない。

　核政策に関して、『戦略学２０１３』は中国の先制不使用政策を再び主張しており、中国は「自衛」の核戦略を固守するとしている。この説明は数十年間変わっていない。[17] 『戦略学２０１３』が言及しているように、核兵器の特質は、それが主として戦略的抑止力の役割に向かうことを意味しており、したがって、「その抑止力としての使用が、核兵器部隊の第一義的な使用法となる」。[18] 当然の結果として、核抑止力は、核兵器の実際の使用よりも、「核兵器領域における軍事的な争いの主要な形態となる」。[19]『戦略学２０１３』は、この評価は抑止力の役割における核兵器の活用に関して毛沢東と鄧小平が行った判断に由来するとしており、鄧小平は、核ミサイルは「抑止力」また「抑止兵器」だと指摘している。[20] また『戦略学２０１３』年によれば、核兵器による反撃に対する中国の取り組みは、「敵が攻撃した後に、攻撃することによって勝利・優勢を獲得する」（後発制人）という原則に基づくものであり、また「核兵器による反撃作戦は実際の戦争で核兵器部隊を使用する唯一の形態である」

また『戦略学２０１３』は、核兵器が中国安全保障戦略において果たす役割をより広い意味で説明している。『戦略学２０１３』によれば、まず第一の役割は、「核兵器類は国家の安全を守る強力な盾としての役割を果たす」ことである。[21] それよりもより広く、とは言っても、核兵器はまた「主として国家の包括的な国力と自国の科学技術のレベルを具体化しかつ反映する」ものである。したがって、核兵器は、戦略的抑止（力）という直接的な目的のためだけではなく、大国として国の地位を固めるというさほど重要ではない具体的な任務のためにも、かけがえのないものである。著者が述べるように、「核兵器は、引き続き大国としての中国の地位を支える重要な頼みの綱としての役目を果たし、将来的には、中国の国際的な地位とイメージを反映する重要な指標および象徴となるだろう」[22]

デニス・ブラスコ（Dennis Blasko）は、本書の戦略的抑止力に関する自分の章で指摘しているように、『戦略学２０１３』は、第二次世界大戦以降のソフトパワーの向上と自由主義の国際秩序にもかかわらず、中国の戦略家は、依然として国家の軍事能力の現実のレベルが広い意味での戦略的抑止力に関する有効性のレベルの重要な決定因子であり、また核抑止力の領域も例外ではないとみている。『戦略学２０１３』の著者の見解によれば、「核兵器による反撃のレベルは中国の核抑止力の有効性に直接影響する」。したがって、著者は、核兵器による反撃に使用する「誘導ミサイル兵器の量を増加させることと、それらの反撃の有効性を高めることは、PLAロケット軍司令官達のための「具体的な計画と政策」と「指導原則」（guiding principle）の両方を反映する、PLAロケット軍の核兵器部隊建設の「重要な目標」であると主張している。[23]

ますます複雑化する中国の核の安全保障環境

しかしながら、最近のPLAの文書は、中国がこの「基本的な目標」を達成することは、事実として、より困難な問題となってきていると示唆している。『戦略学2013』およびその他の信頼に足る資料源は、中国はより難しくなってきている核兵器の安全保障環境に直面しており、その1つは、中国が、敵のミサイル防衛、通常兵器型即時全地球攻撃（CPGS）、核兵器の能力、多くの核兵器を持つ敵、中国の軍近代化目標を達成するための能力を制限できる軍備管理交渉に参加させようとするより大きな圧力によって生起する難問に取り組まなければならないということを示している。

『戦略学2013』によれば、「過去数年にわたって、我が国（中国）が直面している安全保障情勢はますます複雑になっている。2013年版の著者はこの悲観的な判断に関し、4つの理由を述べている。第一の理由は、中国の主要な潜在的な敵が、自国のミサイル防衛を強化している米国であるということである。彼らが述べるように、その核兵器の争いにおいて中国が直面している主要な目標は、世界最強の核兵器を持つ国である。米国は、中国を主要な戦略上の敵とみており、東アジア地域に対するミサイル防衛システムの構築を加速させている。中国に対し反撃を実行する能力の信頼性と有効性は、ますます深刻な影響を与えている」

『戦略学２０１３』が言及している第二の理由は、「中国の近傍において核兵器（または潜在的な核兵器）を持つ国の数が増加している」ということである。特に著者によれば、「１９９８年に、インドとパキスタンがそれぞれ多数の核実験を実行し一挙に世界の核クラブに入り込んだ。特にインドの核兵力は急速に増加した。21世紀になって以降、朝鮮半島における核兵器の問題が繰り返し沸き起こり、近い将来その問題を解決する可能性は非常に小さい」とのことである。

第三の理由は、「世界の主要国が新しい在来型の軍事力の開発に非常に大きな努力を傾注している」ということである。特に「米国は通常兵器型即時全地球型攻撃（ＣＰＧＳ）計画を実行中である。いったんそれが実用的な能力を持つならば、それは（紛争の場合には）我々の核ミサイル部隊に対して通常兵器の攻撃を実行するのに用いられることになり、我々に不利な受動的立場を強いることになる。このことは我が核反撃能力に非常に大きな影響を与え、また我が核抑止力の成果を弱体化することになる」ということである。

第四の理由は、米国とロシアが倉庫内の核兵器数を削減しているように、中国は多国間における核兵器の軍備管理の議論に引き入れようとする非常に大きな圧力に直面する可能性があるということである。これに関しその著者は次のように述べている。「中国の核兵器部隊に対する外部の圧力が増大しており」、たとえ「中国の核兵器の量的規模が米国とロシアのそのレベルからかけ離れている」としても、進行中の核兵器の保有量を減少させる世界的な取り組みのために、「中国の限定的な核兵器部隊の近代化は、ますます強まる外部の圧力を経験することになる」。その著者は核兵器の軍備管理の問題に関してさらに詳しく次のように述べている。「第二次世界大戦以来、米国とロシアにおいて核兵器の軍縮が縦続して前進しているのを考慮すると、中国が核兵器の透明性と核兵器の軍縮に関して直面している圧力は大きくなっている。核兵器の軍備管理と軍縮に関する争いは日ごとにより複雑になっており、また核兵器領域内の軍事的な争いにおける核兵器の軍備管理と軍縮の場がますます重要になっている」

公正を期すために言えば、『戦略学2013』の著者は、これらの取り組みを、すべて敵意を持ってみているわけではない。彼らは、戦略的な安定性を守り、核戦争のリスクを減少させまた不必要な軍事遠征を制限するような領域では、軍備管理は肯定的な役割を果たせると判断している。しかしこの肯定的な判断は、より強力な諸国の真の動機に関する疑いによって抑制されることになる。その真の動機には、核超大国は、自国の核兵器と戦略的な利益を守り、また自分の戦略的な敵の能力を制限あるいは弱化する手段として、核兵器の軍備管理と軍縮にある程度興味を持っているという考えが含まれる。

『戦略学2013』は、米国とロシアは、世界の核兵器の最大の備蓄量を持つ国として、「核兵器の軍縮に特別かつ基本的な責任」を持たねばならず、また「検証できかつ逆行できない方法」を通じてそれぞれの核兵器保有量を引き続き削減しなければならいという、中国の公式なスローガン（標言［mantra］）を繰り返している。明記しないが将来のある時に、「状況が熟している場合、他の核兵器保有国は多国間における核兵器軍縮交渉のプロセスに加入すべきである」。その間、中国は警戒しなければならず、将来の参加のタイミングと条件が中国の国家安全保障上の利益の防護に資するということを確実にするために、軍備管理交渉に参加せよという圧力を非常に注意深く処理しなければならないとしている。『戦略学2013』は、中国の核兵器部隊は、米国とロシアの部隊よりも非常に小さいという理由ばかりではなく、中国の核兵器能力と自国の安全保障上の必要条件を満たす必要があるものとの間には依然として「比較的大きな不均衡」があるという理由で、特に重要だと強調している。したがって、中国は、自国の核兵器部隊の近代化と拡大を続けるべきであり、かつ米国および他国からの圧力をそらすべきであり、また「核兵器の軍備管理と軍縮の取り組みにおいて、主導権を徐々に得る」ために、中国が将来の交渉に対して十分に準備することを確実にすべきである。[24]

4つの要因には含まれていないが、『戦略学2013』で論じられているその他の課題は、中国の潜在的な敵、特に米国の核兵器部隊とドクトリンに固有のものである。『戦略学2013』は、米国はある点では核兵器をあまり重視しなくなりつつあると指摘している。すなわち「通常兵器部隊において維持されている米国の優勢と世界的なミサイル防衛システムの建設の加速を考え合わせると、核兵器量の削減と核兵器の使用範囲の制限が核兵器への依存をさらに減少させている」ということである。依然として米国は核兵器超大国のままである。さらにロシアのように、米国はNFU政策の採用を拒否している。また、『戦略学2013』は米国の核抑止戦略は核兵器の先制使用の可能性に基づいていると指摘している。さらに加えて、『戦略学2013』によれば、「両国の核兵器と核兵器部隊は、核兵器による攻撃が必要な時にはいつでも使える高度な警戒態勢にあらねばならず、またその態勢を取り続けている。米国は自国の核兵器の量を削減しているその時に、自国の核兵器部隊と核戦力を迅速に拡大しまた増大することを可能にする、人的勢力と技術的な資源およびインフラを維持し、またさらに強化している。ロシアは現在、新型核兵器の輸送手段と打ち上げプラットフォームをもって自国の武装化を加速しており、また自国の誘導核ミサイル兵器を更新するとともに換装しつつある。米国とロシアの核戦略には本質的な変化はないが、核兵器の領域における競争は依然として熾烈に続いている」。[25] さらに著者は、次のように記述している。「米国とその他の諸国は通常兵器の抑止力としてミサイル戦争（warfighting）を強化しているばかりではなく、核ミサイル戦争の抑止力を重視し始めている。彼らは、地中貫通核兵器（nuclear earth penetrator）のような新型核兵器の可能性ある長所を非常に賞賛しており、『目標を特定した』（surgical）核攻撃を実行するための、また抑止とミサイル戦争という両目的を達成するための手段を与えるために、超低出力高精度の戦術核兵器において得られた技術的ブレークスルーを利用しようとしている」[26]

核兵器部隊の近代化と核抑止力

このますます複雑になる核安全保障の全体像を背景として、『戦略学２０１３』は、中国に対する核攻撃を抑止することは国家安全保障にとって非常に重要なことだと指摘している。また、『戦略学２０１３』はこのことは依然として第2砲兵部隊の核となる一機能であると強調している（その他のＰＬＡロケット軍の問題点は、後でかなり詳細に論じられる）。抑止が失敗した場合における、核反撃を実行する他のものが準備されつつある。『戦略学』によれば、「核反撃を実施することは、ＰＬＡロケット軍の実戦における使用法（実戦運用）の基本的な方法であり、効果的な核抑止（有効核威懾）を実行する上での基礎である。核反撃能力を実際に持てば、敵の核攻撃を受けた場合に、効果的な反撃を組織化できかつ敵にある程度の損害（一定程度的核毀傷）を与えることができ、その時初めて、核戦争の勃発を抑止する（懾制）という目的を真に達成するということが保証される。したがって、核反撃作戦を成功裏に実行することは、第2砲兵部隊の歴史的な任務の実行において、決定的な段階でありかつ重要な責任である。[27] 結果として核兵器部隊近代化の主たる目的は核兵器による反撃の有効性を高めることであり、それはまた核抑止力をより信頼あるものにしかつ有効にする。『戦略学２０１３』によれば、「有効な核反撃を実行できることが、有効な核抑止力の基礎である」[28]

『戦略学2013』は、この点に関し、特に核抑止力の信頼性をさらに向上させるのに必要な軍近代化に関する議論については、前版よりも明確である。『戦略学2013』はより近代的な核兵器部隊は、中国の「抑止システム」全体の支柱になると非常に明確に指摘している。その支柱とは、情報化された通常兵器の部隊とネットワーク攻撃および防御能力、また「柔軟性ある多様な宇宙部隊」と動員能力に基づく人民戦争に対する革新的な取り組みからなる。『戦略学2013』は、中国は、強力な大国としての地位を保障するために、また自国の核心的な利益が侵害されないことを確実にするために、さらに平和的な発展に資する安定した環境を持続させるために、「規模の小さい(無駄のない)効果的な」核攻撃部隊を必要とすると指摘している。このことは同様に、より高度な情報化、改良された指揮統制、戦略的な早期警戒能力、機動力に基づく強固な生存性、防護手段、迅速な反応能力を必要とする。

また『戦略学2013』は、核抑止力について以前の文書よりも非常に詳細に論じている。たとえば、中国の核兵器部隊の強化と敵対する側が中国の実際の核戦力と核反撃の時機と規模などに関して確実に疑念を抱くことになる「適度な曖昧さの維持」を含む核抑止戦略について記述している。『戦略学2013』は、そのような取り組みは敵対する側の「意思決定の難しさを大きくすることができ、また中国の限定的な核兵器部隊の抑止の成果・結果を増大するのに有益である」と指摘している。さらに『戦略学2013』は、中国の政策と意図に関する不明確な状態は有益であろうが、この非常に微妙な(センシティブな)また戦略的な分野における集権的な意思決定は必要であると指摘している。同年版によれば、「政府と軍の最高位から最下位に至るまで統一された声で話すことは、しばしば抑止の結果を高めることができる。しかし時々、難しいことがさまざまな人々によって話されるならば、抑止の結果はさらに良くなるかもしれない」と記述している。[29]

核兵器の「実戦」における使用

『戦略学2013』は、「実戦」における核兵器問題を記述した節に含まれているものに関して、前版をさらに変更している。[30] 本節は、核戦争の可能性特に大規模な核戦争は、現在、冷戦間の核戦争の可能性よりもかなり低くなっていると説明しているが、核兵器が存在する限り、核兵器が実戦で使われる可能性は否定できないと警告している。このことは、著者によれば、核兵器の存在の作用ばかりではなく、大多数の核兵器大国がNFU政策に言質を与えることを拒否しており、また先制使用の可能性は依然として「各国の核戦略の重要な側面である」。したがって、実戦における核兵器使用の問題は、依然として将来の情報化された通常兵器の戦争が核兵器レベルへと段階的に拡大させる可能性があることから、簡単に片付けることはできない。[31]

『戦略学2013』は、「実戦」における核兵器の使用に関する2つのタイプ、たとえば、先制核攻撃と核報復攻撃を論じている。現在、『戦略学2013』は、中国は「核兵器の先制不使用の政策を主張しており、かつ防御的な核戦略を続ける」と念を押している。したがって、中国の実戦における核兵器の使用はどのようなものでも、「報復的な核攻撃」となるであろう。この文脈において、『戦略学2013』は、中国が自国の指導層の最高レベルにおける中央集権化した指揮と意思決定権限を強化する中での核反撃行動に焦点を合わせたその他の出版物と一致している。それはまた核反撃を実行する「基礎的な必要条件」である軍の生存を保障する「強固な防衛」の重要性を強調している。さらにそれは、他の出版物のように、

「より広い戦略的な状況に対して大きな影響を及ぼす」可能性のある目標に対して、中国の限られた核兵器部隊を使用する「要点への反撃」を力説している。[32] 以前の版とは違って『戦略学２０１３』は、通常兵器の紛争が核兵器の閾値を越える場合に、段階的な拡大にどのように対処するかということに関して、ある指針を示している。著者によると、「核反撃を実行するにあたっては、我々は、他方に対して耐えられない破壊的な結果を引き起こして、衝撃を与えかつ畏怖させる必要があるが、同時に我々は、反撃の強さと速度および目標の範囲を制御する必要がある」とのことである。さらに重要なこととして、『戦略学２０１３』は、そのような状況下では、目的は核戦争に勝利することではなく、さらなる段階的拡大を抑止するか、許容できる条件で紛争を解決することである」と示唆しているようにみえる。

前版にまさる『戦略学２０１３』の興味のある一分野は、短いとはいえ、総合された計画（立案）の重要性に関する解説の中にある。著者は、ＰＬＡロケット軍とＰＬＡ海軍は核（兵器）能力を持っているので、総合された計画には攻撃目標と時機の調整を確実にすることが求められると説明している。さらに著者は、ＰＬＡロケット軍とＰＬＡ海軍の核兵器部隊は敵の核先制攻撃がある場合には重大な損失を被る危険性が高いことから、総合された計画（立案）は、望ましい核反撃の目標を達成するために、残存する核兵器を最も効果的に使用することが極めて重要であると述べている。[33]

『戦略学２０１３』における他の新たな進展は、警報による発射あるいは攻撃態勢下の発射を採用する可能性に関する解説であり、著者が主張する両方の発射は中国のＮＦＵ政策と一致するものである。著者は次のように記述している。「条件に合致し、かつ必要な場合には、すなわち敵がすでに我々に対して核ミサイルを発射した、しかしそれらの敵の核弾頭はまだ各目標には到達していない、また効果的には爆発しておらず、あるいは我々に対し実際の被害を引き起こしていないと明確に判断される場合には、我々は核ミサイルによる反撃を迅速に開始することができる。両者は核兵器に関する先制不使用という我々の一貫した政策と合致しており、また我々の核兵器部隊がより甚大な損失を受けないように効果的に防護し、核兵器部隊と同部隊の反撃能力の残存性を向上させることになる」。[34] 気がかりなことは、『戦略学2013』がこの取り組みと関係するどのようなリスクも扱っていないということである。事実、グレゴリー・クラッキ（Gregory Kulacki）が指摘したように、「警報による発射の決断に関係する、特に誤警報または不確実な警報、および技術的な問題または早期警戒システムの損傷あるいは不十分な判断のいずれかによる不測の発射あるいは誤発射の危険性に関係する、戦略的な課題については、何も検討されていない」[35]

人民解放軍ロケット軍の戦略と能力

『戦略学2013』はPLAロケット軍の問題に関するより多くの詳細な内容を提供するという点において『戦略学2001』とは異なっている。それは軍の戦略に関する章で論じる。特に『戦略学2013』は、ロケット軍は、PLAの完全な軍種になる前の『戦略学2013』が発表されたときには第2砲兵部隊として知られていたが、そのロケット軍は、核兵器だけではなく通常兵器および宇宙あるいは情報の抑止力を含む、中国の国家安全保障にとって不可欠な戦略的抑止力の主要なすべての面で、重大な役割を果たすだろうと指摘している。とりわけこのことは、特に宇宙領域に関して、前版で採用されていたPLAロケット軍に関する考え方を越えるものである。確かに、将来に目を向けて、PLAの戦略家による信頼に足る文書は、ロケット軍は引き続き中国の戦略抑止力の中核要素としての任務を果たし、また自国の核および通常のミサイル能力の改善を伴うという観点で、その役割を増大するだろうと指摘している。

人民解放軍ロケット軍の役割と責任

ＰＬＡロケット軍は、核搭載弾道ミサイルに責任を持つ中国軍の軍種として、初めて１９６６年にＰＬＡ第2砲兵部隊として創設され、その時以来、ＰＬＡ内でのその地位は劇的に拡大したが、その核（兵器）が核心であることは変動しなかった。『戦略学２０１３』が説明するように、核抑止力は、「疑いもなく依然として中国の核抑止力の核心でありかつ基礎であり」、大規模な戦争の抑制において中心的な役割を果たし、かつ「中国の主要な戦略的な相手を効果的に阻止することになる」。ロケット軍は「中国の核兵器部隊の基幹部分」であることから、同軍は中国の戦略的抑止力の中核部隊であり続けることになる。[36] この継続性は、ＰＬＡロケット軍の核兵器の任務に関する最近の信頼に足る記述が、初期の多くの刊行物と広く一致するという事実に反映されている。『戦略学２０１３』のような文書の中におけるＰＬＡロケット軍の記述は、ほぼ30年前の『戦略学』第1版と密接に関連している。[37]

重要なこととして、ＰＬＡロケット軍の役割と責任は、その文書が１９９０年代初期に発行された後に、通常兵器の任務が付加されて拡大した。その結果、『戦略学２０１３』の公表によって、その通常兵器のミサイルで通常の精密攻撃を開始することは、ＰＬＡロケット軍の「主要な任務」の一要素になるとみなされた。[38] ＰＬＡロケット軍の観点では、その通常兵器の精密攻撃兵器は、ＰＬＡの通常兵器による作戦の「優秀な部隊および鋭利な兵器」であり、かつ中国の最も強力な敵に対する強力な抑止（力）の役割を持っている。[39] 『戦略学２０１３』によれば、たとえば、ＰＬＡの戦略家は、通常兵器の弾道ミサイルおよび巡航ミサイルが、多くのＰＬＡの統合軍事行動のいずれか1つにおいて果たすことになる重要な任務に加えて、威圧的外交の強力な手段として役立つだろうと考えている。

結果として、ＰＬＡロケット軍は、空、海、陸における優越に関するどのような主要な責務からも切り離されている通常兵器の長距離攻撃任務だけでなく核抑止および反撃の責任・責務のために、世界の軍務の中において独特な地位を占めている。『戦略学２０１３』が述べているように、ＰＬＡロケット軍の核と通常兵器の長距離攻撃ミサイル能力は、中国軍事力の手段の中で特別な地位を与えられており、またＰＬＡロケット軍が「中国の国家安全（保障）の防衛に関して極めて重要な役割を果たす」ことを確実にしている。[40] 実際に、中国の多くの他の出版物のように『戦略学２０１３』は、ロケット軍は「戦略的抑止力の中国の中核部隊」（中国戦略威懾的核心力量）であると評している。[41]

ＰＬＡロケット軍の通常兵器のミサイルは「主要な兵器」（主戦兵器）であり、かつＰＬＡの通常兵器の長距離攻撃部隊の「最も重要な要素」であることから、中国は１９９０年代以降、兵器の量、射程、精密度の観点から、自国の通常兵器の攻撃能力の向上に重点を置いてきた。[42] 他の通常兵器と比較して、地上基地型の通常兵器のミサイルは、高精度で、長距離攻撃および迅速な反応能力と、強力な防衛突破能力の観点から、有利である。中国軍の長距離攻撃兵器の変化・多様化が将来予期されるにもかかわらず、通常兵器のミサイルは、明確な利点を持ち続け、将来の強力な敵、すなわち米国のような進歩した軍事力を述べていると広く理解される中国軍の婉曲的な表現である敵との対決においても、非常に実際的な価値を持ち続けるだろう。要約すると、ＰＬＡロケット軍は「代替えのない特別な役割」（有不可替代的特殊作用）を持っている。[43]

より一般的に言って、ＰＬＡロケット軍の核兵器と通常兵器のミサイル能力は、さらに中国の国際的な地位を強化するのに役立ち、強力な軍事力を持つ主要な一国としての自国のイメージを強め、また自国の国益を防護する。[44] 大戦争の勃発を抑止することによって、ＰＬＡロケット軍の能力は、好ましい外部の安全保障環境を維持するのに役立っており、中国が（鄧小平の言葉では）「自国の時節を待ち」かつ経済発展を重視する間、中国の「戦略的な好機の期間」（戦略機遇期）の防護と拡大を促進してきたと理解されている。[45]

最終的に、『戦略学２０１３』は、重要な一戦略部隊として、ロケット軍は中央軍事委員会（Central Military Commission[CMC]）と中国共産党の最高レベルの指導者の直接指揮下に置かれていると再び断言している。[46] 同年版は、中央軍事委員会と中国共産党の最高指導者は、その戦略的重要性のために、中国の戦略ミサイル部隊の建設と発展および利用に関する重要な決心のすべてを行わなければならないと詳述している。特に「すべての重要な核抑止の行動と核反撃の規模は、明らかに重要な戦略行動として分類されている」。したがって、これらの決心は最高レベルで行わなければならない。[47]

ＰＬＡロケット軍ミサイル部隊の近代化

『戦略学２０１３』は、ＰＬＡロケット軍が中国の全般的な軍近代化計画と連携して核と通常兵器（在来型）のミサイル能力の改良を続けているので、ＰＬＡロケット軍の役割は将来ますます重要になってくるだろうと指摘しているようにみえる。軍事科学院の地位は、最近公表された改革と前ＰＬＡ第２砲兵部隊が「独立した軍種」から完全な軍種の地位になるという昇格は中国のエコシステム（有機的に相互に結合してそれぞれの機能を発揮するシステム群）の中で重要性が増大したことを示唆しているという点で、現在では予測されていたようにみえる。『戦略学２０１３』は、中国の核反撃能力における量的および質的な改善を要求しており、核ミサイル部隊の近代化はＰＬＡロケット軍に対する「長期の重要な」責任であるということを明らかにし、またそれらの部隊を「核反撃の有効性を高める」ために「ある規模」で維持することは「最も重要なことだ」と記述している。[48]

『戦略学』の中に記述されていることを行う１つの方法は、中国とＰＬＡの著者がしばしば「中国の戦略的な相手」として婉曲的に述べている反撃目標との間の地理的関係のために、大陸間の射程を持つミサイルの展開比率を増大することである。この文脈において、このことは米国に対する核抑止（力）の可能性を準備することは、ＰＬＡの核戦略と部隊の近代化の主要な推進力になるという暗黙に認められていることとみなすことができる。また『戦略学２０１３』は、ＰＬＡロケット軍は「核兵器能力の開発の要点に対して特別優先権を付与しなければならない」と述べている。『戦略学２０１３』は、敵の核攻撃の場合に、核ミサイル部隊が残存することは、核反撃を実行するための必要条件であり、かつ基礎であると記述している。さらに『戦略学』は、敵に対する必要な核兵器による被害効果を達成するための「必要な条件」として、敵のミサイル防衛システムを効果的に突破する能力を強調している。『戦略学』によれば、ＰＬＡロケット軍核兵器部隊の能力の開発は、残存（生残）性と防衛突破能力の強化を優先すべきであるとしている。特に『戦略学』は、ＰＬＡロケット軍に対して、迅速な移動式発射能力、防衛突破能力、極超音速滑空飛翔体、多弾頭技術を開発すること、および同ロケット部隊のミサイル兵器を向上させかつ換装することを要求している。その理由は残存性と防衛突破能力を向上させることが、「核反撃の有効性を増大させる」鍵となるからである。[49]

また『戦略学２０１３』は、中国が依然として複雑な安全保障環境に直面しており、また依然としてＰＬＡロケット軍の通常兵器型誘導ミサイル能力の現状と実際の安全保障上の脅威対処に必要なものとの間には非常に際立った矛盾があるということを考慮して、最優先事項と認めているＰＬＡロケット軍の通常兵器型ミサイル部隊の強化を要求している。[50] さらに、『戦略学２０１３』によれば、ＰＬＡロケット軍の通常兵器の近代化は、通常兵器型誘導ミサイル火力の射程の増大を重視すべきであり、「１５００キロメートル以上の有効射程を持つ通常兵器型誘導ミサイル兵器」の開発と展開に重点を置くべきとしている。[51]

また近代化は、敵の防衛に打ち勝つこと、迅速な反応能力を向上させるとともに正確度を高めることに重点を置くべきであるとしている。

中国が北京において2015年9月の軍事パレードの間に展示したPLAロケット軍の能力と開発中の能力に関するニュースは、これが核兵器ミサイル部隊および通常兵器ミサイル部隊の近代化の方向であるということを明確に示している。同軍事パレード間に展示された核兵器と通常兵器のミサイルの中には、中国の最新の最も進歩した戦略兵器の数種類が登場していた。それらには、MIRV（複数目標弾頭）を搭載可能なDF－5Bサイロ基地型ICBM（大陸間弾道ミサイル）[52]、DF－31A道路移動式ICBM、DF－21D対艦弾道ミサイル（ASBM）、中国の解説者が言うには核兵器および通常兵器ならびに対艦の派生型を持つDF－26IRBMが含まれていた。[53] 将来の能力に関して、中国はMIRVを搭載可能な新型のICBMであるDF－41を開発中である。[54] 中国はまた極超音速滑空飛翔体(Hypersonic Glide Vehicle[HGV])を開発または実験中である。中国はミサイル防衛に対抗する進歩した能力を示威することによって、おそらく自国の戦略的抑止力の信頼性向上を目指しているようである。[55]

さらに『戦略学2013』は、PLAが作戦を最も顕著な宇宙を含む他の領域へ拡大することを可能にするミサイル部隊の役割を強調している。その文書は、PLAロケット軍は、「新しいタイプの作戦方法の開発」を重視するようになり、したがって宇宙と情報領域でますます重要になる役割を果たすことになると示唆している。[56] 特に、『戦略学2013』の著者は、国家安全保障上の利益に関する拡大した概念と現代戦の実行における科学技術主導の変化が、宇宙と情報領域を利用する軍事的対決をますます激しくし、「軍事能力の開発のために新しい要件」を提起することになると、考えている。[57] 彼らは、この変化している内容は、PLAロケット軍の「建設と開発」の方向に対して非常に重要であり、建設と開発は「新しいタイプの作戦方法の開発」を必要とし、またＰＬＡロケット軍の作戦能力を「宇宙とその他の領域の中に」持ち込むことになると信じている。[58] 宇宙に関して、このことは、ＰＬＡロケット軍のミサイル能力は宇宙飛行体・宇宙船の発射を実行するために修正されるかもしれないという一部の理由からばかりでなく、また人工衛星に対する攻撃が実行可能な地上基地型ミサイルの開発の結果でもある。全体として、ＰＬＡロケット軍はＰＬＡの作戦能力を宇宙領域へ拡大するための1つの「重要な支柱」（重要依託）だと考えられている。[59]

結論

結論として、中国の核戦略は、新しい能力は指導者層にいくぶん幅広い戦略的な選択肢を与えるが、その大部分は時を経ても依然として不変のままである。中国の核問題に関する最近の信頼に足る文書は、大部分は、重大な事項に関する江沢民時代の考え方と一致しているが、それらの文書は、中国の核政策、戦略および軍近代化に関係する多くの問題点を深く考慮して、非常に多くのことを提供している。『戦略学２０１３』は、核兵器の軍備管理分野において強まりつつある圧力に対して中国はどのように備えるべきかという深い議論において、ＰＬＡロケット軍が予想する戦争の特別な領域への拡大と、ＰＬＡロケット軍部隊近代化の要件を提案しており、『戦略学２０１３』は、中国の核政策と戦略および中国の軍備管理政策ならびに中国の通常兵器型のロケット部隊に関心のある分析者達にとって必読の書である。

しかしながら、どのように価値のある情報源であったとしても、分析者は、２０１5年末と２０１6年初期に公表されたＰＬＡの主要組織が中国の通常兵器の軍事能力に対してだけでなく中国の核政策と戦略に対しても重要な影響を及ぼす変化をもたらすだろうということを心にとどめておくべきだろう。すでに明らかになっている組織的な改革の様相は、中国が自国の最も強力な戦略的能力の強化と統合に重要性を置いていることを強調している。特にＰＬＡの組織的な改革の2つの部分、すなわち第2砲兵部隊をＰＬＡロケット軍にする変化と宇宙およびサイバー能力を監督するＰＬＡ戦略支援部隊の創設は、戦略的抑止力に対する中国の取り組みにおそらく重要な影響を及ぼすだろう。ＰＬＡ第2砲兵部隊は、２０１５年12月31日までは伝統的に軍の1つの「独立軍種・兵科」と考えられており、専門的に言うと完全な軍ではなかった。鄧小平の改革の下で、ＰＬＡロケット軍は、現在のところ公式に軍レベルの地位に昇格させられており、中国の「戦略的抑止力の中核部隊」として第2砲兵部隊の役割を引き継いでいる。ＰＬＡロケット軍は、やがて、中国のすべての核弾頭搭載可能な発射システムを管理・統制することになるだろうとの推測もなされている。その発射システムには未確認ではあるが、ＰＬＡ海軍の弾道ミサイル搭載原子力潜水艦（ＳＳＢＮ）およびＰＬＡ空軍の爆撃機が含まれる。[60] たとえＰＬＡロケット軍が最終的にそれらのシステムの責任を持たないとしても、ＰＬＡロケット軍は依然として、ＰＬＡのあらゆる軍の戦略的に最も強い印象を与える兵器保有量を監督することになり、中国と主要な大国間の大規模な危機または紛争において中心的な役割を果たすだろう。

1 The Science of Military Strategy［战略学］, 3rd ed., Beijing: Academy of Military Sciences Press, 2013 (SMS 2013), pp. 228–229

2 The Science of Strategy［战略学］, 1987, p. 115. Accordingly, the "basic guiding thought" of the Second Artillery includes

principles such as “centralized command,” “striking after the enemy has struck,” “close protection,” and “key-point counterstrikes.”

3 Peng Guangqian and Yao Youzhi, ed., The Science of Military Strategy, Beijing: Academy of Military Sciences Press, 2001 (SMS 2001), p.217.

4 SMS 2001, p. 217.

5 SMS 2001, p. 218.

6 SMS 2001, p. 218.

7 SMS 2001, p. 218.

8 SMS 2001, p. 222.

9 China’s National Defense in 2006, Beijing: State Council Information Office, 2006.

10 China’s National Defense in 2008, Beijing: State Council Information Office, 2009.

11 Diversified Employment of China’s Armed Forces, Beijing, State Council Information Office, 2013.

12 See James M. Acton, “Is China Changing Its Position on Nuclear Weapons?” New York Times, April 18, 2013.

13 See Yao Yunzhu, “China Will Not Change Its Nuclear Policy,” U.S.-China Focus, April 22, 2013, http://www.chinausfocus.com/peace-security/china-will-not-change-its-no-first-use-policy; and M. Taylor Fravel, “China Has Not (Yet) Changed its Position on Nuclear Weapons,” The Diplomat, April 22, 2013, http://thediplomat.com/2013/04/22/china-has-not-yet-changed-its-position-on-nuclear-weapons.

14 たとえば、２０１３年６月の記者会見における質問に対応して、中国外交部の洪雷（Hong Lei）報道官は、次に示すことを含めて中国の長期核政策について反論した。すなわち、中国は「完全な禁止を支持しかつ要求し、また核兵器の破壊によって、断固として自衛だけの各戦略を推進し、どのような時でもまたどのような状況下でも核兵器の先制不使用（ＮＦＵ）政策に従い、そしてそれは無条件に使用せずまたは非核兵器国家および核兵器のない地帯に対して核兵器の使用の脅威を及ぼさないという明確な確約をしている」。次を参照。Ministry of Foreign Affairs of the People’s Republic of China, “Foreign Ministry Spokesperson Hong Lei’s Regular Press Conference on June 3, 2013,” June 4, 2013, http://www.fmprc.gov.cn/eng/. ＰＬＡ高官は同様の声明を行った。たとえば、戚建国（Qi Jianguo）中将はＮＦＵ政策を２０１３年６月のシンガポールのシャングリラ対話で再確認した。すなわち、「私は中国政府が決して核兵器先制不使用の我々の約束を廃棄しないだろうという厳粛な声明を行いたい」と戚は言った。「我々は半世紀の間この政策を取り続け、またそれは中国人民の利益だけでなく世界のすべての国民の利益である」。次を参照。“Shangri-La Dialogue: China Reiterates ‘No First Use’ Nuclear Pledge,” Straits Times, June 2, 2013, http://www.straitstimes.com/breaking-news/asia/story/shangri-la-dialogue-china-reiterates-no-first-use-nuclear-pledge-20130602.

15 “China’s Military Strategy,” Beijing: State Council Information Office, 2015.

16 SMS 2013, pp. 228–229.

17 The Science of Strategy［战略学］, 1987, p. 237.

18 SMS 2013.

19 SMS 2013.

20 SMS 2013.

21 SMS 2013, p. 231.

22 SMS 2013, pp. 230-231.

23 SMS 2013, p. 233.

24 SMS 2013.

25 SMS 2013.

26 SMS 2013.

27 SMS 2013, pp. 231–232.

28 SMS 2013, p. 235.

29 SMS 2013.

30 幾人かの読者はこの用語の使用が敵の核部隊に対する攻撃を限定または解除する被害の意味における「核戦争」の議論として解釈する可能性があることに言及することは重要であるが、その節の内容およびこの用語が中国の軍事文書においてしばしば使用されている習慣は「実戦（real war）」または「実戦（actual war）」がより適切な翻訳であると強力に示唆している。

31 SMS 2013

32 SMS 2013

33 SMS 2013

34 SMS 2013

35 Gregory Kulacki, "The Chinese Military Updates China's Nuclear Strategy," March 2015, UCS, p. 4, http://www.ucsusa.org/sites/default/files/attach/2015/03/chinese-nuclear-strategy-full-report.pdf

36 SMS 2013, pp. 228–229.

37 The Science of Strategy［战略学］, 1987, p. 115. したがって、第２砲兵の「基本指導思想」は「集中化された指揮」、「敵が攻撃した後に攻撃すること」、「密接した防護」、および「要点に対する反撃」のような原則を含んでいる。

38 See, for example, SMS 2013, pp. 231–232.

39 SMS 2013, p. 231.

40 SMS 2013, p. 228.

41 SMS 2013, pp. 228–229.

42 SMS 2013, p. 229.

43 SMS 2013, p. 229.

44 SMS 2013, pp. 230–231.

45 SMS 2013, p. 231.

46 SMS 2013, p. 228.

47 SMS 2013, pp. 234–235.

48 SMS 2013, p. 232.

49 SMS 2013, pp. 233–234.

50 SMS 2013, 2013, p. 233.

51 SMS 2013, p. 234.

52 中国はそのパレードの間にサイロベースのDF-5B ICBMを展示したが、輸送起立発射機（Transporter Erector Launcher［TEL］）によって運搬されるさまざまな型式の移動式ミサイルと異なり、ＤＦ－５Ｂは２つの部分に分離され、分離トレーラーで運搬されていることに注目すべきである。したがって、これらのトレーラーはミサイルを発射するために必要とされる起立能力を持っていなかった。

53 Andrew S. Erickson, "Missile March: China Parade Projects Patriotism at Home, Aims for Awe Abroad," China Real Time Blog, Wall Street Journal, updated September 3, 2015. As of October 13, 2015: http://blogs.wsj.com/chinarealtime/2015/09/03/missile-march-china-parade-projects-patriotism-at-home-aims-for-awe-abroad/

54 Office of the Secretary of Defense, Military and Security Developments Involving the People's Republic of China 2013 (Washington, DC, May 2013), p. 30.

55 Jason Sherman, "China Conducts Sixth 'Successful' Hypersonic Weapons Test, STRATCOM Chief Says," Inside Defense, January 29, 2016.

56 SMS 2013, p. 233.

57 SMS 2013, p. 233.

58 SMS 2013, p. 233.

59 SMS 2013, p. 229.

60 "Expert: PLA Rocket Force May Have Strategic Nuclear Submarine, Bomber," China Military Online, January 8, 2016.

第Ⅲ部 中国の情報戦のための戦略

第6章

電子戦および中国の情報作戦の復興

ジョン・コステロ、ピーター・マーティス／鬼塚隆志訳

過去15年間にわたって、中国の情報作戦（なかでも電子戦の作戦）は、今や中国軍事戦略の中心的役割を果たしているという主張に対するその範囲と複雑さの中で発展してきている。人民解放軍（ＰＬＡ）内の情報作戦の急速な発展は、中国共産党内の情報作戦に関する深い歴史的根拠と古い毛沢東主義者の革命の概念に、新しい適合性を与える科学技術の変化など、いくつかの重要な要因の結果である。毛沢東が『持久戦について』（持久戦論）の中で概説したように、我々は「可能な限り、敵の耳目を塞ぎ、敵を盲目にし、また聞こえなくして…敵指揮官の精神を混乱させて狂人にし、これを我々自身の勝利を達成するために用いる」必要がある。情報作戦は、中国の軍事戦略だけでなく国内外において政治力を醸成する役割を果たす。情報作戦は中国に対して、その軍事的運用を越えて、特に電磁スペクトラムにおいて、またサイバー空間内のより限定された範囲で、国際環境を形成する現在の中国共産党の取り組みを強化する広範囲にわたる能力を提供する。

情報作戦は、一般的にいえば、敵の指揮統制、通信、コンピューター、情報、監視および偵察システム（Command, Control, Computer, Communication, Intelligence, Surveillance and Reconnaissance [C4ISR] Systems）を欺騙し、混乱させ、または操作するために計画される作戦である。敵のＣ４ＩＳＲシステム内の非常に重

要なノード（中枢部分）を破壊する在来型（通常兵器型）の運動エネルギー攻撃でさえも、情報作戦（中国軍がハードとソフトキルとして区分する特性）とみなしている。過去30年間、ＰＬＡは、情報戦を「軍事グループが情報空間を支配する戦争と情報源のための戦い」として大まかに定義し、また時には「戦争で交戦する二者間の情報領域における対決」として非常に狭く定義している。[1] この言い方は、当然のこととして国力と競争に関する政治的、外交的、および経済的要素を結合させる「システム・オブ・システムズ」の対決（体系対抗）として、中国の戦争の概念とうまく合っている。しかしながら、ＰＬＡは伝統的に心理戦および政治戦を電子戦とは区別していた。過去15年にわたる電磁（波）スペクトラム戦と中国の情報作戦に関するより広い概念との概念上の統合は、中国軍事戦略に関する重要な進化を特徴付けるものである。

電磁（波）領域の統制は、紛争時の情報作戦にとって最も重要なことである。中国共産党は、もし挑戦された場合には、ＰＬＡが武力で防衛する任務を課せられることになる中国の領土と領空の主権と同じくらいの不可侵の固有の「電磁波の主権」(electromagnetic sovereignty) を持っていると信じている。この主権はそれらを伝える電波と周波数の安定した戦時と平時の統制を必然的に伴っている。インターネットやサイバー空間よりも、電磁スペクトラムの政治的信頼性は、情報戦の準備、戦略、および軍事行動のための主要な戦闘空間を構成する情報戦の第一線（最初の戦いの場）である。電子戦、心理戦、および政治戦は、平時および戦時におけるＰＬＡの情報作戦の実行に大きな影響を及ぼすこれらの各領域と密接に組み合わされる。

ＰＬＡの情報作戦の最近の進化は、現代の情報化された世界の中心となる特徴（特性）に関する３つの確かな見通しによって推し進められている。情報作戦をはるかに超える効果が現れることに関する最初の重要な見通しは、平時と戦時を統合するということである。ＰＬＡの情報作戦は、戦時における同作戦の能力の有用性を確実にするために、あるいは最初にＰＬＡの優勢を示威することによって敵を抑止するために、平時における継続的な戦闘空間での準備活動を必要とする。第二の見通しは、サイバー空間と電磁スペクトラムの普及と、同じくそれに対応する情報の増大が、さまざまな潜在的な安全保障の脅威から中国の地理的な隔離を蝕んでいる「国際公共空間」を作り出しているということである。第三の見通しは、『戦略学２０１３』で記述されているように、核兵器の威嚇にまで段階的に拡大しない限定された対決の可能性が増大しているために、非核の抑止力がますます重要になってきているということである。

情報作戦は政治と戦略から戦術までのすべてのレベルにおいて有用である。中国共産党指導層は、同党とその下部の軍事、情報、および宣伝の各組織が、国民党（１９１１年孫文が結成した中国の政党で現在は台湾に所在）に対する信頼を貶め、かつ戦場での勝利を政治的勝利に転換するために積極的な軍事行動を遂行した中国革命以来、情報作戦の価値を理解し正しく評価していた。しかしながら、ＰＬＡは、中国の科学技術の発達が他の大国についていけなかったために、軍事的に遅れを取っていた。２０００年代において、軍事領域としてのサイバー空間および電磁スペクトラムのより大きな出現と、宇宙ベースのアセットに対する戦略的な情報作戦における道具としてのＰＬＡの電子戦能力が十分成熟したことにより、北京と中国軍は、より近代的な軍隊が進化したＣ４ＩＳＲ能力を享受するために現代の情報化された世界の機会・好機を活用してきたその方法に対して挑戦し始めている。Ｃ４ＩＳＲの基盤が攻撃されるとする多くの見方があるにもかかわらず、Ｃ４ＩＳＲの基盤が電磁スペクトラムに大きく依存することは、迅速な意志決定と精密攻撃に関わる現代の軍事能力を脅かすアキレス腱になる可能性がある。技術が徐々に進歩するにつれて、この脅威は増大している。すなわち、電磁抑圧および欺瞞は、特に電子通信手段がさらに複雑になるにつれて、ますます実現可能な妨害の方法となっている。

特にＰＬＡの作戦状況下で情報作戦を実行することは、それ自体の一連の問題・課題をもたらすことになる。いったん、紛争が始まった場合（または、いったん、北京が紛争は避けられないと決心する場合）に使用されるとみられるその能力の多くは、伝統的にさまざまなＰＬＡの組織にわたって広がることになる。この問題は軍事情報（インテリジェンス）と電子戦に関するサイバー能力よりも明らかにはなっていない。最近のＰＬＡの再編成まで、総参謀部（General Staff Department[GSD]）だけでなく軍区と軍種のすべてが、これらの能力を持つアセットを持っていた。中央軍事委員会（Central Military Commission[CMC]）は、表面上は、それらの使用を命令する中央当局であった。しかし、どのような隷下の作戦部隊も、平時における作戦を、すなわちその主題に関するＰＬＡ内部の話し合いで非常によく認識されていた組織的欠陥を調整する権限を持っていなかった。[2] ２０１５年11月26日に始まったＰＬＡの再編成は、それらの問題を解決する中国軍の計画が始まったことを示すものである。

電磁（波）領域と宇宙空間のような戦争の「新しい領域」に関係するＰＬＡの再編成の重点は報じられつつある。サイバーセキュリティおよびサイバー主権は、たぶん外交条約および民間情報技術政策によって防護されるだろうが、宇宙と電磁波の主権は軍事力によって防護されなければならない。インターネットのような人工的構造物は、物理的、論理的、または外交的に無効にされる国家が関係するために、脆弱である。宇宙空間および電磁スペクトラムは、これらの規範の恩恵を受けておらず、紛争の内外からの攻撃に対して無防備で脆弱なままである。

本章は最初に電子戦だけでなく政治戦および心理戦を含む中国の情報作戦に関する３つの重要な進化を扱っている。次に「局地的に情報化された戦争を戦いかつ勝利する準備」に関するＰＬＡの核となる任務に特に関係する情報作戦を行っている世界的な傾向に対する中国の見解を考察している。最後に、２０１５

年11月26日に開始されたＰＬＡの改革と彼らの将来の方向を理解するために、この議論に関する官僚的な含蓄（意味合い）を考察している。

中国の情報作戦の進化

中国の情報戦の戦略に関する最も驚くべきことは、過去20年にわたってそれが少しも変わっていないことである。１９９０年代末における中国情報戦の文書において、最初に公表された主要なテーマは、時を経ても異常なほど一貫したままである。中国の情報戦に関する作戦上の戦略の二大支柱といわれるもの、すなわち、先制（攻撃）とシステム・オブ・システムズの麻痺化は、ＰＬＡの現代戦略に関する文献全体に含まれており不変である。

先制（攻撃）は中国の情報戦の1つの基本的な構成要素である。中国は、時々例外はあるものの、この戦略を明確には「先制（攻撃）」とは呼称していないが、先制攻撃とは実際には、紛争において戦略上の主導権を得るための突然の予期せぬ攻撃の開始ということである。『戦略学２００１』は、大規模な情報攻撃を「電子的パールハーバー」（電子的真珠湾奇襲攻撃）の可能性を与えるものとして記述している。[3] その言外の意味は、その時は述べられていないが、そのような攻撃は本質的には先制（攻撃）になるだろうということである。すなわち、それはあまり直感的な用語を用いずに伝えられているが、その後の戦略文献はその特徴を公にしている。『戦略学２０１３』は、情報戦は「敵を先制（攻撃）することを重視しており、すなわち、準備作戦段階における最初の攻撃目標の慎重な選定とその後の打撃（攻撃）に焦点を合わせるべきである」と簡潔に述べている。[4] 先制（攻撃）の概念は、２つの点から特に重要である。その考えは、結局、「積極防御」、すなわち、戦略的防勢態勢を維持している間の攻勢的、非対称的攻撃と述べた毛沢東発案の概念に由来するものである。次に、その考えは、「劣勢を持って優勢を破る」および「各自が自らの方法で戦う」という2つの概念、すなわち、優れた戦術と準備は、圧倒的な技術的優勢に直面しても打ち勝つことができるという疑わしい主張を神聖視（賛美）する戦争に関する2つの非対称な毛沢東主義の概念を支持するというものである。

電子戦は、戦争の全経過を通じて相対的な一貫性があるため、この準備の中心となるものである。ネットワーク戦の作戦は、西側の分析者によって情報システムに対して最も脅威を及ぼすことになると長い間考えられていたが、進歩した自分のＣ４ＩＳＲシステムが妨害を受けない作戦のために、すべての大国が電磁（波）スペクトラムにますます依存するようになることは、遠征軍事作戦を電子抑圧に対して著しく脆弱にする。大多数のサイバー兵器は最初に使用した後ではほぼ役に立たなくなるが、電磁（波）兵器は、敵のアンテナ受信機やセンサーのような標的（意図した目標）が、展開中には自らの防護を基本的に改善・向上させる能力を欠いており、特に展開した軍事プラットフォームおよび宇宙ベース中継装置の（対応の）可能性が困難である限り、依然として有効である。

次に、「システム・オブ・システムズの麻痺」は、情報作戦の戦略また最終状態としての機能を果たすことになる。『戦略学２００１』は、戦争で勝利を達成する1つの主要な方法は、「敵の指揮統制システムだけを破壊する」ことであり、そのことにより「敵の全情報システムを麻痺させ、かつ敵の戦争能力を劇的に低下させるだろう」と示唆している。[5] 敵主力を徐々に寸断する代わりに、現代戦は「敵の頭脳と中枢神経組織を破壊する」ことを必要とし、それは「戦争を進捗させる上で非常に重要」なことである。[6] 『戦略学２０１３』はその概念を維持しており、「戦場の主導権を確保しかつ支配し、敵の作戦システム・オブ・システムズを麻痺させまた破壊し、かつ敵の戦争意志に衝撃を与えなければならない」と記述している。[7] 2009年にジェームズ・ムルベノン（James Mulvenon）が記述したように、PLAの情報戦に関する作戦は、特に非軍事目標に対してコンピューターネットワーク攻撃を実行するという彼らのドクトリンは、「確固たる戦争の決意に衝撃を与え、戦争の潜在能力を破壊しかつ戦いにおける優勢を勝ち取るように」、たとえば「軍事紛争に参画する人々の政治的意志を徐々に蝕む…ように計画される」。[8] いずれの形であれ、敵のシステム・オブ・システムズを麻痺させるために情報作戦を活用することは、長期戦（持久戦）の概念と前述した「敵を盲目にしかつ聞こえなくする」必要性の双方の中に、毛沢東主義者の前例がある。

PLAは、1990年代の初期には、情報化された戦争と情報戦との間における各種の差異を引き出そうと努力した。PLAの文書で混乱している部分は、現代戦に関する彼らのほぼ独創性のない分析に起因したもので、それは米国、ドイツ、フランス、およびロシアの情報戦を調査した文書ならびにユビキタスな監視および精密攻撃能力の影響に基づくものであった。ムルベノンが中国の情報戦能力に関する初期の分析で気づいたように、PLAは、米国の（情報戦）のドクトリンについて驚くほど理解していたが、PLAの科学技術のレベルにはふさわしくない概念を模倣していた。[9] 中国軍は、『戦略学2001』が公表された時にはすでに、それらの差異を明らかにし始めていた。その結果は、2004年国防白書のようなその後の公刊物によって徐々に知られるようになり、その国防白書は中国の最近更新された軍の戦略指針に従って「ハイテク条件下の」戦争を構想することから、「情報化条件下の」戦争へと変化していた。その時以来、情報戦は3つの主要要素、すなわち、電子戦、ネットワーク戦、および心理戦を維持している。これは、公式参考著作物である『人民解放軍軍事用語』（軍語）によって与えられた定義を最も反映しており、それは、情報戦は「敵を攻撃または反撃するための電子戦、サイバー戦、および心理戦のような形態を統合し…サイバー空間および電磁（波）空間において敵の情報および情報システムを妨害し、かつ損害を与えることである」と述べている。[10]

電磁（波）領域における戦争に関する中国の見解

電子戦は明らかにPLAの情報戦の中心である。これは、芸術的な美辞麗句や大げさでつまらない概念でもなく、PLA自身は、PLAの情報戦部隊の創設（時期）を1970年代における「特別な電子戦」の創設と定めている。他方、ネットワーク戦は、情報収集の方法として、また（議論の余地のある）経済的平衡装置（イコライザー）としてほどほどの評判を得たが、電子戦は情報作戦の主要な軍事的表現のままであり、また軍事的情報戦の中心となる要素である。ネットワーク戦および心理戦は、確かに軍事的要素を持っているが、紛争の軍事情報および政治的要素と大きく関係する。

西側諸国は次のことに留意すべきである。ネットワーク戦と心理戦は、それぞれが中国との将来の情報戦において戦略的問題を引き起こし、また主として、動員を遅延させるために、国内に大混乱の引き起こすために、また戦争に対する国民の支持を思い止まらせるために、さらには中国に対する紛争を潜在的に始めるとみられる国を外交的に孤立させるために、用いられるだろう。これに対して電子戦は、独特な一連の軍事的な問題を引き起こす。海、陸、空、および宇宙ベースのプラットフォームによるC4ISRの電磁抑圧は、一方的な方法・手段である。すなわち、その方法・手段は、軽減するのが困難であり、また防護するのが困難であり、そして容易には除去されない。いったん、戦場で電子戦が起きると、砲兵のように、取り返しのつかない全面戦争状態となる。PLAは、このことを認知しているばかりではなく、常習的な訓練を、これらの状況下において、どのように成功裏に作戦し、かつどのように戦争に勝つかについて習得することに集中させている。ＰＬＡの演習は、現在しばしば宇宙ベースのＣ４ＩＳＲの低下または破壊を含む用語である「複雑な電磁環境」における戦争の模擬実験を行っている。中国の接近阻止・領域拒否能力（Anti-access / Area Denial capability [A2/AD]）（すなわち、Ａ２／ＡＤの用語、中国は自分の戦略をその用語では表現していないということについては注意すべきであるが）の１つの基礎となる要素は、電磁スペクトラムの強固な封鎖であり、ＰＬＡとの直接衝突の可能性に対して計画する西側の軍は、自分達の緊急事態対処計画の作成において、その可能性に注目しかつ取り組まなければならない。

ネットワーク戦または宇宙戦とは異なり、電子戦は本来的に戦略ではない。実際に、それは電子戦が戦略的情報作戦の有用な道具となっている宇宙ベースの情報ネットワークが現在随所で軍事使用されているというただ１つの理由からである。ＰＬＡは、衛星ベースの軍事情報（インテリジェンス）の収集、航法、および通信の軍事的活用が、国際競争のための新しい「戦略空間」を一体となって構成する、宇宙、ネットワーク、および電磁（波）領域を戦略的に融合させたとみている。この戦略空間は、現在、戦略空間を統制・支配する軍に対して、実質的に有利な立場、すなわち、「情報化条件下の戦争のための高地指揮」（目視、電子的手段により敵、味方、地形等の状況を容易に把握・確認できる場所（例えば高地）で行う指揮）を提供する新しい戦略上の「優位な高地」である。[11]

電子戦は、敵の衛星に対する「ソフトキル」を達成する能力によって、戦略兵器となってきた。しかしながら、ＰＬＡはこのことをすぐには理解しなかった。戦略的情報作戦を調査した時、『戦略学２００１』は「軍事衛星は電子戦の直接目標になり得る」また「宇宙空間における電子戦は、電子戦のための新しい領域の１つになり得る」と評価していたが、そのテーマはほとんど付け足し（後知恵）として扱われていた。このことは、衛星妨害・破壊の主要手段として、電子戦を最優先事項としているごく最近の中国の文献とは非常に異なっている。『情報作戦研究教程』において、影響力のあるＰＬＡの戦略家である吐征（Ye

Zheng）は、「衛星の対抗策」は、他の方法の中でも「情報支援部隊の活動を無能化する」電磁波攻撃の使用を含んでいると記述している。[12]

対衛星手段としての電子戦の主要な役割は、ＰＬＡの２つの考え方から出てきたようだ。その考え方の第一は、中国の戦略思想家が、現在、宇宙領域は主として「情報支援」と戦略情報、監視、および偵察のために使用されているとみているということである。『戦略学２０１３』は、「宇宙情報支援は、現在および将来のかなり長期間にわたって、さまざまな諸国間における宇宙部隊利用の主要形態になるだろう」と述べている。[13] 多くの中国の戦略思想家は、宇宙空間における優位性を獲得することと戦略情報の優位性を達成することは、しばしば同じ任務とみている。

その第二は、対衛星の電子戦は一度も明確には扱われていないが、中国が対衛星ジャミング（電波妨害）を真の「戦争行為」になるとみなすか否かについては不明であるということである。中国がそれを自衛の「対先制攻撃」、またはおそらく抑止行為の1つとみなしている可能性はかなり高いようにみえる。この仮説および憶測は、電子戦のようなソフトキル攻撃の曖昧さおよび防衛的な言い方で攻勢的攻撃を仕組むＰＬＡの習性に起因するものである。『戦略学２０１３』は、衛星目標に対する電磁（波）兵器の使用に制約のある指針を与えて、敵が中国に対してそのような兵器を使用するかもしれないと示唆しているが、それらが中国以外の宇宙空間目標に対する抑止または攻撃の手段であるとは決して明確には述べていない。そうではあっても、中国は、潜在的な敵に対する宇宙空間の抑止力として、「宇宙空間におけるある種の攻撃手段と能力」の使用を、不気味にも主張している。２０１３年版は、これらの抑止の手段とより積極的な「宇宙空間の攻撃と防御」の手段との間を曖昧に区別しており、どちらも運動エネルギー兵器（ＫＥＷ）、レーザー、および素粒子ビームのようなハードキル電子手段を含んでいる。[14] ここの行間を読むと、PLAの戦略家は、外国の衛星に対するある種のハードキル手段の使用は、一線を越えることになり、紛争を段階的に拡大し、あるいは戦争を始めさせる可能性があるが、電子戦のようなソフトキル手段は、その可能性がなく、それよりも敵のC４ISRに対する単なる防御的な対抗手段として扱うべきであると、明確に考えている。

戦略的情報作戦の他に、この曖昧さは、中国の戦争のキャンペーン（軍事行動）レベル（米国の戦争の作戦レベルに相当する）に関する信頼し得る文書の中でも認められる。キャンペーンレベルの情報戦に関し、電子戦は地域的な「スタンドオフ」兵器（遠隔から攻撃可能な兵器）として主要な抑止の役割を果たすと期待されている。吐征は、「第二列島線に到達でき、かつ敵空母の通信に対処できる短波（高周波）の妨害」を必要とする「地上ベースの高エネルギー電波妨害」に関する彼の解説書の中で、このスタンドオフ手段について最も明確に説明している。[15] 潜在的な敵は、C４ISR能力を喪失するという、すなわち自らを盲目、聾唖状態にするという危険を冒して接近することはできるだろう。中国の戦略思考はたぶん、対衛星電波妨害を、地域通信と情報衛星の電波妨害を攻撃とみなすよりも防御手段として分類しているのと同じように、分類するだろう。

この種の拡大したスタンドオフの電波妨害は、中国の戦略文献における非常に深遠な発展を、すなわち、主権および戦略空間に関する中国の見解を、伝統的なドメイン（領域）から外部のサイバー空間と電磁スペクトラムのような結合した仮想空間へと拡大していることを、反映するものである。「サイバー主権」に関する中国の見解、すなわち、サイバー空間は国境によって定められかつ統治されるべきだという考えはよく知られているが、電磁スペクトラムが国家の意思に従属するという中国の考えは、外国のオブザーバーによっては、あまり広く理解されていない。『戦略学２０１３』において、中国は、自国の国益は伝統的な物理的範囲を越えて、現在は、「継続的に周辺および世界へと広がっており、海洋、宇宙空間、および電磁（波）空間へと向かって拡大している」という事実を明らかにしている。[16] 中国がこれらの「グローバルな公共空間」において自らを主張する必要性はないが、軍事科学院（Academy of Military Science[ASM]）の戦略家は、中国軍が電磁（波）領域を確保し、かつその領域を中国の国益の拡大と防護のための「支柱および土台」として利用するよう主張している。[17]

電磁（波）領域は戦争の他の非伝統的領域から孤立しては存在せず、中国の軍事理論は過去20年にわたってそれらの間の複雑な相互作用を理解しかつ精通することを目指してきた。これらの取り組みの基礎となるものは、統合ネットワーク電子戦（Integrated Network and Electronic Warfare[INEW]）に関する中国の理論である。ＩＮＥＷは、ＰＬＡ総参謀部の前第四部長・戴清民（Dai Qingmin）の非常に大げさで独創的な考えであり、その第四部はＰＬＡの最近の再編までは、コンピューターネットワーク攻撃および電子戦を担当していた。ＩＮＥＷは、情報戦に関するＰＬＡの考え方のある種の成熟さを表しており、それらを活用できる情報技術および兵器に関して大きくなりつつある微妙な差異の理解を反映するものである。その概念の発展は、米国由来のドクトリンに対する初期の信頼から、情報戦に対する中国の取り組みを明瞭に定式化する方向へと動きつつある、中国の戦略思考の進化における1つの重要な出発点を示している。

その最も基本的な形として、ＩＮＥＷは2つのレベルで電子戦とネットワーク戦の統合化を追求している。まず、それはハイブリッド能力を作り出すために電子戦とネットワーク戦技術を合体するよう求めている。このことについて、ＩＮＥＷは、「エアギャップの橋」（直接ネットワークで接続されていない形態に対して無線や可搬媒体で連結すること）に対するネットワーク攻撃を可能にし、かつ比較的無防備な孤立した戦場ネットワークに侵入することによって、ネットワーク戦を、電子戦によって伝統的に支配されている分野に対して実際的な価値のあるものにすると断言している。このことは、「戦場における電子装置をネットワーク化する開発の動向」および戦闘装備においてネットワーク化の普及が進む結果として、可能になる。[18]『戦略学２０１３』は、「有線、無線、または電磁波手段を介して目標とするコンピューターに情報を送信することにより…敵のネットワークシステムに侵入するために敵のコンピューターの脆弱性を利用して、スパイウェアにより目標とするコンピューターに蓄積および処理された情報を収集および窃取する」ような兵器の使用を予見している。[19]

ＩＮＥＷは、結合した電磁波・ネットワーク空間の連続体に沿って運用する情報戦に関する1つの見解を前面に押し出している。作戦的に、『戦略学２０１３』は、「ネットワークと電磁スペクトラムの統合による情報作戦は、一種の新しい作戦の型になっており」、情報戦を通じて戦場における優越を達成するために必要であると述べている。[20] デジタルおよびアナログの技術は、電子戦とネットワーク戦は「個々の（力）がそれぞれの戦闘を戦うので、互いに排他的になることはできない」という程度まで、戦場に集中している。「情報が依存する搬送波は、非接続の電子装置からネットワークへと拡大しつつある」ので、いわゆる「表面的（一次元的な）な電子戦」は作戦指揮官の要求を完全には満たすことができない。すなわち、敵の情報システムを完全に麻痺させる場合には、ネットワーク戦の統合が必要である。[21] 本質的に、ますます高度化する通信により、情報の伝達を妨害するために伝統的な電波妨害（ジャミング）に頼っている単純な「通信の対抗手段」以外の、混乱および拒否のための代替手段の調査・研究が必要になっている。無線ネットワークによるデジタル通信の使用は、敵のＣ４ＩＳＲエコシステム（有機的に相互に結合してそれぞれの機能を発揮するシステム群）を情報処理ノード（情報処理を行う中枢）で攻撃する新たな機会をもたらし、情報作戦により損害を与えることを可能としている。

単一指揮の下でネットワーク戦と電子戦を組み合わせることは、新しい考えではなく、世界的規模でいえば、ネットワーク戦と電子戦技術の統合も新しい考えではない。米国とイスラエル軍は、それらの兵器を開発しているだけではなく、2003年および2007年には、それぞれイラクおよびシリアの防空ネットワークを制圧するために、それらの兵器を個々に使用したと噂されている。[22] しかしながら中国にとって、INEWは、紛争の全段階で優勢を確保するために、軍事行動レベルでの自国の電子戦の力と、戦略レベルでの自国のネットワーク戦の力を合体する試みを意味するものである。INEWは、戦略と軍事行動レベルの間隙を埋めると断言しており、通常電子戦によって支配されるかもしれない軍事行動において、ネットワーク戦により大きな役割を与えている。ネットワーク戦はその目的を完遂するために、秘密主義、先制攻撃、不正に得たネットワークへのアクセスに依存する。いったん、紛争において最初の一斉攻撃が始まると、これらのアクセス経路および脆弱性実証コード（脆弱性の活用が明らかにされた攻撃ソースコード）が明らかになって危うくなり、その後の紛争段階を通じて作戦の道具として使われるネットワーク戦の能力を、厳しく制限することになる。

21世紀に適した心理戦および政治戦の近代化

PLAに「ハイテク条件下の局地戦」を準備させる1993年の軍事戦略に関する指針の勧告は、自国軍を現代戦の現実に適応させる中国の数十年に及ぶプロセスの始まりとなった。ペルシャ湾における湾岸戦争および旧ユーゴスラビアにおけるNATOの作戦が、PLAに情報化された運動エネルギー作戦・戦闘能力を緊急に開発させる必要性を証明したように、それはまた北京に対して自国の情報作戦の政治および心理戦の要素を近代化する必要性を強調することになった。イラクとセルビアの行動に関するワシントンの国際的な話は、国際法と人道主義の規範を支持する軍事行動に対して開戦の口実を与えるものであるが、中国の当局者に対しては成功裏に敵を抑止しまたは軍事力を行使することに関して外交的な状況・背景を設定する力を強調することとなった。[23] ある意味では、近代化された政治戦は、将来戦の展望よりもＰＬＡの革命的な伝統へと回帰するようにみえる。それは、政治家が中国共産党に対するＰＬＡの政治力の創設において情報作戦の役割に重点を置いているからである。しかしながら、中国の内戦間の政治戦とは違って、ＰＬＡの目標はその他の中国人また国民党ではなく、むしろＰＬＡにその政治的、心理的な作戦の範囲を拡大するようにさせている一連の世界的なアクター（関係者）である。

この課題は情報化条件下の戦争の特質の変化から出てきたものである。『戦略学２０１３』が述べているように、現代戦はシステム・オブ・システムズ間の対決となってきている。すなわち、「情報化戦はもはや、個々の作戦要素、戦闘部隊および戦闘力間の対決ではなく、それよりも敵対するシステム全要素間の対決が現実のものとなりつつある」。軍事作戦を支えている競合するＣ４ＩＳＲネットワークの観点からこれらの言葉を解釈するのは魅力的であるが、この概念の背後にある推進力は、戦争と経済、法律問題および世論を含む政治闘争の他の特徴との強まりつつある密接な関係である。[24]

毛沢東は、『戦争と戦略の問題』（１９３８年）の中で中国共産党の政治力を創成しかつ強化する上で、ＰＬＡの役割を、最も知られているように詳しく述べた。すなわち、「政治力は銃身から生まれる」ということである。この引用句は、ＰＬＡに対する党の統制の原則に関して今日でも非常にしばしば引き合いに出されるが、次の文はＰＬＡが可能にするものを強調している。毛沢東は、「銃を持つと、我々は党組織を作ることができ…基幹要員を作り、学校を作り、大衆運動を作ることができる。延安のすべては銃を持つことによって作り上げられた。すべては銃身から成長する」と記述した。これらの言葉は、１９９２年に古田（古田（クーテン）は中国福建省中東部の地区）会議の活動報告書（後に『党内の誤った考えを修正することについて』として再刊される）において採用された毛沢東の見解についてさらに説明したものである。毛沢東は党の軍事作戦を軍事および作戦・戦争中心の見解を批判するために会議を利用して、そのような見解を取った人々は、中国の政治的将来が、特定の戦闘よりも、現在ＰＬＡとして知られている赤軍のために危うくなっていたことを理解できなかったと主張した。すなわち、次に示すとおりである。

彼らは、白軍の任務のように赤軍の任務は単に戦うことだと考えている。彼らは、中国赤軍は革命の政治的任務を遂行する武装組織であるということを理解していない。特に、現在、その赤軍は自己組織を戦うことにはっきりと限定すべきではない。すなわち、赤軍は、敵の軍事力を破壊するための戦いの他に、一般大衆の中で宣伝活動を行い、一般大衆を組織して武装させ、革命の政治権力を確立するために彼らを援助しかつ党組織を立ち上げるような重要な任務を担うべきである。赤軍は、単に戦闘のためではなく、一般大衆の中で宣伝活動を実行するために、一般大衆を組織化しかつ武装化するために、また一般大衆が革命の政治権力を確立するのを助長するために、戦う。これらの目的を持たずに戦うことはその意義を失い、そして赤軍は自らの存在理由を喪失することになる。

この特別な一節は後に『政治工作指針』の中に正式に記述されている一連の指示に発展しており、それらは、入手可能な１９６４年版、２００３年版、および２０１０年版の核となるメッセージではほとんど変化していない。ＰＬＡの政治工作は、次の８つの重要な課題に取り組むことである。すなわち、①確実に部隊に、党の計画、方針、および政策を遂行させること、②イデオロギー教育要員を組織化し、現代の修正主義者および資本主義者のイデオロギーの侵入を阻止すること、③さまざまなレベルにおける党の委員会を創設しかつ先導すること、④戦時には政治工作を行い、絶え間なく宣伝活動および扇動を行うこと、⑤戦闘の士気を高めかつ維持すること、⑥保全（警備）活動を行い、かつPLA部隊の政治的また組織的な純潔性を確実にすること、⑦一般大衆の活力のために、文化的、娯楽的、体育的な活動を発展させること、および⑧PLAの部隊および地方の中国共産党ならびに国家組織間の密接な関係を促進すること、である。[25] これらの8つの任務分野のうちの6つは、攻勢的および防勢的な情報作戦の課題に直接関係するものである。

『戦略学2001』は、その刊行物が将来を考えた分析と、新生の科学技術と伝統的な方式のほとんど時代錯誤的な組み合わせを混合したものを含んでいることから、偏向点となるものである。PLAの思想家は、情報作戦が、重大な変化（「現代の科学技術（S&T）の発展は心理戦に対してその方法と手段を発展させる貴重な基盤を与えている」）の転換点にあると明確に理解していたが、その変化が何を引き起こすかについては滑稽ともいえる例を提示していた。たとえば、その著者は、個人用の電子装置により宣伝活動を敵部隊に向ける可能性を述べるよりも、宣伝活動のパンフレットを配布するために新生の無人航空機の技術を用いる可能性を提案している。[26]

『戦略学2001』における情報作戦の重要なポイントは、PLAの政治戦能力を発展させるよう要求していることである。その著者は、情報作戦の範囲を拡大するために科学技術によってもたらされる拡大する情報の競争と新しい機会を予見しているが、将来何が起きるかという細部については積極的に取り組んでいない。しかしながら、彼らは、PLAに対して「我々の心理戦部隊の設立を推進する方法と、「PLAの特質」を持つ心理戦のための戦闘の一連の方法および型を作る方法について調査・検討するよう求めている。それは中国が将来のハイテク戦争において戦略的な主導権を勝ち取ることを確実にする客観的な要求である」。[27]『戦略学2001』は、これらの作戦は部分的に軍事的な戦場を越えて生起するだろうということを繰り返し指摘しており、PLAの役割は拡大する必要があるとほのめかしている。[28]『戦略学2001』は、情報戦の包括的な特質を強調する方法で現代の情報作戦の範囲と規模を概説している。戦争と平和、国内と国外、市民と兵士の区分は、PLAが情報作戦を採用すべき方法と時期にはほとんど関係がない。

現代の心理戦の目標は、敵対国の全国民を含むので、敵部隊に限定されない。同時にそれは我が軍および一般市民を教育し、彼らの士気を強化しかつ精神状態を堅固に維持する任務を想定としている。しかしながら、その重要な目標は、敵の意思決定レベルであり、それは、誤った理解および評価と誤った決心をさせるために、敵の意思決定レベルの思考、確信、意志、感覚および確認（特定）するシステムを攻撃するあらゆる手段を使用して、戦わずして敵を敗北させる目的を達成するために敵の思考、確信および抵抗意志を動揺させるということを意味している。それは戦時だけではなく平時にも大規模かつ継続的な規模で実行される。[29]

この拡大した役割の暗示するものは、2001年版がPLAの素晴らしい伝統と同じく、「勝利を得るために軍事攻撃を支える重要な必須の条件」であるPLAの三原則の1つであると記述している「敵部隊の瓦解」というPLAの時代錯誤の中に最も明瞭に現れている。過去において、このことは戦場の任務であり、あるいは少なくとも敵との接触を必要とすることであった。例としては、第二次世界大戦および朝鮮戦争間に捕虜にした外国の兵士ばかりでなく内戦間に国民党部隊を共産主義運動に転向させたことが含まれる。[30] 初期の『政治工作指針』によれば、敵部隊の瓦解は、主として捕虜およびその他の敵との接触を扱ったものであった。しかしながら、現代の情報戦の状況下で、この古い概念は、外国の社会全体を含めるために敵軍をはるかに超えて広がる目標を持って、紛争前であってもさらに大規模に適用される可能性がある。

『戦略学２０１３』は国内外の目標に対して情報作戦を実行するＰＬＡの取り組みに関する進化を反映している。政治戦は、個別の取り扱いを受けるよりも、『戦略学２０１３』の戦略および戦争（「三戦」を特に参照）に関する分析に関連する部分にまとめられている。[31] 認識を形成させる必要性は、２つの原則的な分野、すなわち戦略的主導権と抑止力を維持することに関して明らかである。「戦わずして勝利を得ること」の核心となる要素および平時と戦時の作戦の統合は、依然として不変のテーマのままである。

すべての種類の情報作戦は、次の２つの重要な方法によって抑止作戦に影響を及ぼす。その第一として、『戦略学２０１３』によれば、抑止を成功させるために必要なことは、力と決意、およびその力と決意を敵に伝える能力である。[32] この主張に内在するものは、ＰＬＡがその能力の強さおよび中国の直接的な利益を伝えるチャネルを確立する必要性である。抑止力は心理と政治の両方に定着した概念であり、抑止作戦は目標とする敵の意思決定を巧みに操作する必要がある。敵対行為がすでに勃発した場合に、段階的に拡大するのを阻止する試みにおいて、抑止は、敵のＣ４ＩＳＲネットワークの妨害・破壊を目的とした情報作戦の実行可能な数目標の１つである。

『戦略学２００１』が予測していたように、『戦略学２０１３』によれば、情報作戦は、戦略的主導権を確保しかつ維持するための重要な要素になってきている。「発言権」を得ること、または「広範囲にわたる話術の力」（活語権）を持つことは、「情報化条件下の局地戦において主導権を奪取するその他の示威行為」

となっている。「発言権」を獲得するには、敵およびその他の国際的なアクター（関係者）に対して、我々の方が合法的であり道理にかなっており正しいと説得する、「世論戦と法律戦ならびに心理戦の統合した適用」が必要になる。[33] その広範囲の文脈において、推論的な力（discursive power）とは、どちらの出来事が重要か、またそれらの出来事はどのように理解されるかを確立する能力のことを指している。

『戦略学２０１３』の中に推論的な力が含められていることは、情報作戦がいかに中国共産党の優先事項と密接につながっているかということを示すその他の兆候である。２０１２年までに、中国に関係ある出来事が海外でどのように知られていたかに関する中国共産党の懸念は、新華社と中国中央電視台（ＣＣＴＶ）の範囲を拡大する数年の取り組み、また、２００９年の海外および対外の宣伝活動作戦に関する66億米ドルの投資が国際的な世論に対して望ましい効果をもたらさなかったことから、この分野における中国の欠点を批判する中央委員会および中共中央党校（Central Parry School）ジャーナルにおいて、長く論評されるという結果に終わった。彼らは自分の欠点を敏感に理解していたにもかかわらず、中国共産党の宣伝活動の専門家は、現実の結果をどのように改善するか、また中国の推論的な力をどのように強化するかについて、意味のある提案をほとんど行わなかった。[34]

『戦略学２００１』と『戦略学２０１３』における情報作戦の取り扱いに関する本質的な差異は、どの作戦の軍事目標が焦点になるかというその程度である。『戦略学２００１』は情報作戦が、ソ連邦ブロック（ソ連とその同盟国）に対する米国の心理戦のような国際政治と、世界がペルシャ湾岸戦争を見た状況を方向付けるワシントンの取り組みのような戦争に、どのような影響を与えるかについて沈思黙考することを進めている。この時、テレコミュニケーション（遠距離通信）とインターネットの革命がまさに加速し始め、１人の著者の唯一の確固たる結論は、国際的な情報環境に巨大な変化が起きる可能性のあるということであった。それとは対照的に２０１３年版は、情報作戦を戦略的主導権を維持しかつ敵を抑止するというような特定の政治と軍事の目標と結び付けている。換言すれば、２００１年版では、ＰＬＡは自国が直面するだろう将来を予想しようと努力していた。２０１３年版ではＰＬＡは現代戦に関する課題に対する自分の解決策を概説した。

『戦略学２０１３』の作戦上の焦点は、政治人民委員（Political commissars）および前総政治部（General Political Department）に対してより大きな作戦・戦争の役割・任務を与えたＰＬＡの内部に起きている変化を反映するものである。[35] 最も重大な変化は、『政治工作指針』の改定で２００３年に生起した。その改定された指針は、「三戦」を含んでおり、また総政治部と同部に従属する要員を、それらの任務の実行担当として指定した。いまだ「システム・オブ・システムズ」の傘の概念の下にあるが、モジュール化部隊（規格で作られた交換可能の部隊）のグループ化に関するＰＬＡの文書は、さまざまな軍事行動に対して一体化されることになる大部隊の一部としての「三戦」部隊を含んでおり、その部隊には戦争の全段階にわたる１つの役割を明確に与えている。[36]

ＰＬＡの戦略において情報作戦が中心になる傾向が増すことに関する解説

いくつかの主要なテーマが、ＰＬＡと中国の指導層に対する情報作戦の重要性が増しつつあるということを示す根拠となっている。最も注目すべき1つは、平和と戦争の統合である。すなわち、現在の軍事環境における戦時の成功が、平時に行う準備活動に非常に大きく依存しているという見解である。『戦略学２００１』が言及しているように、「戦略的物的戦力の利用は、抑止力の利用と同様に実際の戦いにおける利用も含んでいる。戦略指針は平時においても戦時においても明確である。戦略の機能は、戦争を防止しかつ制限することと同様に、戦争に勝利することを含んでいる」。[37] 当初、この考えが最も直接に適用されたのは、ハイテク条件下の戦争に対してPLAを準備させることであったが、情報作戦と抑止が中国の戦略家の重要な道具になるにつれ、この統合は作戦上より実際的な重要性を持つようなってきた。平時におけるPLAの活動は、党と国家の防護と、戦時における政治と軍事の目標の遂行に極めて重要になってきた。

世界的な情報ネットワークを通じての中国と外部の世界との接続性は、平和と戦争に対する前述した確固たる見通しに関係するものであるが、単にその見通しから派生したものではない。新しい連続した情報空間は、中国と潜在的な敵との距離を狭め、潜在的な敵に対して中国への大きな接近（たとえ仮想的であろうとも）を許すことになる。結果として、紛争のための象徴的な戦略的な最初の射撃とその文字どおりの初弾との間の警告時間が減少することになり、平時におけるより高度な警戒態勢が必要となる。平和と戦争間の間隙が狭くなるために当然のこととして抑止が国家政策の一部としてより重要な役割を果たすことになる。有効な抑止はまた、潜在的な敵が別のやり方で中国の利益に対して紛争を起こすかもしれない状況を再構築するための時間を稼ぐことになる。

平時と戦時の統合

平時と戦時の統合（平戦結合）に関する中国の概念は、情報化条件下の戦争の現実が、国はどのように戦争の準備をすべきかについて不変の重要性を持っているという確信から発展した。平時の準備の重要性に関する見解は、国防産業の必要性よりも民間経済に特権を与えるという鄧小平（Deng Xiaoping）の政策の選択から、徐々に進化した。１９８０年代を通じて、軍事費は停滞し、中国の国防産業能力の多くは、民間の用途に転換させられた。必要性よりもその選択が、ＰＬＡを民間経済に依存させた。[38] しかしながら、改定された１９９３年軍事戦略指針の科学技術の要求である「ハイテク条件下の局地戦」は、鄧小平の選択を必要不可欠なものに変化させた。『戦略学２００１』が記述したように、「戦争の形態は、機械化された戦争から情報化された戦争に移行しつつある。全軍事システムと社会はますます密接に結び付けられており、戦闘能力の資源は統合された国力からますますもたらされるようになっている」。情報化された戦力に関して、国力の技術要素が重視されかつ「戦争準備の中心」となってきた。[39] 民間経済に対する軍事の依存は、鄧小平の幅広い近代化計画を支える政策的な選択であるが、新しい情勢は、軍事と民事の用途ばかりではなく平時と戦時の用途に適した製造品を必要とした。

しかしながら、情報化条件下の戦争に関するＰＬＡの評価は、直ちに、平時と戦時の統合に対するその取り組みを、一般的な長期間の戦争準備から、即時作戦・戦争のための作戦上の即応態勢により近づけた。『戦略学２００１』は、「戦争はより予測不能で短くなりつつあり、初動は、通常、平時から戦時への迅速な移行を必要とする決定的な戦闘の特徴で規定される」とみており、また『戦略学２０１３』および『中国の軍事戦略』と題する２０１５年国防白書のようなその後の公的出版物も、平時と戦時の統合を強調している。[40] ２０１５年国防白書は、「平時と戦時の要求を結合し、常時警戒態勢を維持し、また行動準備ができているという原則を遵守すること」によってのみ、ＰＬＡは有効な作戦上の任務システムを持つことができると論評している。

ＰＬＡが大規模に採用した平時と戦時の統合について記述したように、この２つの境界は、領域と空間を横断する能力と継続的な準備活動の必要性の結果として、情報作戦に関しては完全に不鮮明になっている。しかしながら、ＰＬＡの作戦・戦争および戦争準備の範囲内の情報作戦に関する独特の立ち位置には長い歴史がある。『戦略学２００１』は、情報作戦は「明確な攻撃と抑止の攻撃の間の区別を曖昧にしており、そのために平和と戦争の区分も曖昧にしている」と評している。[41]

情報作戦のいくつかの他の特徴は、それらが通常の軍事作戦とは異なっているということを確実にしていることである。その第一は、効果的であるために、非伝統的な領域（政治戦・心理戦、ネットワーク戦、および電子戦）の全範囲にわたる情報作戦部隊は、戦時の作戦のための基礎を常に準備しなければならないということである。政治戦の領域に関して、たとえば、『戦略学２００１』と『戦略学２０１３』は、中国政府の基礎をなす平和および北京が軍事力を行使する大義の正当性について、外部の聴衆を啓発するだけではなく、戦争を支援する中国人民を（肉体的・精神的に）強化する宣伝活動の必要性を強調している。電子戦は、平時の作戦的観点からいえば、非常に侵略的である。広範囲にわたる偵察は、敵のシステム・オブ・システムズを形成する情報の連携を妨害し、操作し、途絶させるどのような取り組みよりも先に行わなければならない。コンピューターネットワークを偵察する場合、ネットワーク自体にアクセスすることは、データを操作しあるいは破壊する能力から離れた小さな段階である。常時監視なしでは、宇宙、ネットワーク領域、および電磁スペクトラムにおいて電子戦の道具（ツール）を使用する能力は確保され得ない。

その第二は、多くの情報作戦の隠れた性質と、あるＣ４ＩＳＲシステムに対するソフトキルの属性を特定する困難さが、情報優勢のための紛争を行う諸国間の戦争と平和の状態を曖昧にしているということである。『戦略学２００１』は、ソフトキル能力は、平時には「人員および装置を損傷せずに、またその実行中に戦争行為の雰囲気を表さずに」使用できるので、同能力が「戦時、戦争、および平和の違いについて明確にすることをより困難にしている」とみている。[42] この確信は、攻撃の帰属識別（攻撃者の国家・組織等の識別）は、敵国の用心深い政策立案者を納得させる程度までには決して解明できないという疑わしい考えを前提としているようにみえる。[43] 米国司法省が２０１４年5月に5人のＰＬＡ将校に対して経済スパイ活動による起訴状を発行した後、たとえ結果としてサイバー空間における中国の行動が変わったとしても、中国が引き続きこのことを信じているか否かについては不明である。[44]

抑止力の通常戦力化

ＰＬＡの抑止力に関する理解もまた、現実的な面で通常戦力の抑止力が核抑止力にとって代わっていることから、情報作戦を支持する推進力を作り出している。通常戦力の抑止を行う場合、情報作戦は敵を抑止する条件を作り出す鍵となる。冷戦後に出現した精密誘導の高性能弾薬は、核兵器よりもより柔軟に使える破壊的能力を提供しており、また各国が関与することになりそうなほとんどの状況において、非常に大きな信頼性を示している。[45] この見解は『戦略学』２００1年版と２０13年版において一致するものである。２００1年版は、冷戦後の危機は、「国家の存続を危うくすることはないが、依然として、国家と国民の尊厳、国際政治の時代における国家の正当な地位および好ましい軍事戦略情勢を危うくする可能性がある」と記述している。[46] しかしながら、生存が危機に瀕しない場合には、単に抑止のために核兵器を使用することはできない。すでに記述したように、電子戦のソフトキル要素は、データ、ネットワーク、センサーに与える損害が兵士を死亡させることとは非常に異なっていることから、広範囲にわたって使用できるもう1つの道具を提供する。

情報作戦はまた、抑止力を有効にする3つの要素（力、決意、情報の伝達）を補強するものである。『戦略学2013』によれば、抑止力の基礎は、敵がその行動を変えるように、敵に暴力行為の可能性を信じ込ませることである。[47] 力は自明であるが、情報作戦とは、特定の能力（たとえば、非対称の「暗殺者の棍棒」または「切り札」としての能力）に注意を引きつけることによって力の印象効果を、あるいは攻撃によってどのような損害が生じるかに関して不確かな状態を作ることによって、力の効果を伝えることである。決意は、関心と意志力の機能であり、両者は人民に戦争に備えさせるための国内の宣伝活動とその他の手段によって、示威されかつ増幅される。情報戦に関連するさらに注目すべき2つの形態は、中国および西側のメディアにおいて頻繁に引用される好戦的な中国の国防知識人の増加と、国防教育のための軍と民の統合プログラムである。前者は、軍事力を使用するという脅威に向けるために、中国の懸念・関心事を、『人民日報』と『人民解放軍日報』のような当局の（権威ある）メディアと結び付けずに、広範囲にわたる聴衆に対して放送することである。[48] 後者は、大学に入る学生に対し軍事に関する基礎的情報を提供し、PLAに対する協力的な態度を助長することである。[49] 最後に、有効な情報チャネルがなければ、力と決意は、抑止作戦の目標（となる相手）によっては理解されないだろう。これらのチャネルは、第三国によって伝えられるメッセージのように、直接的また間接的であろうが、奨励されなければならず、また情報の運用者は、目標（となる相手）がその信号を理解したということを確認できなければならない。[50]

最近の戦略論文は、長距離大陸間弾道ミサイル、核兵器搭載潜水艦、長距離戦略爆撃からなる古い核の「三本柱戦略」に代わる、核、宇宙、およびサイバー戦力からなる「新しい三本柱戦略」に向かう米国の動きについて記述している。中国は、自国の戦略指針の原則を、核抑止だけの重視から、核兵器を1つの歯止めとする長距離情報攻撃に集中するハイブリッド態勢に変化させるという明確な構想を持っている。『戦略学2013』は、この三本柱戦略は、1時間以内に任意の場所へ通常兵器による攻撃を実行する、すなわちネットワーク領域を通じた攻撃能力を十分備えた能力を持つために、次期10年間で、「通常兵器型即時全地球攻撃」(Conventional Prompt Global Strike[CPGS]) システムを含むことになるだろうと主張している。

明らかに存在はしているが、これらの記述で述べられていないものは、三本柱戦略における電子戦の役割である。すなわち、電磁スペクトラムは、これらの多数のプラットフォームのために、ターゲティング情報、軍事情報（インテリジェンス)、および指揮統制の伝達機能を果たす宇宙ベース通信とサイバー空間の間の見えない基幹（重要な要素）である。[51]

グローバル化・ネットワーク化された世界は連続した空間を形成する

中国の軍事思想家によって確認された情報作戦に影響を及ぼす基本的な変化の1つは、情報の時代が脅威の物理的な近接をどのように変えてきたかということであった。多くの情報作戦、特に心理戦とソフトキル能力は運動エネルギー兵器と異なり地理的制約を持っていない。メディアの報告が拡散するような、表面だけのありふれた発展でさえ、認識している以上に進化している。新聞の実際の販売網およびラジオ放送は、中国の数百万のインターネットの利用者と世界のその他の地域間に開放されている情報の流れと比較した場合、ほんのわずかな情報を提供しているだけである。[52] 宇宙ベース電気通信の広範囲に及ぶ利用は、中国に流入し中国から流出する情報に対してまったく新しい接近方法・手段を持つ国際的な電磁（波）空間の発展を先導してきた。

２００９年に刊行された『軍事科学院情報作戦研究』は、情報技術がどのようにして国家安全保障を作り直したかという、おそらく唯一の最高の分析を提供するものである。それは次に示すとおりかなり詳しく引用する価値がある。

情報時代に入り、インターネット、衛星テレビ、および無線通信情報科学技術の急速な発展は、伝統的な国家安全保障の意義および暗示的な意味に大きな変化を引き起こした。国家安全保障は、安全保障に対する第5の要素として情報の新領域をさらに含めるために、伝統的な4つの要素である陸、海、空、および宇宙の地政学的な境界を越えてきている。近代的な情報技術に依存している敵部隊は、目標とする国の地理的境界を越えることができ、かつさまざまな型で情報を拡散することにより、目標とする国の人々の思考と行動に影響を及ぼして、目標とする国の心理的な安全を脅かしている。[53]

情報革命によって開放されたつながりは、情報作戦に関する伝統的な中国の考え方の復活について説明するのに役立っている。中国革命と内戦の間に、中国の政治的かつ軍事的な闘争の場は、中国の地理的に連続した空間内で生起した。毛沢東が古田会議で強調したように、封じ込められた空間と抗争する地域内で作戦する中国共産党の必要性は、ＰＬＡを単なる軍事戦闘力以上のものにした。ＰＬＡは、対立する軍が依然として戦場にいる間は、武装した兵士または武装した兵士とともに行軍する者だけが軍事行動を取ることができたので、多くの異なる政治的な任務を引き受ける必要があった。ネットワーク領域におけるＰＬＡの役割は、その初期段階から八路軍の役割と異なってはいない。ＰＬＡは、中国のネットワークを確保し、北京の政策に対する大衆の支持を高めようとするメッセージを放送し、また敵を偵察しかつ攻撃する能力を持っている。中国の党と国家の他の構成要素はこれらの任務のいくつかを実行できるとはいえ、ＰＬＡは情報作戦の全範囲にわたる独自の能力を保有している。

PLAの情報戦官僚制度の再編

2015年11月26日、習近平は、1950年代の初期からPLAに役立ってきた基礎的な組織の構成・機構を解消する遠大な一連の改革を発表した。習近平の改革とは違って、鄧小平、江沢民、および胡錦濤の下での以前の一連の組織改革は、単に、中央軍事委員会、四総部、および軍種の末端を改革しただけであった。以前の改革はまた、PLAが真の戦闘部隊になるのを妨げる堅固な勢力であったPLA陸軍の支配を徐々に低下させる程度のことすらもしなかった。習近平の提案は、発表後の数週間で実行され始め、軍区を戦区に替え、戦略支援部隊を創設するとともに、第2砲兵部隊を軍種に格上げし、純粋な最高位の統合部門を可能にする1つの新しい陸軍司令部を作り、多くの重要な将校を中央軍事委員会の直接指揮下に入れた。[54] これらの組織的な変更の概要は、次のような単純な表現で要約された。「中央軍事委員会は最高指揮権を持つ。すなわち、戦区は作戦・戦争を先導し、各軍種は部隊の育成を先導する」[55]

今回の構造改革は2000年代に概念的に出現し始めた情報作戦に対して組織的な結束を与えるのに最も適したものである。PLAの再編成に関する詳細のすべては不明である。しかしながら、中国の報告および分析は、情報作戦を統合しまた中央集権化する願望が戦略支援部隊の創設を推進したと強く示唆している。

具体的にどのような部隊が戦略支援部隊を構成するかについてはいまだ疑問であるが、その部隊は、最小限でも、1つの「情報戦の軍種」として、中国の宇宙、サイバーおよび電子戦の部隊を、単一司令部の下に集中させることになろうという、広くいきわたった専門家の一致した見解がある。PLA第2砲兵部隊の前将校であった宋之光（Song Zhongping）は、ネットワーク戦部隊はネットワークの攻撃と防御に集中し、宇宙部隊は情報・監視・偵察（ＩＳＲ）と航法に集中し、また電子戦部隊は通信とセンサーを妨害しかつ混乱・妨害・崩壊させることに集中すると示唆している。宋之光の解釈を海軍上将（大将）尹卓（Yin Zhuo）が支持していることは、戦略支援部隊は１つの情報戦の軍種であるという宋の示唆をより強化することになる。その理由は同海軍上将の地位が、ネットワークの防護および情報と全軍ネットワークの防護に関するＰＬＡの海軍専門家顧問委員会ならびに情報専門家顧問委員会のメンバーであることによる。その他の論評によれば、それらの部隊は、いずれ中国の戦略情報の管理および情報支援部隊を含むことになりそうである。[56]

中国の情報戦部隊に関するこの改革は、戦時の構成組織すなわち「情報作戦グループ」を現行の平時組織と合体することによって、その組織を戦時動員と即応態勢に最適化することに向けられている。中国の戦時の情報戦戦略は、戦略、作戦行動および戦術レベルにおける特別な「情報作戦グループ」を組織するために、自国の情報戦部隊（サイバー、電子戦、宇宙の基幹要員のすべて）を必要とする。戦略支援部隊は、たとえ前記のように命名されなくとも、平時にそのような構成体を作り出すことによって、またこれらの部隊を、戦闘空間、戦争準備の情報の準備と情報優越のための包括的な計画に向かって準備させることによって、必要とされる多くの時間とエネルギーを減少させることになるだろう。

再編成は、戦略支援部隊における電磁スペクトラムとネットワーク領域の電子戦の側面を集中するようにみえるが、最大の問題は、政治戦と心理戦が統合されるか、分離されたままで残るかどうかということである。『戦略学２００１』に関してすでに記述したよう、ＰＬＡの組織構成において心理戦は、伝統的に軍事作戦および情報戦よりもむしろ政治工作に入っていた。しかしながら、改定された政治工作指針と『戦略学２０１３』は、心理戦は作戦上の関心事とより緊密に協力・提携させるべきだという認識を明らかにしている。政治工作部（総政治部の後継部門）に関する公式な論評は、この部門は主として人事部門の問題を重点的に取り扱うと述べているが、ＰＬＡは情報作戦については一度も完全には明らかにはされていないことから、さらなる情報が入手できるまでは、その問題は未回答のままである。

現在、近代化に関する主要な任務の大部分は処理されており、ＰＬＡはその主要なエネルギーを、戦略的な作戦、即応準備に、さらに最も重要なこととして、自国の制度を中国の国家安全保障政策と大戦略（ＰＬＡの歴史を通して実例であったような制度的に不活発な抑制政策でなく）の要求に最もよく合うようにその組織を改革することに集中させることができる。戦略支援部隊隷下の中国の情報作戦部隊に関する壮大な再編成と政治権力に対し情報作戦を再び従属させることは、必要な次の段階である。

結論

全体としてみると、中国の情報作戦に対する取り組みは、平時および国際的な危機から戦争の発生まで広がる継続的な行動計画である。どのような敵も、まず最初に、北京が、政治戦および心理戦を用いる紛争に関する国際的な認識をどのように形成しようとしているか、同じく中国共産党が中国人民に、国外からのそのような取り組みに抵抗させる準備をしているかという範囲まで、よく考える必要がある。もし危機が生起するならば、どのような敵も、政治面ばかりではなく電磁スペクトラムとネットワークの領域にわたって着実に段階的に拡大する圧力を予測できるだろう。このことには、国際的な政治団体・組織における取引や説得、敵国の外交施設に対する「自発的な」示威行動、敵国内において彼らの政府の行動に反対する中国の共鳴者を動員することが含まれるに違いない。状況が厳しくなるにつれて、どのような敵も、

（戦争の）規模拡大につながる中国の反応を引き起こすのには慎重になるだろう。ソフトキル能力、特に電子戦に対する理論的かつドクトリン的なＰＬＡの満足は、結果として、特に純粋な軍事目標に対して、それらの使用の閾値を低めることになるだろう。『戦略学２００１』の著者が意見を述べているように、政治的または戦略的なレベルでの「最初の発射」は、怒りで発射する最初の発射ではない。[57] 情報作戦は、敵が直面するコストを高めるように、また政府の周りで決意と結集を示威するために中国人を動員するように、計画された抑止力の第一線を構成するだろう。

一種の情報の「縦深防御」と同等の価値があるこの層をなす情報戦能力は、全体として人民解放軍と中国社会両方の着実な情報化によって可能になる。このインフラの発展は、物理的また非伝統的な領域の両方における中国の脆弱な「国境の地域」において目覚ましく増大し、中国の国益の防衛に必要な戦略空間を拡大しつつある。ネットワーク技術と宇宙ベースの通信プラットフォームを中国が全面的に広く使用しているということが、国内のインターネットと国際的な電磁（波）領域を軍事的な戦場にしており、戦略的な情報戦の場合には、潜在的な「高地の指揮所」を構成する。中国がその縦深のある内陸地域と大量の人口を戦略的なアセットとみなしているように、情報化は、電子的、心理的、および政治的抑止の重複する方法・手段を持つ、非常に異なる種類の「縦深防御」へと導いている。

情報戦にマルクス主義者、レーニン主義者、および毛沢東の戦いの原則を恒久的に関連付けることは、陳腐な共産主義者の比喩（言葉の比喩的用法）を、作戦・戦争および進化する科学技術の新形態に適合させている中国の政治学者の創造性を明らかにする。西側の軍隊は、中国の奇襲、隠蔽、変則的な戦術、および「縦深防御」を最大にすることを重視する中国の戦争に対する取り組みが、西側の同じものよりも情報戦により適しているという可能性と対決しなければならない。また国内情報システムと電磁（波）スペクトラムに対する中国独裁主義者の統制も、電子戦、ネットワーク戦、および心理戦において、かなりの優位性を与えるだろう。米国が、精密誘導弾とネットワーク中心戦の採用において世界的な手本であったのと同じように、ＰＬＡは通常戦において強力な敵を撃破するために電子戦を大々的に行使する能力を持つ現代の情報戦におけるモデル軍となる可能性が高い。

1 Shen Weiguang［沈伟光］, Information Warfare［信息作战］(Hangzhou: Zhejiang University Press, 1990), p. 9
2 たとえば、次を参照。"JFJB on Adjustment, Reform of PRC Armed Forces Structure, Staffing," OSC Summary, April 1, 2008, CPP20080401088001.
3 SMS 2001, p. 189.
4 SMS 2013, p. 13.
5 SMS 2001, p. 305.
6 SMS 2001, p. 417.
7 SMS 2013, p. 116.
8 James Mulvenon, "PLA Computer Network Operations: Scenarios, Doctrine, Organizations, and Capability," in Roy Kamphausen, David Lai, and Andrew Scobell, eds., Beyond the Strait: PLA Missions Beyond Taiwan (Carlisle, PA: Army War College Press, 2009), p. 258.
9 James Mulvenon, "The PLA and Information Warfare," in James Mulvenon and Andrew N.D. Yang, eds., The People's Liberation Army in the Information Age (Santa Monica, CA: RAND, 1999), p. 177.
10 Military Terminology of the PLA,［中国解放军军语］, (2011), p. 259.
11 SMS 2013, p. 145–146.
12 Ye Zheng［叶征］, Lectures on Information Operations Studies［信息作战学教程］(Beijing: Academy of Military Sciences

Press, 2013), p. 125.

13 SMS 2013, p. 181.

14 SMS 2013, p. 183.

15 Ye, Lectures on Information Operations Studies, p.125

16 SMS 2013, p. 105.

17 SMS 2013, pp. 84–85.

18 Ye, Lectures on Information Operations Studies, p. 44.

19 SMS 2013, p. 192.

20 SMS 2013, p. 268.

21 Ye, Lectures on Information Operations Studies, p. 44.

22 John Costello, “Chinese Views on the Information ‘Center of Gravity’: Space, Cyber, and Electronic Warfare,” Jamestown Foundation China Brief, April 16, 2015. https://jamestown.org/program/chinese-views-on-the-information-center-of-gravity-space-cyber-and-electronic-warfare/.

23 For a lengthier treatment, see, Dean Cheng, ”Chinese Lessons from the Gulf Wars,” in Andrew Scobell, David Lai, and Roy Kamphausen, eds., Chinese Lessons from Other Peoples’ War (Carlisle, PA: Army War College Press, 2011), 153–200.

24 SMS 2013, p. 93.

25 “Political Work Regulations for the Chinese People’s Liberation Army,” in Ying-mao Kau, Paul M. Chancellor, Philip E. Ginsburg, and Pierre M. Perrolle, The Political Work System of the Chinese Communist Military: Analysis and Documents (Providence, RI: Brown University East Asia Language and Area Center, 1971), pp. 221–224.

26 SMS 2001, p. 328.

27 SMS 2001, p. 330.

28 SMS 2001, pp. 327, 322.

29 SMS 2001, p. 327.

30 SMS 2001, p. 323.

31 The “Three Warfares” are the PLA’s current moniker for three strands of political warfare: “psychological warfare” (心理战),

public opinion or media warfare（舆论战）, and legal warfare（法律战）.

32 SMS 2013, pp. 135-137.

33 SMS 2013, p. 129.

34 "Beijing in 45b Yuan Global Media Drive," South China Morning Post, January 13, 2009; Peter Mattis, "China's International Right to Speak," China Brief, October 19, 2012. https://jamestown.org/program/chinas-international-right-to-speak/.

35 The former General Political Department—rather than the Political Work Department—is used, because the structural reorganization of the PLA beginning November 26, 2015 may have changed the location of the units involved in political warfare, like the Liaison Department.

36 Kevin McCauley, "System of Systems Operational Capability: Operational Units and Elements," Jamestown Foundation China Brief, March 15, 2013. https://jamestown.org/program/system-of-systems-operational-capability-operational-units-and-elements/.

37 SMS 2001, p. 10.

38 Adam P. Liff and Andrew S. Erickson, "Demystifying China's Defence Spending: Less Mysterious in the Aggregate," The China Quarterly, No.216 (December 2013), pp. 805–830; Tai Ming Cheung, Fortifying China: The Struggle to Build a Modern Defense Economy (Ithaca, NY: Cornell University Press, 2009).

39 SMS 2001, p. 151.

40 SMS 2001, p. 152.

41 SMS 2001, p. 188.

42 SMS 2001, pp. 62, 69.

43 たとえば、次を参照。SMS 2013, p. 131.

44 Ellen Nakashima, "Following U.S. Indictments, China Shifts Commercial Hacking Away from Military to Civilian Agency," Washington Post, November 30, 2015.

45 SMS 2013, pp. 137-138.

46 SMS 2001, p. 28.

47 SMS 2013, p. 135.

48 Andrew Chubb, "Propaganda, Not Policy: Explaining the PLA's 'Hawkish Faction' (Part One)," China Brief, July 25, 2013. https://jamestown.org/program/propaganda-not-policy-explaining-the-plas-hawkish-faction-part-one/. ; "Propaganda as Policy? Explaining the PLA's 'Hawkish Faction' (Part Two)," Jamestown Foundation China Brief, August 9, 2013. https://jamestown.org/program/propaganda-as-policy-explaining-the-plas-hawkish-faction-part-two/.

49 SMS 2001, p. 154.

50 SMS 2013, pp. 136-137.

51 SMS 2013, pp. 72.

52 Jiang Jie, Li Wusheng, Lu Zhengtao, Wang Wentian, and Zhang Tingshen, chief eds. [蒋杰，李武胜，吕正韬，王雯田，张廷慎], The Planning and Implementation of Strategic Psychological Warfare under Informatized Conditions [信息条件下战略心理战策划与实施], (Beijing: Academy of Military Sciences Press, 2009).

53 Jiang et al, The Planning and Implementation of Strategic Psychological Warfare, p. 38.

54 Kenneth Allen, Dennis Blasko, and John Corbett, "The PLA's New Organizational Structure: What is Known, Unknown and Speculation (Part 1)," China Brief, February 4, 2016, https://jamestown.org/program/the-plas-new-organizational-structure-what-is-known-unknown-and-speculation-part-1/.

55 "CMC Opinion Regarding the Deepening of National Defense and Military Reform [中央军委关于深化国防和军队改革的意见]," People's Daily [人民日报], January 2, 2016.

56 John Costello, "The Strategic Support Force: China's Information Warfare Service," China Brief, February 8, 2016, https://jamestown.org/program/the-strategic-support-force-chinas-information-warfare-service/.

57 SMS 2001, p. 373.

第7章

中国のネットワーク戦のための軍事戦略

ジョー・マクレイノルズ／木村初夫訳

過去20年間にわたって、中国の政治および軍指導者は、軍事力行使を成功させるためには情報の収集、処理、分析、および配布が必要であるとの認識に至っている。その結果、人民解放軍（PLA）の情報活用の進展すなわち中国が「軍の情報化」と称するプロセスが中国の軍近代化計画の枢要な面になってきている。[1] PLA内においては、地球全域にわたって拡大拡散している情報技術の軍事および民間利用が、国家に干渉、競争、および戦争遂行さえも実施させる新たな領域へと導いてきているとする一般的な共通認識がある。

この文脈において、「サイバー空間」または「サイバー領域」として西側で一般によく知られているネットワーク化およびネットワーク化可能なデジタル装置の全地球的集積は、ますますPLAの戦略思考における中心的な話題になってきている。PLA戦略家および学者は、「ネットワーク領域」（網絡領域）を彼らが戦闘し勝利できると熱望している情報化戦争において非伝統的であるが中心となる戦場として理解してきた。彼らは、ネットワーク領域における優越の発揮は、中国が将来の軍事紛争において米国のような「ハイテク敵」に対して勝利または抑止する場合には不可欠な条件であると確信している。

中国のネットワーク領域における戦略的な考え方を完全に理解することは重要であるが、中国のネットワーク戦部隊および能力を歴史的に包み込んできた秘密性および政治的配慮によってある面難しい問題である。さらに、その話題に関しては1つに統一された考え方はない。すなわち、PLAは一枚岩ではないし、ネットワーク戦中心のさまざまな話題を調べると、PLA理論家の異なる派閥間のネットワーク戦のための重要な中国の軍事戦略の相違があることがわかる。しかしながら、軍事科学院が最近改訂した『戦略学』（Science of Military Strategy[SMS]）およびPLA将校である吐征（Ye Zheng）の影響力のある『情報作戦学教程』（Lectures on the Science of Information Operations[LSIO]）のような比較的権威ある戦略教科書を調査することにより、我々はPLAの戦略思考の現状について公平でしっかりと表現できる。

本章は、ネットワーク戦の基本的特徴の抽象的意味ならびにPLAが敵に対してネットワーク戦作戦の立ち上げまたは段階的拡大をする時と手段を選択する意志決定のより具体的意味におけるネットワーク戦略に関するPLA思考を研究するための権威ある情報源および分野に関する意見の一致について論ずるものである。ネットワーク戦能力は必要性によってある程度の秘密性に包まれており、これらの課題に関するPLA戦略家の思考が決して一枚岩ではないので、意見の一致している分野だけでなく、曖昧性および主要論点が残っている話題についても調査することとした。

PLA著作権威筋におけるネットワーク戦の概念化

ネットワーク戦に関するPLAの戦略思考を理解するために、その話題の情報源および基本的概念の背景となるものの理解が必要不可欠である。『戦略学2001』のような江沢民時代に遡るPLA著作は、現代情報作戦（および拡大解釈すれば、ネットワーク戦）は、通常戦の無形領域への単なる拡大よりもむしろ基本的に新しい概念である。何人かの影響力のあるPLA理論家は、現在までのところ現代戦に対する「無形空間」の新しい戦場の重要性が、伝統的な「有形」戦場に優越するという議論を行っている。[2] 軍事関係の上級の中国の政策立案者および訓練中の将校の双方を対象にして書かれた『戦略学』は、新しく改訂された『戦略学2013』の公表まで現代PLA戦略研究の鍵となる基本的教科書の1つとして君臨し、PLA戦略思考の継続的核心指針の関係書物として今なお影響力を保持している。『戦略学2001』は、コンピューターネットワーク、電磁スペクトラム、心理と欺瞞空間および情報作戦を包括する「情報領域」と「情報戦」を記述している。すなわち、時の経過とともにこれらは単に情報作戦の形態よりもむしろ情報領域全体の構成領域として理解されるようになってきた。

その時に行われた理論的作業は、ますますネットワーク戦の刮目すべき研究が続々と実施されるようになってきた基盤を形成している。時間の経過とともに、どのようにしてPLA戦略が電子戦、ネットワーク戦、心理戦、および諜報作戦のサブ領域を区別すべきかに関してのきめ細かい線引きがされるようになってきた。これらサブ領域は相互にまた戦いの「伝統」領域を伴い相互作用するとして異なる考え方を持っている。また、技術進歩は事あるごとにその思考を進化させるようPLAの背中を押す重要な役割を果たしてきた。PLA分析官は、電力網、電気通信網、インターネット、コンピューターシステム、組み込みシステム、および宇宙ベース精密時刻網のような重要インフラならびにIoTと「ユビキタスコンピューティング」のようなアドホックネットワークがすべて物理空間、ネットワーク空間および電磁（波）空間の相互作用に存在することを認識している。[3]

現在、PLA戦略家はネットワーク攻撃および防御作戦を物理層、エネルギー層、論理層、および非技術層の4層を持つように考えている。[4] コンピューターネットワーク戦の物理層において、従来型の物理的方法は直接的にコンピューターネットワークシステムを損傷・破壊するために用いられる。エネルギー層は、ネットワークアクセスを持たないコンピューターシステムに侵入するために電磁スペクトラムの使用に関連している。論理層は、ウィルスまたはソフトウェア脆弱性活用のような計算論理に依存している方法によって、敵のコンピューターネットワークの打倒または破壊ならびに自己ネットワーク防護の試みを含んでいる。最終的に、非技術層で目標とする攻撃および防御は、人的情報収集、ソーシャルエンジニアリング、または心理戦のように、制御およびアクセスする人間によるネットワークの欺瞞、回避および侵入を行う試みを含んでいる。この枠組みは、ネットワーク戦の概念に対して最大の幅を与え、ネットワーク領域における全範囲の情報作戦を含むために単なる「ハッカー対ハッカー」競技を超えている。

『戦略学２０１３』は、このネットワーク戦に対して進化する戦略的方法の理解のために特に価値のある情報源である。ＰＬＡおよび中国メディア内におけるネットワーク戦を取り囲む機微性および秘密性にもかかわらず、『戦略学』のように包括的であることをねらいとする研究はネットワーク戦を無視することはできない。なぜならば、ネットワーク戦は近代的戦闘に対して情報戦の中心であるからである。さらに、軍事科学院による戦略学の各版は、長年にわたる12人の著者を含む起草努力の厳密な結果であり、それは中国軍事戦略に対する重大な影響を持つ機関の稀有な公刊物として発行されている。それは、これらの書物がネットワーク戦に関して含んでいる情報はＰＬＡ内における意見の一致点にアプローチする何かを意味している。

戦略学の意見の一致を基本とする文献を越えて探索してみると、ＰＬＡの学者および分析官は最近ネットワーク戦の多数の研究を実施している。しかしながら、軍事科学院の影響力のある将校教育資料用連載物として発行された吐征の『情報作戦学教程』はその包括性およびその著者がＰＬＡ戦略思考に関して有しているとみられる高度の影響力の両方の面において群を抜いている。吐は、少なくともこの10年間におけるＰＬＡネットワーク戦理論の先導者であり、情報戦はかつて核戦争が出現した時のように思考の独創性が必要とされると主張している。[5] 軍事科学院の情報化作戦研究室（信息化作戦研究室）長として、彼は多数の論争的話題で強力な位置を占めるために軍事科学院の権威および出版認可を梃子として活用している。彼の仕事は、ネットワーク戦作戦を実行するための継続的準備およびネットワーク戦部隊のための動員の永続状態を伴い、戦時において実行されるネットワーク戦および平時において実行されるそれらとの間で違いがあってはならない、すなわち新しく創設された戦略支援部隊の運用方法と密接に一致させることにあると主張することである。[6]

彼の著作において、また、吐はネットワーク領域における軍事および民間の考慮事項間のどのような分離も否定している現行中国戦略を反映し、中国指導部の現行の立場を反映しているようにみえる包括的国家ネットワークセキュリティ戦略を支持している。[7] 吐の見方では、敵のネットワークに密かに侵入する能力を平時において維持する必要性、軍事能力に対する民間資本の重要性、関連技術の継続的進化、およびコンピューターネットワーク作戦が脆弱性発見と攻撃防御の永続的ないたちごっこによって特徴付けられる方法をすべて混ぜ合わせることに賛成している。また、吐は、ネットワーク領域は、市民の情報の交換および組織化を認める自由の結果として外部からの安全脅威と同様に内部からの脅威を高める原因となり得ると主張し、この形式の開放性がどのようにして革命および政権変更を容易にすることができるかについての主要な例としてアラブの春をあげている。

ネットワーク戦に関するＰＬＡ内思想学派

ＰＬＡはネットワーク戦の基本的理論に関してある程度の意見の一致に達したが、現代の情報化された紛争におけるネットワーク戦の威力に対するＰＬＡの認識の増大およびＰＬＡ戦略計画立案のためのネットワーク戦理論の重要性により、ＰＬＡ学者はその話題に関する活発な議論をするようになった。しかしながら、彼らはその結論および対処方法において一枚岩には程遠いものがある。彼らは、他国のネットワーク戦能力および全世界的情報技術開発において認識された動向に向かって彼らの共通理論基盤を検討し、「戦略目標および現実の機構に等価な重要性を置く」（道器併重）という理論と実践との間の均衡を打破しようとしている。[8]

理論的レベルでネットワーク戦戦略を議論するほとんどのＰＬＡ学者は、大別して具体的な能力開発の役割優先の現実主義的立場を取る派閥（現実主義効能派）と主に制度規約による相互結合のためにネットワーク力の潜在力を重視する派閥（制度主義規約派）の2つの学派のどちらかに分けられる。[9] この区分は、相互に正反対なものとしてこれらの2学派を定義してはならない。実際、ネットワーク戦に関するＰＬＡ著作の大部分は、柔軟に両者の考え方を統合させている。ネットワーク戦が抽象理論の領域から現実の作戦に進歩するにつれて、それらの事象がどのように解釈されるかを判断するのに役立つ支援内容を提供する理論を伴って、その話題に関する中国の考え方は、漸次現実の世界事象によって影響されるようになってきた。

ネットワーク現実主義者

「ネットワーク現実主義者」思想学派は、敵を抑止または打破するための十分な脅威を突きつける多くの方法を追求しながら、紛争におけるコンピューターネットワーク攻撃（CNA）およびコンピューターネットワーク防御（CND）能力の役割を重視している。そのような方法の1つは、「ネットワーク超限戦」（網絡超限戦）、すなわち喬良（Qiao Liang）および王湘穂（Wang Xiangsui）によって普及された一般的な「超限戦」の拡大であり、そこでは重要インフラに対するネットワーク領域における攻撃は敵の通常戦能力を無力化するために使用される。[10] そのような攻撃は、軍の指揮統制、通信、コンピューター、情報、監視および偵察（C4ISR）だけでなく民間の通信ネットワーク、財務システム、およびさまざまな公共施設に対しても向けられている。もう1つの方法は、「非対称ネットワーク戦」（網絡非対称戦争）であり、そこでは、軍は通常戦において優越している敵を抑止し得る情報戦能力に重点的に投資し、ある分析官が「半分の努力で2倍の抑止効果」と呼称するものを達成している。[11] ネットワーク現実主義者思考の特徴は『戦略学2013』および吐征の『情報作戦学教程』に見ることができる。これらの理論家はネットワークセキュリティ基盤および軍事能力の開発を重視する観点からの抑止および強制の準備に取り組んでいる。多くの者は、ネットワーク領域における攻勢優勢の性向によって優れた情報技術を持つある国家の抑止能力に、弱者が勝つことのできるのは攻撃技術の開発ただ1つであるという考え方を採用している。[12] この見方を取る幾人かのPLAの学者の言葉において、「ネットワーク戦の目標は無制限である。すなわち、それらは伝統的軍事目標を含むだけでなく、非伝統的目標の政府、財務、社会、およびその他領域に広げ、また、さらにあらゆる種類の民間生活および国家の潜在戦闘能力に関連する敵の軍および民間の周波数送信装置、情報ネットワーク、および情報インフラ基地に拡大適用することである」。[13] これらの著者の視点において、軍事だけでなく民間目標を攻撃することによって、「紛争の全般状況において迅速な変化をもたらすことができる」大量破壊を生じさせることが可能となる。しかしながら、吐および何人かの他の学者は、民間領域において物理的破壊を引き起こすネットワーク戦の使用に関する留意事項について論じている。吐は、たとえば、物理的破壊が可能である場合でさえも、結果として、「道徳、法律、および外交課題」が生じるからといって慎重になることはないかもしれないと述べている。

ネットワーク制度主義者

ＰＬＡの「ネットワーク制度主義者」は、まず制度見直しおよびネットワーク領域における国家活動システム規範の確立によってネットワーク領域の優位性（それゆえ、彼らは戦略抑止能力を論じている）を達成しようとしている。この観点において、自己の軍事能力の発展を徹底的に重視する領域の態勢は潜在的に反生産的である。なぜならば、伝統的軍事抑止と強制の原則を直接的にネットワーク領域に移し替えることにより、どの行為が誤計算、段階的拡大、および不必要な紛争のための機が熟した環境（ある中国の著者が「危険なゲーム」と呼ぶもの）を創成しがちである「ネットワーク攻撃」または「ネットワーク戦」に該当するかという緊要な問題点に関して、国家間で理解され、相互に合意した規範が欠落しているからである。[14]

現実主義者および制度主義者の両者は、ネットワーク領域が予測可能な未来の特徴において攻勢優勢のままであることに合意している。なぜならば、攻撃帰属識別および実効性のある防御能力の開発の両方は非常に難しい仕事であり、現在最もよく知られたネットワーク防御に侵入できる攻撃脅威ベクターは定期的に発見される。「ネットワーク制度主義者」の見方において、ネットワーク防御に対する投資は敵が与えることのできる損害を部分的に緩和するのに役立つことができるのに、そのネットワーク防御の強さおよび不透過性に戦略的に依存している国家は、ある著者が「ネットワークマジノ線」と呼んでいるものを不注意にも構築している。これにより安全に対する誤った意識が作り出され、防御が戦略的に不適当な瞬間に警告なしで侵害される奇妙なことが増えている。[15] 国際規範および法制度の整備は、困難であり決して解決策ではないが、理論においては主に武力の直接行使を中心とする抑止戦略の穴を回避する強さおよび安全性の確立のための代替手段を提示することができるかもしれない。

ネットワーク領域の核心的特性の戦略的意味合い

両方の『戦略学』およびネットワーク戦理論に関する他の基礎的なＰＬＡの学術的著作は、通常、宇宙、および核領域とネットワーク領域を区別しているいくつかの独自的特性を持つものとしてネットワーク領域を記述している。これらの特性は多くの重要な戦略的意味合いを持っているので、この特性の権威ある記述は、中国の軍事戦略意思決定を直接に実施するＰＬＡ内において意見が一致していることを反映している。

浸透性および拡張性

第一に、ＰＬＡはネットワーク領域が高度に浸透性および拡張性があると理解している。戦闘空間として、それは多くの方法で民間ネットワーク領域と相互接続され、ネットワーク戦により同時に軍事だけでなく、時々、すぐには観測できないかまたは明白でないかもしれない方法で政治、文化、科学、および経済面と関係を持たせている。さらに、コンピューターネットワークは抑止および攻撃の双方のための横断領域作戦にそれ自身を自然に適合させている。『戦略学2001』は、「電子的真珠湾奇襲攻撃」の可能性をあげて、ネットワークおよび電磁（波）攻撃が敵の通常戦における交戦能力を無力化するシナリオを描いている。[16] ネットワーク戦は、できるだけ効果のあるようにソフトキルおよびハード破壊の両方で実効的に「抑止および強制の範囲を拡張している」。[17] PLAの著者は、情報戦は、個人、企業、社会、および国家通信ネットワークが一体化された実体物を形成しているすべての人々を含む各種戦であると記述している。これらの横断空間および横断境界特性は、ネットワーク戦闘空間の「正面」と「後方」区域の間の明確な分水嶺がないことを意味している。[18]

結果として、現代のネットワーク戦において交戦準備をする場合、軍および民間領域は区別できない。実際、それらは常に交差し合うものである。軍に属していない民間人およびその他の関係者は、多くの意味において紛争に参画でき、多くのケースにおいて民間人および軍関係者は、一般的な領域や他の各種戦と異なり一緒に働かなければならない。このような現実の対応において、多くのPLA分析官は、現在、軍事目標を攻撃するだけでなく計算された心理効果の引き起こしおよび敵国の国民世論に対する影響をねらいとしたネットワーク戦の実施を肯定的に支持している。[19] そのような作戦は、より広範囲の情報領域の1つのサブ領域としてネットワークおよび心理領域を位置付ける中国の見方と調和するものである。

ネットワーク領域は、物理的および無形様相の両方を持っている。すなわち情報環境のグローバル空間ならびに拡張性のある情報ネットワークにより有機的な統一体を形成している陸上、海上、航空、および宇宙にわたって分散された物理ノードの両方を含んでいる。どのようなセグメントも攻撃を受けるかまたは損害を受けた場合、その領域におけるその国家の全体的安全保障は、損害に関する情報が別ルートでも中継されないとしたら、多大な影響を受ける。結果として、「ネットワーク作戦」の実施から「横断作戦」

の実施までの間隔は比較的小さい。『戦略学２０１３』によって、この二重性の認識は、ネットワーク戦および抑止の権威ある概念を浸透させた。そして、これは「純粋」なネットワーク攻撃と防御作戦および手法だけでなく横断作戦の一部としての伝統的軍事攻撃とも明白に調和した概念を伴っている。[20]

また、戦闘システムの増加するネットワーク化は、当該領域の軍事アプリケーションを拡大させた。かつて、孤立化され独立していた電子情報システムは、通信ネットワーク、指揮統制ネットワーク、センサーネットワーク、および他のコンピューターネットワークを含む軍事および戦場ネットワークによって１つに結合されている。しかしながら、これらの軍事システムがますますネットワーク化されるにつれて、また、「連鎖反応、カスケード効果、および全体システムの脆弱性」の潜在性が増加する可能性がある。ネットワーク領域の拡張性および中心化に対するこのような理解は中国の高級軍民指導部による演説、すなわち習近平主席の「ネットワークなしでは、国家安全保障はない」という最近の演説に反映されている。[21] 同様に、『戦略学２０１３』の著者は、国力の投射、戦略的抑止の実施、および紛争における自衛のための中国の全体能力に対するネットワーク力の中心化を具体的に明言するために情報戦の目標に関する前版の概要のしがらみを絶っている。[22] 吐は『情報作戦学教程』においてこの考え方に同意し、中国の学者のネットワーク領域の概念が初期には狭すぎたということ（たとえば、最初にそれをもっと狭い「コンピューターネットワーク領域」として定義していたこと）、およびその定義はその領域がどのようにして最初に理論化されたかよりも現実に広くできたかを実際の観察に応じて拡大したことを歴史的小論として追加している。[23]

意図と帰属識別の曖昧性

第二に、権威筋の中国軍の著者は、ネットワーク領域における敵の意図および正体は全領域戦の開始に先立ってしばしば曖昧になる可能性があると主張している。コンピューターネットワーク攻撃、防御、および情報窃取活動は、それらの間で明確な区分線はなく、同時には実行「されないよりもより頻繁」に実行される。[24] 平時のネットワーク偵察および侵入活動は、スパイ活動の通常の見返りを受けるだけでなく、また、戦闘空間準備として対応する。すなわち、それは目標ネットワークの構成および防御に関する情報を獲得し、それにより、後の紛争での敵のネットワークに損害を負わせる能力を向上させる。[25]『戦略学2013』は、次のように述べている。[26]

技術的視点から、ネットワーク偵察および防御の作業原則は、基本的に同じであり、また、ネットワーク偵察の手段および手法は通常ネットワーク攻撃用にもなる。アクターの要求および意図に従って、ボタンを押すかまたはプログラム指示を発令し、その際にネットワーク偵察と攻撃との間を完全に切り替えてしまう。したがって、ネットワーク偵察と攻勢および防勢ネットワーク作戦との間には継続的関係がある。

『情報作戦学教程』において、吐は、おそらく最も明確で可能な言葉でネットワーク戦における戦時と平時の間のこの曖昧性について記述し、「高度な戦争準備および防御状態を保持する」ためにその2つの間でなされるどのような区別も絶対的にあり得ないと主張している。[27] この準備は軍の訓練および即応態勢だけでなく、さらなるアクセスや破壊を可能とする脆弱性を偵察および発見するために敵のネットワークにおいて一定のプレゼンスを維持することにも言及している。ネットワーク領域作戦は正当な情報、処理ノード、および伝送回線に依存している。通常戦と比較した場合、これらの作戦は、敵のアセットをターゲティング（目標の捜索選定、最適攻撃手段の決定およびその攻撃発動から目標の撃破および効果の確認に至るまでの一連の活動）することおよび損傷または破壊することはほとんどない。しかしながら、情報環境の支配によってそれらのアセットに影響を及ぼし、それをコントロールしてしまうことは頻繁に生起する。したがって、サイバー空間の統制は、戦略的および戦術的作戦全般にわたる成功のための必要条件であり、ネットワーク偵察はその統制獲得のためには必要不可欠である。[28]

意図の曖昧性にもかかわらず、ネットワーク偵察は非破壊（少なくとも初期には）でありスパイ活動目的のためにすべての国家によって広く使われているので、『戦略学２０１３』の著者は、ネットワーク偵察の行為だけでは、段階的拡大または戦争の勃発に結び付かないことを明確に示してきたと確信している。結果として、ＰＬＡ戦略家は、ある意味において南シナ海で論争中の島嶼拡大支配に向けて中国の取っている方法と同様な平時ネットワーク作戦に対する戦略的理解に到達したようにみえる。すなわち、漸次優位な戦術的位置に中国を置く平時の行動を取りながら、紛争は生起するとしても、それが挑発的であり中国の隣国には歓迎されないにもかかわらず、その内外での直接紛争に結び付きそうにないという理解である。紛争が最終的に勃発した場合でも、中国は別な方法で紛争が勃発するよりも優位な初動位置を占める。すなわち、紛争が起こらない場合、中国は戦わずして、所望の成果を獲得している。

また、ネットワーク戦は帰属識別に関して曖昧である。なぜならば、特に、政治的または軍事的危機における短い期間に帰属識別が確立されなければならない場合、ネットワーク攻撃源が何かを判定することが通常および核領域に比べて非常に困難であるからである。ネットワーク攻撃源の国家が決定的に確定される場合でさえ、その攻撃が政府承認で実行されたのかまたは感情的な市民国家主義者、ハクティビスト、あるいは他の非国家アクターよる自発的な行動の結果であるのかを決定することは困難である。

多様な進化する能力

第三に、ネットワーク戦は信じられないほど広範囲の能力およびサブ領域によって行われる。伝統的な意味の戦争と比較すると、ネットワーク作戦部隊および手法は、潜在的な利用であるので、より多種多様である。[29] これらの部隊および手法は、伝統的電子戦およびネットワーク戦ユニットだけでなく、新しいタイプのネットワーク作戦ユニットおよびそれらが推進する横断領域相互作用を含んでいる。この横断領域相互作用とは、相互接続されたネットワークによって陸、海、空および宇宙軍による統合戦を実施するネットワーク戦ユニットおよび手法である。

また、ネットワーク領域自身は、進行中の技術的および理論的進歩の結果として国家ならびに時間の経過とともに変化しがちな概念分類および具体的能力と両々相俟って常に進化している。ネットワーク攻勢および防勢手法は急速な技術的変化によって継続的に更新および換装されている。具体的能力とは対照的に「脅し」に基づくネットワーク抑止は信頼できないし、価値のない方法であるとみられている。なぜならば、ネットワーク戦における信号発信の段階的拡大の曖昧な性質および敵に関連するネットワーク領域における自己の強さの信頼のある評価が困難であるからである。[30] 大規模なネットワーク攻撃能力は観測できないかまたは低レベルの可視性にならざるを得ない。この限定された観測性は、攻撃が予測できない方法および予測できない時刻にしばしば突発できることを意味している。また、ネットワーク戦の予測不能さは、ネットワーク戦能力を統合する高次レベルの戦略または軍事作戦を計画する努力を台なしにしてしまう可能性がある。なぜならば、ネットワーク戦能力は潜在的に強力な効果を持っているが、重大な瞬間が到来する時に意図する機能として確実には信頼できないからである。

中国語が「システム・オブ・システムズ」作戦（体系作戦）と呼ぶものの出現がこの不確実性を増大させている。なぜならば、この配備の下で軍事情報ネットワークがますます多様な範囲の軍のエンドユーザーおよび武器システムのための連接組織として機能しているからである。さらに、グローバルネットワーク領域のトポロジーは、常に変化している。すなわち、いくつかの目標は、短時間だけ可視的または脆弱である可能性がある。紛争において双方は、それらのネットワーク基盤を警告せずに調整および変更できる。

攻勢的優勢

第四に、ＰＬＡ情報源はほとんど一様に攻勢が基本的にネットワーク戦において優勢であることで意見が一致している。なぜならば、吐がそれを『情報作戦学教程』に入れているように、攻撃はしばしば敵のシステムの単一脆弱性または単一故障点に依存している。ところが、防御に対する組み込みに成功するためには、自分自身のシステムおよびネットワークの考えられるすべての脆弱性を常時認識しなければならないことが要求される。[31] 吐および幾人かの他者はさらに、情報戦は迅速な「情報優勢」の獲得によって勝利されるので、当該領域の攻勢的優勢性向は「奇襲攻撃」で先制攻撃することが不可欠であると決定づけていると確信している。[32] この見方では、情報優勢の獲得行動は、先制部隊の攻撃により得られたどのような初期優位にも迅速に調整させる自己強化サイクルである。

通常戦と比較して、また、ネットワーク戦作戦は異常に緩やかな時間と空間の制約下で行う。[33] そのような作戦は瞬間的に実施でき、少なくとも理論的にはネットワーク戦は、光速で攻撃される目標および地理または他の空間制約に関係ない瞬間の範囲で完了される任務とともに、どのような時でも起こすことができる。幾人かのPLA著者は、現代戦における勝利の達成は、敵よりも迅速に行動することに大きく依存していること、ならびにネットワーク領域における優勢を達成することにより、さらに広く軍が敵の「OODA」(観測、状況認識、意志決定、および行動)サイクル内に入り込み、攻勢行動を成功裏に実施することができると主張している。[34]

能力は諸刃の剣になり得る

第五に、ネットワーク領域の能力は、時には一種の「諸刃の剣」になり得る。攻撃開始が攻撃者自身の利益を損なうことがある。単に敵に損害を与えるよりもむしろ攻撃者が自国の民間人たる住民の利益に損害を与え得る危険性(核抑止にみられるほど重大ではないけれども)がある。『戦略学2013』は、「ネットワーク対決の結果を実効的に統制する困難性」は、「大規模ネットワーク戦の勃発を制限する重要な要因」であるということまで言い切っている。[35]さらに、コンピューターネットワーク作戦(CNO)を実行するための国家能力は、一般的にその全体的情報化レベルと情報技術に対する依存を伴って縦並びで向上するので、ネットワーク領域の最高度の攻勢能力を持つ国家は、彼ら自身が、また、最も脆弱であることを認識しているかもしれない。次に議論するように、このことは「勝ち目のない国」が敵の物理ネットワーク基盤に対する通常および電磁(波)攻撃または攻勢的指向のネットワーク攻撃戦略によって本来はもっと喪失するはずのその優勢力をひっくり返し形勢を逆転させる可能性がある。

非対称潜在力

最後として、迅速かつ決定的な攻撃を始める「勝ち目のない国」を優勢にさせるネットワーク領域における非対称構造の優位さが、「ネットワーク超大国」によって享有されている実際に存在している優勢さを必ずや凌駕するか否かの鍵となる疑問に関してはＰＬＡ分析官において幅広い意見がある。なぜならば、ネットワーク超大国は具体的なネットワーク戦能力に大々的に投資を行い、かつ敵に対して「ネットワーク上の優勢態勢」を確立するために平時から活動しているからである。その話題に関するＰＬＡ著作全体にわたって理論家の意見の一致するところは次のようなものである。すなわち、現時点での中国はかなりの資源と急速に発展する民間経済力を持ち国力を向上しているが、特に米国の強力な通常戦能力に追いつくかそれを凌駕する展望が見えない近―中期期間においては、中国の軍近代化をネットワーク戦能力の開発に傾注することが得策である。[36]

吐および他の著者は、このことはネットワーク戦が潜在的に攻撃手段および戦略的抑止の両方に対応することを意味していると主張している。[37] この抑止は、平時の演習ならびに戦場シミュレーションと政治、経済、および文化進取を含むサイバー作戦能力を演練するシミュレーションによって敵に対して通告することができる。また、ネットワーク抑止は、戦時に紛争を段階的拡大しまたは目標の選択を拡大しようとする敵の意図に影響を与えるために使用できる。

ＰＬＡネットワーク戦戦略に関連する進行中の議論

前述したようにネットワーク戦の多くの面に関してＰＬＡの戦略思想家の間で幅広い意見の一致をみたにもかかわらず、中国がどのようにそのネットワーク戦部隊を編成および任務付与すべきかについて多くの議論が引き続き行われている。これらの議論は、前述した「ネットワーク現実主義者」と「ネットワーク制度主義者」との間の比較的広い戦略的レベルよりさらに下級レベルで主に行われているが、それらはＰＬＡのネットワーク戦戦略に対する重要な意味合いを持っている。

ネットワーク戦および横断領域作戦

ネットワーク戦に関する中国の書物は、横断領域にわたる協同作戦および抑止能力の考え方（西側学者によって用いられる専門用語以上に異なる専門用語ではあるが）を常に引き合いに出す。そして情報化戦におけるネットワーク領域は、密接不可分に陸上、航空、および海上領域の作戦に結合されていることについて意見の一致をみている。この見方では、ネットワーク戦は、具体的な戦略的作戦目標を実現するために用いられる中国の全体戦争戦略の構成要素および他の戦いの領域における戦術的作戦の防護または支援のために用いられる支援要素の両方であるといえる。

『戦略学２００１』が、「電子的真珠湾奇襲攻撃」と言っている場合、たとえば、それはネットワーク電磁（波）攻撃が通常戦に従事する敵の能力を不能にする場面でのシナリオを描いている。情報戦は、この説明では「敵の情報の流れの過程を中断すること」の可能な手段として「ソフトキルとハード破壊の両方」とともに「抑止目標の範囲を拡大する」ことと記述されている。[38] 敵の攻撃に抵抗する目的のために、同様に、「ネットワークおよび電子工学は一体化され、ソフトウェアおよびハードウェアも一体化されている」。[39] 『戦略学２０１３』では、この話題は、ネットワーク戦の狭い意味として直接述べられている。すなわち、ネットワーク抑止部隊の概念が「典型的なネットワーク攻撃・防御作戦部隊および手法だけでなく伝統的軍事攻撃部隊および手法を含んでいること」とその著者は述べている。[40] 『情報作戦学教程』を通して、また、吐は繰り返しハードキルおよびソフトキル手段の一体化を強調している。[41] 電力ネットワーク、電気通信ネットワーク、インターネット、組み込みシステム、宇宙ベース高精度時刻計測ネットワーク、および情報化システム体系のような重要インフラを含むネットワークおよび電磁（波）空間の物理層は、ネットワークと電磁（波）空間と通常の軍事領域とが重なり合っているところに存在する。ネットワークおよび電磁（波）空間におけるこれらの実体は同時に軍隊にとっての目標および作戦範囲となる。中国の書物は工業生産ネットワーク、電力ネットワーク、および輸送ネットワークのようなネットワーク攻撃に対して脆弱な物理的位置にあるタイプのネットワークについて頻繁に論じている。[42]

戦略的抑止として機能するために『戦略学２０１３』およびネットワーク戦能力の潜在力を調査するＰＬＡ将校による著作物では、仮想ネットワークと物理情報基盤との間の境界にある特有の流動性はネットワーク抑止の可能性を理解するために極めて重要であるとの認識を取っている。ここでいうネットワーク抑止とは複数形態の抑止が協同して同時に使用されることによって、各部分の総和よりも本当の意味の大きな抑止効果を生み出すという意見の一致を含んだものである。[43] また、これらの著作物は横断領域ネットワーク抑止がしばしば双方向である。すなわち、それは通常領域からネットワーク領域にあるいはネットワーク領域から通常領域に相互に横断することができるという理解を反映している。ネットワーク抑止活動は、脅威下にある情報基盤の物理的破壊だけでなく通常戦能力の低下をねらったネットワーク攻撃を含んでいる。

しかしながら、ＰＬＡ分析官はある目標が横断領域手法により最良に得られるかまたは得られないかもしれないという具体的な環境下での検討を始めるにつれて、意見の重要な偏りが明らかになった。ネットワーク領域における戦闘力の本質は、伝統戦領域におけるそれとは大いに異なっているので、この2つのタイプを融合することはこの空間の独特な特性を考慮した計画立案を必要とし、さらに作戦タイミングと攻撃評価の両方の分野において軍事計画立案者に対し新たな困難性を提示している。
ＰＬＡのより非観的な幾人かの分析官は、２つの領域間における作戦タイミングおよびテンポが大きく異なるため、ネットワークおよび通常攻撃を相呼応して実施することは非現実的であると主張している。[44] 攻撃効果の信頼できる評価は現場指揮官による現戦争計画の実施および部隊配備調整にとって不可欠のものであるが、計画されたネットワーク作戦におけるＰＬＡの実効果予測能力に関しては大きな不確実性が存在する。たとえば、ネットワークおよび通常攻撃の両方が関わるどのような協同計画において、敵のネットワークに対する1度の失敗または遅延した侵入、敵の「ハニーポット」またはセンサーによる攻撃検知、あるいは未知の攻撃被害からの敵の早期復旧は、サイバー空間作戦の評価に全面的に影響を与えることになる。これは、陸、海、空、および宇宙領域における実施可能な攻撃の評価とはまったく逆である。それらのすべてはより客観的で信頼できると確信されている。

前記の困難性にもかかわらず、たいていのＰＬＡ分析官および学者は、依然としてネットワークと物理作戦との間の一体化については多くの機会があることおよび該当する軍事目標の特徴により、サイバー作戦が横断領域の形で実施されるべきである範囲を決定することに同意している。ネットワーク領域における武器がますます高性能化し強力になるにつれて、横断領域作戦がＰＬＡ理論集団における討議の際だった話題であり続けるものと推察される。中国の軍事分析者は、Ｓｔｕｘｎｅｔ（イランの核兵器開発を遅延させるために核施設の遠心分離機を破壊したマルウェア）の開発の成功までには、「ソフト」損傷よりも「ハード」損傷を引き起こす「純粋」なネットワーク兵器に向けたゆっくりとした長期間の移行を要したが、実際にはそれが協同横断領域作戦に与えられた結果を達成するための最も確実な方法であったと主張してきた。[45] 航空ネットワーク攻撃システム「Ｓｕｔｅｒ」と同一のものと称されるものを使用したイスラエルの２００７年の航空攻撃とネットワーク戦の組み合わせを用いたシリアの核施設攻撃は、吐および他の著者によって最適な例として引用されてきた。吐は、情報作戦は通常戦要素から超然としているというよりもむしろ補完し続けるだろうと論じている。[46]

航空宇宙ネットワークおよび電子戦は、それらがPLAの攻勢および防勢宇宙作戦から間違いなく分離できない範囲内で、まさに補完装置のようなものとして多くのPLA情報源の中で表現されている。[47] 宇宙ベース通信中継システムは、航空と海上部隊との間の統合作戦のための高度に実効性のある戦場通信ネットワークサポートを提供しているので、これらのシステムに対する中国の攻撃は敵を「近視眼」にさせることができる。結果として、宇宙支配は情報化戦の「上がり手」として記述されてきたし、宇宙を支配する者は誰でも究極的に勝利を達成するだろう。[48]

単一の統一指揮の下で宇宙、電子、およびネットワーク戦能力を持つ最近の戦略支援部隊の創設は、この見方がPLA戦略の最高レベル段階で現在支配的であることを暗示している。吐および他のPLA分析官は、PLAは、横断領域にわたる他のC4ISR能力を低下させる「ソフト」な行動を積極的に取る環境のもとで戦備を増強すべきであると長い間主張してきた。吐は、『情報作戦学教程』において次のように論じている。[49]

情報化条件下の作戦において、2つの敵対者は、電波妨害、抑圧、および相手の情報システムの損傷などの広範なソフトキル情報作戦対策を行い、相手が正確で価値ある情報を取得できないようにし、または迅速に、正確な情報を獲得できないようにする。これにより相手に誤判断や誤った指揮をさせる。

『情報作戦学教程』を通して、また吐はソフトキルおよびハードキル対策のどちらかを隔離することに依存するよりもむしろ戦争の早期段階にそれらを一体化してしまう重要性を繰り返し強調している。[50] 彼は、この概念の実世界での一体化実用モデルとして「情報火力一体化戦」(Integrated Information and Firepower

Warfare[IIFW]）を着想している。ネットワーク・電磁戦と通常兵器に対して、主要な紛争の開始段階において敵の通信連接を「ハード」および「ソフト」攻撃による攻撃目標とすることによって、彼は味方の武器システムの「作戦実効性を大きく増大」できると論じている。[51] 吐は、長距離精密攻撃がこの方法で適切に用いられる場合、敵軍に対する影響を超えて心理および政治戦の領域にまで戦果を拡大する生得的な「ショック価値」を持つだろうと確信している。

しかしながら、吐はＩＩＦＷを紛争の開始段階のための万能策として描いていない。その代わりに、ＩＩＦＷは、ＰＬＡのツールキットの潜在的ツール、すなわち、状況証拠として用いられる多数の可能なアプローチの1つとして提示されている。吐によると、ＩＩＦＷの精密攻撃構成要素は、次の2つの条件に合った場合にだけ実行可能である。第一の条件は、全面対決は不可避でなければならないことである。第二の条件は、中国が情報領域において決定的に優越していることを確信していることである。吐およびその他のＰＬＡ分析官は、ＩＩＦＷの線に沿った攻撃はその後ろに技術的偵察から情報処理、センシング、および他のＣ４ＩＳＲ関連任務に至るまでの幅広い情報支援を持つ場合だけに正常に機能すると信じている。情報対決における先制者優位が存在するという吐の著作および敵の力が大紛争に対して軍事的に介入する事実においてＣ４ＩＳＲ能力の相互低下がありそうにみえるという彼の認識を考えると、吐の著作は、彼がＩＩＦＷは大規模情報戦のさなかよりもむしろ紛争の早期段階により適していると確信していると強く感じられる。

民間と軍のネットワーク戦部隊との間の関係

国家が編成するネットワーク戦部隊が何であるかという話題に関する多くの文献で見られるはっきりし

ない、仮説的な記述と異なり、『戦略学２０１３』は中国のネットワーク戦部隊を明確に３つのタイプに分けている。[52] 第一グループは、ＰＬＡのネットワーク攻撃および防御を実行するための特別運用軍事作戦部隊である「特殊軍事ネットワーク戦部隊」（軍隊専業網絡戦力量）である。第二グループは、国家安全部（ＭＳＳ）、公安部（ＭＰＳ）およびネットワーク戦作戦を実行するために軍によって承認されてきたその他の文民組織のネットワーク戦専門家チームである「ＰＬＡ授権部隊」（授権力量［PLA-authorized force］）である。最後は、自発的にネットワーク攻撃および防御に従事する外部組織ではあるが、ネットワーク戦作戦のために編成および動員できる「非政府部隊」（民間力量）がある。

『戦略学２０１３』のこれらの部隊に関する言及において、中国の軍および民間ネットワーク戦部隊の存在を戦略支援部隊創設前にめずらしくオープンに認めたのは異例のことであった。中国の民間情報機関がハイレベルのＰＬＡ文書において言及したことはまったく普通のことではない。ましてや彼らの機微にわたるネットワーク戦作戦を統制する権限階層が議論されていることは驚きである。『戦略学２０１３』は、非常に厳しく吟味された合意文書で数十名の著者からの入力を受けて、そのプロジェクト責任者の名前よりもむしろ責任ある中国軍事科学院部隊の名前で公刊されたという事実は、この決定が注意深い検討を受け、さらに何らかの神秘さの追加があったように思われるほどである。１つの可能な解釈は、中国の民間ネットワーク攻撃部隊がＰＬＡの「授権」の下で運用するという宣言は、サイバー空間の中国の行動を本当に統制するのは誰かを決定するために、ＰＬＡの指導者と前述の文民政府組織間の中国制度内で進行中の権力闘争を反映しているのかもしれない。そのような異常な前例のない動きは、ＰＬＡにとっては組織的に言っている「旗を立てる」という試みを表したものであるかもしれない。

この解釈が正しいとすれば、ＰＬＡ戦略支援部隊（ＳＳＦ）の存在はＰＬＡの意向に沿うようこの組織的特権闘争を断定的に決断したものとみられる。ＰＬＡ戦略支援部隊の創設前に、ＰＬＡのネットワーク戦部隊は、軍種、軍事領域、および複数の総参謀部部局に広く分散していた。彼らの大部分が中央軍事委員会に直接報告する単一集中組織に合体したので、中国のネットワーク戦エコシステム内におけるＰＬＡのすでに恐るべき影響力はおそらくさらに成長しているものとみられる。

ネットワーク戦および「人民戦争」の概念

ＰＬＡネットワーク戦理論家は、「人民戦争」の伝統的中国軍事概念をネットワーク領域にどの程度拡大させるかについて意見が一致するまでにはいまだ至っていない。広範囲にわたる意見がその話題に関する影響力のあるＰＬＡ文献の中に見つけることができる。

『情報作戦学教程』において、たとえば、吐は、情報戦を成功裏に遂行するためには、軍民統合が人民戦争を実行するために完全に行われなければならないし、この考えの中心は人民武装警察（ＰＡＰ）および中国民兵部隊であるといっている。[53] さらに、吐は、軍だけでなく「サイバー監視機関、ネットワークセキュリティ企業、非政府ハッカー集団、および同好家」を含む、紛争の場合における中国ネットワーク戦能力の総動員について論じている。吐の見方では、これらの組織は、「ネットワーク戦の前線での軍事行動の支援および調整を行う」だけでなく、「軍が出動するには不都合な時と場所である場合は、ネットワーク戦の主力部隊となる可能性がある」

しかしながら、他のＰＬＡ分析官は、文民がネットワーク戦へ関与することに大きな懸念を著している。『戦略学２０１３』の著者は、他の戦闘形態関連のネットワーク戦に参加する人民は比較的高い能力を持っているが、主要な紛争における大部分のネットワーク戦は、やはりハクティビスト、民間サイトに対する分散サービス不能（ＤＤｏＳ）攻撃、および最終的にはサイバー落書きと大差ないことになる他の外部攻撃を伴って、ＰＬＡ内の特殊部隊によって実行されるだろうと述べている。[54] 吐でさえ、これに関していくぶん曖昧であり、彼は人民武装警察および民兵部隊が戦時における支援的役割を持っていることを主張しているにもかかわらず、ＰＬＡが必然的にどのようなネットワーク紛争においても「主力部隊」であることを認めている。[55]

全面紛争以外の文脈では、いくつかのＰＬＡ文献は、平時に中国は低レベルネットワーク作戦の実行において意味のある役割を果たすために民兵部隊からハクティビストまでの範囲にわたる非軍事ネットワーク戦部隊を強化することを選ぶ可能性を提起している。[56] 全面紛争のレベルにまだ烈度が上がっていない地政学的な敵の場合には、これを達成することはほとんど容易であろう。中国民間ハッカーは繰り返し外国の敵を積極的に攻撃する意思を示しているので、愛国的ハッカーを阻止または処罰するための何らかの行動がない限り、ＰＬＡからの攻撃行動命令は不必要である。

意志決定の要諦――ＰＬＡがネットワーク戦作戦を立ち上げるのはいつか？

紛争の場合には、敵に対してネットワーク戦作戦を立ち上げるか否か、またそれらの作戦はどのような形態を取るのかを決定するためにＰＬＡ分析官が重視すべきであると確信している多くの因子がある。このような因子は、自分自身では、そのような攻撃に賛成か反対かの二者択一的な比較検討をしない。むしろ、ＰＬＡ分析官は指揮官が互いに一致協力してそれらを考えなければならないと一般的に確信している。

グローバルな敵に比べた中国の強み

中国の奨励構造およびネットワーク戦準備を理解するために、最初に中国の自己能力の認識を理解しなければならない。見識のある情報源による率直な公開文献の欠如によってＰＬＡの自己ネットワーク能力についての全体的意見を見積もることは難しいけれども、中国のその防御能力についての全体的な考えは明白である。ＰＬＡは、それ自身を米国のような敵によるコンピューターネットワーク攻撃に対しては広範囲にわたって脆弱であるとみている。[57] ネットワーク領域は攻勢が支配的であり、米国がネットワーク攻撃研究におけるグローバルリーダーであるとの認識が中国に広く知れわたっているので、（ある中国の研究者の言葉でそれを表現すると、「世界の唯一のネットワーク超大国」あるいは唯一的網絡超強）、中国の分析者はこの脆弱性を一時的またはおそらく予測できる将来において実質的に修正されるものとはみておらず、むしろ中国の戦略計画立案において十分に考慮されなければならない基本的な現実としてみている。[58]『戦略学２０１３』の著者は、中国の「主要な戦略的な敵」（米国を言及する婉曲方法）は卓越したネットワーク戦能力を持ち、仮定のネットワーク領域紛争における厳しい力の均衡は必ずしも中国有利に傾くことはないと論じている。

このように理解された脆弱性は、仮定の将来紛争における戦時に関連するだけでない。すなわち、ＰＬＡの見方では、中国のネットワークは、現在、常に敵のネットワーク偵察作戦によって侵入されており、米国情報機関の活動に関してエドワード・スノーデン（Edward Snowden）によって２０１３年になされた申し立てによって、堅固となった認識である。[59] この効果に対する中国の軍事および政治指導者による意見は、しばしば西側分析者によって中国の頑強なコンピューターネットワーク作戦（ＣＮＯ）活動からの注意をそらせる試みとして拒絶的に扱われているけれども、そのような認識は公開演説を超えて軍の内部配布に限定された（軍内発行）軍事理論に関するＰＬＡ刊行物にまで拡大し、ネットワーク領域の戦略およびドクトリンの提案を任務付けられたＰＬＡ学者の間で広い合意形成がなされている。

先制行動優位

吐およびたいていの他のＰＬＡネットワーク戦理論家が注目しているように、一般の情報戦および特にネットワーク戦は永続的攻勢支配を表している。[60] この攻勢支配の重要部分は、情報戦は迅速な「情報優勢」の獲得によって勝利されるので、総攻撃の場合には、奇襲による「先制」攻撃が枢要であるとの理解である。吐および他のＰＬＡネットワーク戦戦略家の見方では、情報優勢獲得行動は、先行部隊にその先制攻撃により得られたどのような最初の優位にも迅速に合わせさせる自己強化サイクルである。ネットワーク戦における先制攻撃の重要性に関する吐の議論において、彼はそのような攻撃の開始には自分自身の情報システムをねらった外国の監視および傍受アセットをしっかりと理解する必要があることを強調している。中国のＣ４ＩＳＲシステムが過去に認識されたよりも相当程度危うくなっているならば、たとえば、それは外国の敵が中国の先制攻撃を予測し、防御するだけでなく、敵自身の第一攻撃で潜在的に先制することができる。これは前記で議論されたネットワーク戦の性質に部分的に従っているものであり、そこでは、我の攻撃能力は未知の攻撃ベクター（攻撃者にコンピューターまたはネットワークサーバーにアクセスできるようにする経路または手段のこと）の発見に掛かっている。『戦略学２０１３』がそれ（中国）を表現しているように、ネットワーク偵察のためにその敵に成功裏に侵入している国は、「ボタンを押すことで」ネットワーク攻撃に移行できる。[61]

この運用要件は、さらなる防御指向の敵に対して大きな戦果をあげるために中国の攻撃機会を創出することであるが、また、それは中国の敵がネットワーク領域におけるその先制攻撃を抑止するための道筋を提供する。敵が中国の軍事意思決定者に成功裏に、ＰＬＡの外国に対する侵入は彼らが確信するほど安全でないことを誇示する場合、情報戦作戦を成功裏に実行するとする彼ら自身の能力に対する自信は非常に弱められるだろう。ミクロ管理、隷下不信、および情報と情報システムへの過信のＰＬＡの組織的文化は、実効性のある対策を取るために追加的課題を有している。

時機およびネットワーク攻撃効果の不確実性

吐征のようなＰＬＡネットワーク戦理論家は、しばしば、「青天の霹靂（奇襲）」攻撃を開始するために通常戦能力と一緒になったネットワーク攻撃および電子妨害の使用を提案しており、実際、敵に気付かせずに捕捉することは難しいことが明らかになるかもしれない。また、軍事対決につながるどのような地政学的危機もおそらく緊張と即応の互いの高まりに拍車を掛けるであろう。さらに、中国の通常部隊の動員には時間が掛かり、中国の防勢動員制度の実動開始は、おそらくさまざまな方法によって敵の知るところとなるであろう。したがって、「ハードおよびソフト」組み合わせの先制攻撃成功は、綿密な準備だけでなく最適機会の狭い窓の中のよく選択された時機での実施に掛かっている。[62] ネットワーク戦作戦は外部動機にもかかわらずほとんどどのような時でも実行できるけれども、引き続き生起する通常戦（特に台湾危機における水陸両用上陸のような非常に複雑な作戦）において、不利な気象のようなＰＬＡの統制外の要因に対してはさらに脆弱であろう。[63] いったん、ネットワーク攻撃が開始されると、ネットワーク戦の速さと非地理的性質はその結果として起こる招かれざる事案に対応するための再呼び出しまたは取り消しが一般的に言ってできないことを意味している。[64]

さらに、ネットワーク戦攻撃が米国のような能力の高い外国の敵に対して所望結果を達成する程度が非常に不明確である。ＰＬＡ司令官達が弱体化させるようなネットワーク戦攻撃の成功を何とか保証することができても、それらの司令官達は米国がバックアップシステムおよびネットワークの立ち上げならびに完全な運用能力に復旧するために何分、何時間、または何日掛かるかを予測する信頼に足る方法を持っていない。ＰＬＡが通常の中国の防勢動員のどのような兆候にも先立って、混乱させる帰属識別によって敵を衰弱させる攻撃を開始して奇襲要素の最大化を企図する場合、それは返って時間を長引かせることになる。すなわち、その時間とはネットワーク攻撃の効果がどの程度軍事的利益をもたらし、さらに攻撃者のその後の挑戦課題を明らかにするために必要な時間のことである。

これはそれらの課題が克服できないと言っているのではない。適切に時機を調整し実行されるならば、このような先制攻撃により、紛争の緊要な早期段階において情報優勢を成功裏に確立できる。その早期段階とは敵の降伏と黙従を強制し、紛争の通常次元がさらに拡大する前に中国の目標を確保する程度に敵の動員手順を妨害する段階である。その上、奇襲要素がなくても、いったん戦闘が開始されたならば、協同ネットワーク作戦と運動エネルギー攻撃はＰＬＡに対し大きな価値を提供する。しかしながら、先制攻撃にとって、ネットワーク戦固有の不確実性の程度は、容易には無視できずに、ＰＬＡにネットワーク戦において攻勢的優勢であるにもかかわらず紛争開始の「トリガーを引くこと」を躊躇させる可能性がある。

機会は、それらがいったん使用されると失われる

また、ＰＬＡ分析官は、サイバー戦の最も重要な特性の1つは、高性能のサイバー兵器の使用がしばしばその実効性を急速に低下させ、または無力化さえしてしまうことを記述している。[65] この考え方によると、多くのサイバー兵器は、一度使用されると実効的にその存在を停止するいわゆる「1回限定資源」(一次性資源)として理解されるべきである。なぜならば、それらは、有能な敵がそれらの脆弱性の根源を迅速に発見し、それにパッチあてするかまたは閉塞すると考えられるからである。中国を含む高度ネットワーク戦能力を有する国家は、主要な戦略目標を獲得するための「切り札」としてそれらを使用する必要があるまで最も革新的な兵器を使用せずに取っておくようにしているものとみられる。

このような考え方は、イランの核計画に対する「Ｓｔｕｘｎｅｔ」攻撃の２０１３年の発覚によってさらに強化されている。その攻撃は隠蔽され、エアギャップ(直接ネットワークで接続されていない状態)のイランの核施設に侵入および攻撃するために当時のＵＳＢメモリーデバイスおよび制御システムの脆弱性分析において過小評価された攻撃ベクターに大きく依存していた。Ｓｔｕｘｎｅｔ後、同様の攻撃ベクターの使用によって成功している国家に対する攻撃の勝算は、脆弱性の存在に的を絞った早期の攻撃の成功によってかなり低下しているようにみえる。その結果、次のようなことがいえる。すなわち、軍事的に劣勢な東南アジア諸国との南シナ海領土紛争のような重要な軍事的利益をＰＬＡに提供する主要な紛争の戦闘シナリオにおいて、ＰＬＡが米国のようなより手強い地政学的な敵に最も高度なネットワーク戦技法の仕組みを暴露することを避けるために「そのようなサイバー兵器を秘匿したままにしておき」さらに通常戦闘力を優先的または完全な形で使用して戦闘することを試みる可能性があるだろう。

これは賭けである――主要な紛争シナリオにおけるネットワーク戦

ＰＬＡの推進する長期情報化および近代化努力の優先目標は、米国のような「ハイテクな敵」(高技術対手）に対して絶対的国益の掛かる地域戦争において戦い勝利することができるようになることである。この地域紛争は仮定として米国の直接的軍事関与を引き起こすことになるだろう台湾との戦争のようなシナリオを含んでいる。このシナリオが生起する場合、勝敗結果がすべての関係者に及ぼす世界的な影響は、損失によって多大なる脅威を受ける中国の政権安定に関連して、途方もなく大きいだろう。そのような危機的状況において、ネットワーク領域における中国の最もあり得る可能行動は、台湾の降伏の強制および米国の軍事介入抑止のための幅広い試みの一部として、機先を制して広範なさまざまなＣＮＯおよびＣＮＡ能力を展開することであり、もしそれに失敗したら、状況の進行に応じて米国が軍事的対応を段階的に拡大することを抑止することである。

ＰＬＡ理論家は、ネットワーク戦において「先制攻撃」が成功するか否かは、堅牢な進行中のセンシング、処理、および情報収集能力を含む総合的情報支援および戦闘空間認識に掛かっているという考え方を強調している。重要な「先制行動優位」は、次のような場合に最初に攻勢作戦を開始する側に発生する。すなわち、その場合とは先制攻勢作戦により敵の情報支援基盤の低下および破壊ならびに報復能力の低減が可能となり、その結果、敵の正式攻撃の直前でのネットワーク領域における積極的行動に対する強い動機付けとなる場合である。そのような作戦の目標は米国の陸上および宇宙ベースＣ４ＩＳＲネットワークおよび早期警戒システムに優先的に向けられるようであり、「ハード」および「ソフト」キル作戦の両方を含むことができる。[66]

『情報作戦学教程』のような権威あるＰＬＡ刊行物は、「リアルタイムハードおよびソフトキル作戦」（実時的軟硬一体打撃作戦）を生み出すために、ＣＮＯと通常火力、特に、「長距離精密攻撃」（遠程、精確的火力打撃）を伴った攻勢情報作戦の他の形態とを調整する価値を強調している。[67] 前に述べたように、２つの重要な必須条件をそのような攻撃を実施するために合致させなければならない。

第一に、全面対決は不可避であるとみなければならない。第二に、中国はすでに情報優勢を確立していなければならない。紛争の発端で開始された場合、そのような攻撃のＣＮＯ構成要素は、敵がまだ情報領域優勢の獲得または全面対決のための準備時間を持っていない間に生起するように計画された通常作戦に合致するかまたは少し先行したものとなろう。

紛争に先立っての平時作戦

無防備な敵の攻撃に先立っての中国およびその敵側の双方におけるネットワーク戦の主要モードは、偵察活動から構成される。丁度、伝統的な陸、海、空、および宇宙領域における戦術機動が優位な地政学的位置の確保に集中されているように、ネットワーク領域の偵察作戦は、優位な情報獲得と紛争事案における軍事的優位を創出するためのアクセスに集中される。[68] 地政学的優位と同様に、紛争の発生前のネットワーク戦のインテリジェンス情報優位獲得は、戦争の結果に決定的な影響を及ぼすことになる。したがって、これらの偵察作戦の目標は、将来の戦略的または戦術的軍事行動の一部として作戦を実行するために敵ネットワークに対してアクセスを獲得することのように、情報領域における優位な位置を獲得することにある。

吐および他のＰＬＡ理論家は、平時における緊張状態期間における愛国的なハッキング活動の急増が、平時と戦時との間のネットワーク領域の曖昧性ならびに適時な方法での攻撃帰属の決定的確立の困難性から中国に恩恵を享受させていると言及している。[69] このような思考によって、ＰＬＡが標準ネットワーク偵察作戦を越えて敵アセット攻撃に動く場合、敵の段階的拡大をおそらく引き起こすソフトキル攻撃は、他の領域で開始され、それらが「実行中に戦いの雰囲気を漏洩しない」限りネットワーク戦を介して平時に手堅く用いることができる。吐がそれを表現しているように、「帰属識別は難しい、それで、機密は平時作戦では維持できる」し、また「ネットワーク戦および特に情報偵察活動は軍事機関の参画なしでも開始できる」という事実は、敵の誤った帰属識別活動により誤って紛争が拡大する恐れのある攻撃の実施に対しては慎重に対応しなければならないと指令することでもある。

ネットワーク戦および紛争の段階的拡大

吐および他の影響力のあるPLA著者は、彼らの著作においてネットワーク戦の様相について次のように特徴付けている。すなわち、ひとまとめに考えるとすると、情報優勢の「積極的」な獲得の重要性、「情報高地の獲得」の自己強化性、および敵の実施するネットワーク戦を平時と戦時に区別することの困難性のように、ネットワーク戦が段階的拡大を開始する場合、「先制攻撃」戦略のための処方箋を強力に示すことである。

先制攻撃に対する衝撃は、その攻撃の結果が敵の意志決定計算上どのような効果をもたらしたかについての中国の認識によって高められる。『情報作戦学教程』および『戦略学2013』を含むPLA分析官および学者によるネットワーク戦に関する多くの影響力のある刊行物は、敵のアセットに対して隠蔽されていないソフトキルネットワーク作戦のいくつかの形態であっても、紛争の通常戦領域への段階的拡大を含む全領域対応の敵の報復を招く結果とはならないかもしれないという考え方を示している。すなわち、敵の一部が何もいわないということは成功裏の先制攻撃により敵を報復不可能にしてしまうか、それとも情報ネットワークに対する非致死性攻撃は、致死性攻撃が段階的拡大のために実施するような政治的・心理的強制を実施しないかのどちらかにより起こるという考え方である。吐が『情報作戦学教程』において結論付けているように、「敵の指揮統制、情報（インテリジェンス）、および防空軍事ネットワークシステムを流血なしで損傷させることは可能である。また、敵の商用、政府、および他の民間ネットワークシステムを隠密で損傷を与え、麻痺させ、および制御することも可能であり、それにより撃ち合いになることなしで戦いに勝利するという目標を達成する」

この概念が台湾シナリオ関連のネットワーク戦に関するＰＬＡの思考方法を理解するための核心となるものである。『戦略学２０１３』の著者は、たとえば、外国によって管轄されるまたは外国に存在する民間インフラは、民間標的に対する通常攻撃はある程度の紛争の段階的拡大を引き起こすことがあるので、通常兵器攻撃よりもネットワーク戦によって自由に標的にされやすいという考えを述べている。[70] この思考方法は新しいものではない。『戦略学２０１３』の著者は、実際、長い間ＰＬＡのよりタカ派のネットワーク戦理論家によって支持されている「ネットワーク超限戦」（網絡超限戦）として知られる思想をそのまま伝えている。これはその２００１年版の処方箋を越えてうまくいっている。権威筋の事業においてプレゼンスを示していることはより積極的な声がネットワーク戦戦略に関するＰＬＡの内部審議においてしかるべき地位を獲得しつつあることを暗示している。その最も単純な形態では、この思考方法は「血液なければ、犯罪なし」という古い格言を取り、それをネットワーク戦に適用している。これらの思想家が、米国または他の潜在的な中国の敵性国家の起こり得る対応に対する理解において最終的に思い違いをしたとしても、段階的拡大の報復に対して介入することを米国が積極的に示威表明することは中国指導者にこの仮説を再評価させ積極的および段階的拡大方式において行動することを差し控えるように説得するために必要である。

段階的拡大に向けてＰＬＡ司令官達をその気にさせている追加要因は、中国は両者が相手のＣ４ＩＳＲ

能力を低下させるために積極的に「ソフト」な行動を取る環境において戦いの準備をするべきであるというPLA戦略家と学者との間で意見の一致がなされつつあることである。吐が予測するように、「情報化条件下の作戦において、2つの敵対国はソフトキル情報戦手段、電波妨害、抑止、および相手の情報システムの損傷を広範囲に利用する」。[71]『戦略学2013』は、ネットワーク戦の防御が必然的に同じように侵害され、その軍事ネットワークは時には敵によってダウンさせられ、近代化されたC4ISRシステムが完全には依存できなくなるネットワーク戦の将来に対してPLAは計画を立てるべきであることを強調している。[72]それらは、中国のネットワーク防御を強化するため多大な努力を要求しているけれども、これは、外部攻撃に完全に持ちこたえるという期待はないが、それでもこれらの防御が破滅的には故障しないという期待のもとで企画されている。

PLA内で影響力のある声が中国は間違いなく米国よりもそのような蓋然性のためによく準備されているというものであるならば、台湾または他の同盟国のために米国が介入するのを阻止するためにネットワークおよび情報攻撃で積極的にC4ISRアセットをねらい撃ちにするという中国の可能行動は極めて蓋然性の高いものとなる。この中国の意思決定は必ずしも電力網および損傷した場合に主に民間人に損害を及ぼす他の重要インフラのような米国の国内標的にまでは拡大させていないことに注目されたい。すなわち、そのようなターゲティングは、米国を完全に参戦させないようにするよりも、中台紛争へ完全に引き込むための高度の手段として適切に理解されているようにみえる。

中国アセットに対するネットワーク攻撃に対しての中国の「レッドライン」は不明のままである。積極防御ドクトリンは、中国がどのような場合でも「攻撃された場合には確実に反撃する」ことを明確に述べている。中国システムに対するどのような種類の攻撃がどのような対応を引き起こすかについての具体的検討の詳細事項は不明である。核戦力では標準であるように、PLAロケット軍は、たぶん中国の核システムに対するどのようなネットワーク攻撃も重大脅威（および潜在的には通常弾による標的攻撃と等価である）として取り扱うだろう。核抑止が依然として信頼できるものであることを保証するために、中国は即応大量報復でこの挑発に対応する可能性がある。しかしながら、極端な場合を除いて、情報に裏付された正確な推測は不可能である。

最後に、PLA分析官は、ネットワーク攻撃が非意図的な段階的拡大を引き起こす潜在力はPLA自身の部隊にとっても指揮統制の課題を提起させていると認識している。ネットワーク部隊は本質的に通常部隊よりも主導権を取るために大きな自主性および自由を要求している。ネットワーク攻撃および防御は「ネットワーク戦戦場において機会を獲得する」ために兵士が信頼されていることを前提の上で、予側できないように変化でき、作戦は迅速に実行される。[73] しかしながら、これは、また、重大なPLAの潜在的欠陥を提示している。個人によって引き起こされるネットワーク攻撃は、「軍事紛争領域だけでなく政治、国防、経済、および外交を含むさまざまな空間における敵の統合システムに直接的および強力な影響力を及ぼす」ことになり得るので、PLA分析官は、個々の兵士が彼ら個人の願望を望むかまたはそれらの願望に従うように単純にすることができないと論じている。どのようなネットワーク作戦の要員の行動も全体作戦、その上の中国の軍事戦略の正否に直接影響することがある。過度に積極的および野心的な個別ネットワーク部隊によってもたらされる望まない段階的拡大または他の戦略的失敗が及ぼすPLAの現実的リスクは、おそらく中国のネットワーク戦部隊を最近創設された戦略支援部隊隷下へ集中化することに導いた複数の検討要因の1つであるようにみられる。

結論

中国のネットワーク戦に関する基本的考え方が最初に公表されて以降この10年間にわたって、中国のアプローチは外部環境およびPLAの向上する能力の両方に対する対応において進化し続けてきた。このアプローチのさまざまな主要傾向の調査において、1つの共通要素は、中国のネットワーク戦能力は、現在の米国のような「ハイテク化された敵国」の抑止または打破の任務には不適切であるという見方である。PLAの現行ネットワーク戦能力は、おそらく中国が近い将来において遭遇する可能性のある最も蓋然性の高い紛争シナリオにおいてより弱い敵国を抑止するには十分であるけれども、PLAの装備および戦略の近代化努力は、非対称手段を用いることによって、通常部隊を有して優位にある敵と想定される紛争において勝利できる軍隊の構築に集中している。外国のハードウェアおよびソフトウェアに対する軍事の依存を打破するための奮励努力からインターネット中核基盤を支配している米国に対抗する外交的連帯を構築する試みに至るまで多方面にわたる中国の努力はすべて中国のネットワーク領域における構造的脆弱性に関する自己認識が偽りのないものであり、痛感させられるものであることを示唆している。

PLAの西側分析者はしばしば中国の発展するネットワーク戦能力の議論を中国がそのうちサイバー空間の「現状維持」（脆弱性がそのままである）国家になるか否かの問題として取り上げている。この思考における暗黙知は、サイバー空間は自然均衡を有しているという考え方である。中国は現在軍事および商用目標に対するコンピューターネットワーク作戦を積極的に実施しているけれども、いつかサイバー空間を防護する物的利益を有するであろう。ネットワーク領域における本当に現状維持の国家としての中国の出現は、あり得ないようにみえる。中国が非対称情報戦から生ずる便益は莫大であり、彼らの現状維持の認識は重要な攻勢優勢の戦いの領域において中国が耐えられないほど脆弱にしたままであるということである。

その代わりに、答えられるべき鍵となる問題は、中国の軍および文民指導者が、宇宙ベースＣ４ＩＳＲシステムに過剰依存しているような現行の米国の弱点として認識しているものを活用できるような大紛争事案において強力な能力を行使するために、米国に相対する彼らの非対称脆弱性は十分に解決されたものと自覚しているかどうかである。そのようなマイルストーンを通過してしまえば、このネットワーク戦に関する中国の戦略思考の評価は、その結果は米国およびその同盟国の核心的利益に対してより大きな脅威となる大胆でおそらくより積極的な中国に変身させるであろうことを示唆している。

1 「情報化」概念のさらなる情報については、次の文献を参照。Joe McReynald and James Mulvenon, The Role of Informatization in the People's Liberation Army under Hu Jintao," in Assessing the People 's Liberation Army in the Hu Jintao Era, Roy Kamphausen, et al, eds.,(Carlisle, PA: Army War College Press, April 2014).

2 "A Summary of Information Operations"［信息作战学综述］in Lectures on the Science of Information Operations［信息作战学教程］ed. Ye Zheng［叶征］(Beijing: Academy of Military Sciences Press, 2013), pp. 1-20.

3 Ye Zheng［叶征］and Zhao Baoxian［赵宝献］, "What Kind of Warfare is Network Warfare?"［网络战、怎么战？］China Youth Daily［中国青年报］, June 03, 2011. Zeng Wei［曾炜］(PLA Wuhan National Defense Information Academy), and Zou Jianjin［邹剑金］(PLA Wuhan National Defense Information Academy), "Research on Developments in Military Information Warfare Technology and Equipment"［军事信息对抗技术与装备的发展研究］, Science and Technology Information［科技信息］No. 15 (2014).

4 たとえば、次の文献を参照。Zeng Yanwu［曾燕舞］(Air Force Radar Academy) and Guo Wei［郭伟］(Air Force Radar Academy), "Survey of on the Security of Military Information Network"［军事信息网络安全综述］, Fire Control and Command Control［火力与指挥控制］33.7 (2008).

5 "A Summary of Information Operations" [信息作战学综述] in Lectures on the Science of Information Operations [信息作战学教程] ed. Ye Zheng [叶征] (Beijing: Academy of Military Sciences Press, 2013), pp. 1–20.

6 Lectures on the Science of Information Operations [信息作战学教程] ed. Ye Zheng [叶征] (Beijing: Academy of Military Sciences Press, 2013). Ye Zheng [叶征] and Zhao Baoxian [赵宝献], "A Matter of National Survival: Looking at the Five Forms of Combat in Cyber Warfare" [关乎国家存亡：看网络战 的五种作战样式], China Youth Daily [中国青年报], June 3, 2011, and others

7 Ye Zheng [叶征] and Zhao Baoxian[赵宝献] , "Concerning Reflections on Cyber Sovereignty, Cyber Borders, and Cyber National Defense" [关乎网络主权، 网络边疆، 网络国防的思考], Renmin Network [人民网], July 22, 2014.

8 Zhang Yongfu, [张永福] "The Global network Arms Race Intensifies" [全球网络军备竞赛激烈], February 3, 2012. See also Liu Jifeng [刘戟锋], "Information Warfare and Placing Equal Emphasis on Goals and Mechanisms" [信息作战与" 道器并重 "], Guangming Daily [光明日报], November 14, 2011.

9 Dong Qinglin [董青岭] and Dai Changzheng [戴长征], "Deterrence in the Network Space: Is Retaliation Feasible?" [网络空间威慑：报复是否可行 ?], World Economics and Politics [世界经济与政治], No. 7, 2012.

10 Qiao Liang [乔良] and Wang Xiangsui [王湘穗], Unrestricted Warfare [超限战], (Beijing: PLA Literature and Arts Publishing House, 1999 / 2010). The revised 2010 edition is more relevant for this discussion.

11 Li Guoting [李国亭], "New Proposition in Military Strategy—Information Deterrence" [军事战略新命题—信息威慑], Studies in International Technology and Economy [国际技术经济研究], No. 3, 2006. Dong Qinglin [董青岭] and Dai Changzheng [戴长征], "Deterrence in the Network Space: Is Retaliation Feasible?" [网络空间威慑：报复是否可行 ?], World Economics and Politics [世界经济与政治], No. 7, 2012.

12 Luan Dalong [栾大龙], "Pulling Back the Curtain on the New Network Warfare" [全新的网络战已经拉开帷幕], Network and Computer Security [计算机安全], No. 25, 2003.

13 Zhao Ming [赵明] (Electronic Engineering Institute), Dai Lichao [代立超] (Electronic Engineering Institute), and Wang Jinsong [王劲松] (Electronic Engineering Institute), "A Research on ECM in Cyberspace" [应对网络空间电子战对策研究], National Defense Science and Technology [国防科技] 34.2 (2013). See also: Zhu Li [祝利] (PLA Electronic Engineering Institute) and Lin Yuezheng [林岳峥] (PLA Electronic Engineering Institute), "Research on Electronic Warfare Targets in

Cyberspace" [赛博空间电子战目标分析], Aerospace Electronic Warfare [航天电子对抗] No.3 (2012).

14 Yu Xiaoqiu [俞晓秋], "Network Deterrence Power is a Dangerous Game" [网络威慑力" 是个危险的游戏], People's Daily [人民日报], July 25, 2011. Dong Qinglin [董青岭] and Dai Changzheng [戴长征], "Deterrence in the Network Space: Is Retaliation Feasible?" [网络空间威慑： 报复是否可行 ?], World Economics and Politics [世界经济与政治], No. 7, 2012. See also Kang Yongsheng [康永升], "'Prism Gate' Sounds the Alarm on the Implementation of Cyber Weapons" [' 棱镜门' 敲响对赛博武器实施管控警钟], China Youth Daily [中国青年报], July 19, 2013.

15 Liang Kui [梁逵], "Network Deterrence: Difficult to Employ" [网络威慑" 威而难慑], China National Defense Daily [中国国防报], August 08, 2011, and Yang Yanbo [杨延波], "Focusing on the U.S. Military's 'Network Deterrence' Strategy" [聚焦美军" 网络威慑" 战略], China National Defense Daily [中国国防报], January 9, 2012. Dong Qinglin [董青岭] and Dai Changzheng [戴长征], "Deterrence in the Network Space: Is Retaliation Feasible?" [网络空间威慑： 报复是否可行 ?], World Economics and Politics [世界经济与政治], No. 7, 2012.

16 Peng Guangqian [彭光谦] and Yao Youzhi [姚有志], eds., Science of Military Strategy [战略学], Academy of Military Sciences Press, 2001 Chinese version / 2005 English version, pp. 220–221.

17 Peng Guangqian [彭光谦] and Yao Youzhi [姚有志], eds., Science of Military Strategy [战略学], Academy of Military Sciences Press, 2001 Chinese version / 2005 English version, pp. 220–221. Similar views are also conveyed in Science of Military Strategy [战略学] ed. Shou Xiaosong [寿晓松] (Academy of Military Sciences Press, 2013), pp. 191–195.

18 Zhang Mingzhi [张明智] (National Defense University) and Hu Xiaofeng [胡晓峰] (National Defense University), "Building a model for cyberspace operations and wartime simulation" [赛博空间作战及其对战争 仿真建模的影响], Military Operations Research and Systems Engineering [军事运筹与系统工程] 26.4 (2013).

19 Yuan Ke [袁轲] (PLA Unit 93501 Command Automation Station), Zhang Hai [张海娟] (Unit 95972 Control Station), and Liu Zhe [刘哲] (Unit 93501 Informatization Office), "Research on the New Trend of Information and Network Warfare" [信息网络战新趋势研究], Digital Technology and Applications [数字技术与应用] No. 12 (2012). Zhao Ming [赵明] (Electronic Engineering Institute), Dai Lichao [代立超] (Electronic Engineering Institute), and Wang Jinsong [王劲松] (Electronic Engineering Institute), "A Research on ECM in Cyberspace" [应对网络空间电子战对策研究], National Defense Science and Technology [国防科技] 34.2 (2013).

20 Science of Military Strategy ［战略学］ed. Shou Xiaosong ［寿晓松］(Beijing: Academy of Military Sciences Press, 2013), pp. 188–198.

21 Remarks by Xi Jinping at first meeting of Network Security and Informatization Leading Small Group, 2014.

22 Science of Military Strategy ［战略学］ed. Shou Xiaosong ［寿晓松］(Beijing: Academy of Military Sciences Press, 2013), pp. 188–198.

23 “The Location of Information Operations”［信息作战定位］in Lectures on the Science of Information Operations［信息作战学教程］ed. Ye Zheng［叶征］(Beijing: Academy of Military Sciences Press, 2013), pp. 21–41.

24 Peng Guangqian［彭光谦］and Yao Youzhi［姚有志］, eds., The Science of Military Strategy ［战略学］, (Beijing: Military Sciences Press), 2001 Chinese version / 2005 English version, pp. 220–221.

25 “The Location of Information Operations”［信息作战定位］in Lectures on the Science of Information Operations［信息作战学教程］ed. Ye Zheng［叶征］(Beijing: Military Sciences Press, 2013), pp. 21–41.

26 Science of Military Strategy ［战略学］ed. Shou Xiaosong ［寿晓松］(Beijing: Academy of Military Sciences Press, 2013), p. 192.

27 “Information Operations Guidance” ［信息作战指导］in Lectures on the Science of Information Operations［信息作战学教程］ed. Ye Zheng［叶征］(Beijing: Military Sciences Press, 2013), pp. 84–106.

28 Deng Zhifa［邓志法］(National University of Defense Technology) and Lao Songyang［老松杨］(National University of Defense Technology), “Research on Cyberspace Conceptual Framework and Cyberspace Mechanisms”［赛博空间概念框架及赛博空间作战机理研究］, Military Operations Research and Systems Engineering［军事运筹与系统工程］27.3 (2013).

29 Zhang Mingzhi［张明智］ (National Defense University) and Hu Xiaofeng ［胡晓峰］(National Defense University), “Building a model for cyberspace operations and wartime simulation”［赛博空间作战及其对战争 仿真建模的影响］, Military Operations Research and Systems Engineering［军事运筹与系统工程］26.4 (2013).

30 Liu Haifeng［刘海峰］(National Defense University) and Cheng Qiyue［程启月］(National Defense University), “Analyzing Joint Operation in Cyberspace’s View”［从赛博空间视角探析联合作战］, Fire Control and Command Control［火力与指挥控制］38.5 (2013).

31 “Information Operations Guidance” ［信息作战指导］in Lectures on the Science of Information Operations［信 息作战学教

程] ed. Ye Zheng [叶征] (Beijing: Military Sciences Press, 2013), pp. 84–106.

32 "Information Operations Guidance" [信息作战指导] in Lectures on the Science of Information Operations [信 息作战学教程] ed. Ye Zheng [叶征] (Beijing: Military Sciences Press, 2013), pp. 84–106, "Information Operations Offense" [信息作战进攻] in Lectures on the Science of Information Operations [信息作战学教程] ed. Ye Zheng [叶征] (Beijing: Academy of Military Sciences Press, 2013), pp. 170–199.

33 Zhang Mingzhi [张明智] (National Defense University) and Hu Xiaofeng [胡晓峰] (National Defense University), "Building a model for cyberspace operations and wartime simulation" [赛博空间作战及其对战争 仿真建模的影响], Military Operations Research and Systems Engineering [军事运筹与系统工程] 26.4 (2013). Lu Jianxun [陆建勋] (China Ship Research and Development Academy), "The Impacts of Cyber Operation on Future Development of Military Communication" [赛博作战对军事通信未来发展的影响], Ship Science and Technology [舰船科学技术] 34.1 (2012).

34 Yu Zhonghai [于中海] (Equipment Department of Nanjing Military District), "Study and Grasp the Winning Mechanisms in Modern Warfare Based on the Latest Developments of Technology and Equipment" [基于技术 和装备最新发展研究把握现代战争制胜机理], National Defense Science and Technology [国防科技] 35.1 (2014).

35 Science of Military Strategy [战略学] ed. Shou Xiaosong [寿晓松] (Academy of Military Science) (Beijing: Academy of Military Sciences Press, 2013), pp. 190–191.

36 たとえば、次の文献を参照。Yang Xiaobo [杨晓波], "Realization and Application of Deterrence in the Network Domain" [网络空间威慑的实现与应用], Small Arms [轻兵器], No. 10, 2013.

37 "The Location of Information Operations" [信息作战定位] in Lectures on the Science of Information Operations [信息作战学教程] ed. Ye Zheng [叶征] (Academy of Military Sciences) (Beijing: Academy of Military Sciences Press, 2013), pp. 21–41.

38 Peng Guangqian [彭光谦] and Yao Youzhi [姚有志], eds., Science of Military Strategy [战略学], Academy of Military Sciences Press, 2001 Chinese version / 2005 English version, pp. 220–221.

39 Huang Dafu [黄大富], ed., "Joint Defensive Warfare under Informatized Conditions" [信息化条件下联合防御作战], (Beijing: National Defense University Press, PLA Internal Distribution [军内发行], 2005), 183.

40 Science of Military Strategy [战略学] ed. Shou Xiaosong [寿晓松] (Beijing: Academy of Military Sciences Press, 2013), pp. 188–198.

41 "Information Operations Guidance" [信息作战指导] in Lectures on the Science of Information Operations [信息作战学教程] ed. Ye Zheng [叶征] (Beijing: Academy of Military Sciences Press, 2013), 84-106.

42 たとえば、次の文献を参照。Meng Hongwei [孟宏伟] (China Academy of Electronics and Information Technology) and Song Wenlue [宋文略], (China Academy of Electronics and Information Technology), "A War without Gun Smoke" [没有硝烟的战争], Military-- - Civil Dual-- - Use Technologies and Products [军民两用技术与产品] No.9 (2012).

43 Peng Guangqian [彭光谦] and Yao Youzhi [姚有志], eds., Science of Military Strategy [战略学], Academy of Military Sciences Press, 2001 Chinese version / 2005 English version, pp. 220–226.

44 Liu Jinxing [刘金星] (Air Force First Aviation Academy and Photoelectric Control Key Laboratory), Chen Shaodong [陈哨东] (Photoelectric Control Key Laboratory), and Wang Fang [王芳] (Photoelectric Control Key Laboratory), "The Tactical Maneuver in Cyber Space" [赛博空间的战术机动], Electronics, Optics, and Control [电光与控制] 21.9 (2014).

45 Yang Xiaobo [杨晓波], "Realization and Application of Deterrence in the Network Domain" [网络空间威慑的实现与应用], Small Arms [轻兵器], No. 10, 2013.

46 "The Location of Information Operations" [信息作战定位] in Lectures on the Science of Information Operations [信息作战学教程] ed. Ye Zheng [叶征] (Beijing: Academy of Military Sciences Press, 2013), pp. 21–41.

47 Huang Hanwen [黄汉文] (Shanghai Research Institute of Satellite Engineering), "Concept of Aerospace Electronic Warfare and Its Development" [航天电子对抗的概念与发展], Aerospace Electronic Warfare [航天电子对抗] 23.2 (2007). Zeng Wei [曾炜] (PLA Wuhan National Defense Information Academy), and Zou Jianjin [邹剑金] (PLA Wuhan National Defense Information Academy), "Research on Developments in Military Information Warfare Technology and Equipment" [军事信息对抗技术与装备的发展研究], Science and Technology Information [科技信息] No.15 (2014). Wang Haoyu [王滴宇] (School of Astronautics, Beihang University), Fan Hongshen [范宏深] (Second Department, Equipment Research Institute, PLA Second Artillery Force), and Zhao Guowei [赵国伟] (School of Astronautics, Beihang University), "The Function Demand of Spacecraft by the Integration of the Net Electric for Space Warfare" [空间作战融合网电力量对航天器的功能需求], Aerospace Electronic Warfare [航天电子对抗] 30.5 (2014).

48 Li Yunlong [李云龙] (PLA Equipment Academy) and Yu Xiaohong [于小红] (PLA Equipment Academy), "美军'空海一体战'空间作战行动探析" [Journal of Academy of Equipment], Journal of Academy of Equipment [装备学院学报] 24.4 (2013).

49 "The Location of Information Operations" [信息作战定位] in Lectures on the Science of Information Operations [信息作战学教程] ed. Ye Zheng [叶征] (Beijing: Academy of Military Sciences Press, 2013), pp. 21–41.

50 "Information Operations Guidance" [信息作战指导] in Lectures on the Science of Information Operations [信息作战学教程] ed. Ye Zheng [叶征] (Beijing: Academy of Military Sciences Press, 2013), pp. 84–106.

51 "The Location of Information Operations" [信息作战定位] in Lectures on the Science of Information Operations [信息作战学教程] ed. Ye Zheng [叶征] (Beijing: Academy of Military Sciences Press, 2013), pp. 21-41.

52 Science of Military Strategy [战略学] ed. Shou Xiaosong [寿晓松] (Academy of Military Science) (Beijing: Academy of Military Sciences Press, 2013), pp. 188–198.

53 Ye Zheng [叶征], Lectures on the Science of Information Operations [信息作战学教程], Academy of Military Sciences Press, 2012, p. 252.

54 Science of Military Strategy [战略学] ed. Shou Xiaosong [寿晓松] (Academy of Military Science) (Beijing: Academy of Military Sciences Press, 2013), pp. 188–198.

55 "Information Operations Forces" [信息作战力量] in Lectures on the Science of Information Operations [信息 作战学教程] ed. Ye Zheng [叶征] (Beijing: Academy of Military Sciences Press, 2013), pp. 107–126.

56 "Information Operations Guidance" [信息作战指导] in Lectures on the Science of Information Operations [信息作战学教程] ed. Ye Zheng [叶征] (Beijing: Academy of Military Sciences Press, 2013), pp. 84–106. Lu Jianxun [陆建勋] (China Ship Research and Development Academy), "The Impacts of Cyber Operation on Future Development of Military Communication" [赛博作战对军事通信未来发展的影响], Ship Science and Technology [舰船科学技术] 34.1 (2012). Zhang Mingzhi [张明智] (National Defense University) and Hu Xiaofeng [胡晓峰] (National Defense University), "Building a model for cyberspace operations and wartime simulation" [赛博空间作战及其对战争仿真建模的影响], Military Operations Research and Systems Engineering [军事运筹与系统工程] 26.4 (2013).

57 たとえば、次の文献を参照。Nie Songlai [聂送来], "From Network Attacks to Network Warfare?" [从网络攻击到网络 战争?], Network Communications [网络传播], July 25, 2010. Qiu Hongyun [邱洪云] (Chongqing Communication Institute), Zhang Yanwei [张彦卫] (China Satellite Guo Mai Communications Co.), Guan Hui [关慧] (PLA Unit 95899), Tian Li [田莉] (Chongqing Communication Institute), Wang Lizhi [王立志] (Chongqing Communication Institute), and Zhu Jibing [祝

继兵］(Chongqing Communication Institute), “The Basic Characteristics of the Cyberspace”［论赛博空间的基本特征］, Space Electronic Technology［空间电子技术］No.2 (2013).

58 Tang Lan［唐岚］, “The Contest in the Network Domain Between the U.S. and China”［网络空间较量中的美国和中国］, August 08, 2011. Qiu Hongyun［邱洪云］(Chongqing Communication Institute), Zhang Yanwei［张彦卫］(China Satellite Guo Mai Communications Co.), Guan Hui［关慧］(PLA Unit 95899), Tian Li［田莉］(Chongqing Communication Institute), Wang Lizhi［王立志］(Chongqing Communication Institute), and Zhu Jibing［祝继兵］(Chongqing Communication Institute), “The Basic Characteristics of the Cyberspace”［论赛博　空间的基本特征］, Space Electronic Technology［空间电子技术］No.2 (2013). “A Summary of Information Operations”［信息作战学综述］and “The Location of Information Operations”［信息作战定位］in Lectures on the Science of Information Operations［信息作战学教程］ed. Ye Zheng［叶征］(Beijing: Academy of Military Sciences Press, 2013), pp. 1–41.

59 たとえば、次の文献を参照。Science of Military Strategy［战略学］ed. Shou Xiaosong［寿晓松］(Academy of Military Science) (Beijing: Academy of Military Sciences Press, 2013), pp. 188–198.

60 “Information Operations Guidance”［信息作战指导］in Lectures on the Science of Information Operations［信息作战学教程］ed. Ye Zheng［叶征］(Beijing: Academy of Military Sciences Press, 2013), pp. 84–106.

61 Science of Military Strategy［战略学］ed. Shou Xiaosong［寿晓松］(Academy of Military Science) (Beijing: Academy of Military Sciences Press, 2013), pp. 188–198.

62 “The Location of Information Operations”［信息作战定位］in Lectures on the Science of Information Operations［信息作战学教程］ed. Ye Zheng［叶征］(Academy of Military Sciences) (Beijing: Academy of Military Sciences Press, 2013), pp. 21–32.

63 Huang Hanwen［黄汉文］(Shanghai Institute of Satellite Engineering), Lu Tongshan［路同山］(Shanghai Institute of Satellite Engineering), Zhao Yanbin［赵艳彬］(Shanghai Institute of Satellite Engineering), and Liu Zhengquan［刘正全］(Shanghai Institute of Satellite Engineering), “Study on Space Cyber Warfare”［空间赛博战研究］, Aerospace Electronic Warfare［航天电子对抗］No.6 (2012).

64 Liu Jinxing［刘金星］(Air Force First Aviation Academy and Photoelectric Control Key Laboratory), Chen Shaodong［陈哨东］(Photoelectric Control Key Laboratory), and Wang Fang［王芳］(Photoelectric Control Key Laboratory), “The Tactical Maneuver in Cyber Space”［赛博空间的战术机动］, Electronics, Optics, and Control［电光与控制］21.9 (2014).

65 Qiu Hongyun［邱洪云］(Chongqing Communication Institute), Zhang Yanwei［张彦卫］(China Satellite Guo Mai Communications Co.), Guan Hui［关慧］(PLA Unit 95899), Tian Li［田莉］(Chongqing Communication Institute), Wang Lizhi［王立志］(Chongqing Communication Institute), and Zhu Jibing［祝 继 兵］(Chongqing Communication Institute), "The Basic Characteristics of the Cyberspace"［论赛博空间的基本特征］, Space Electronic Technology［空间电子技术］No.2 (2013).

66 Wang Liping［汪立萍］(No. 8511 Research Institute, China Aerospace Science and Industry Corporation) and Zhang Ya［张亚］(PLA Unit 73677), "Development of Space War based on Space Operations Exercises"［从太空作战演习看天战的最新发展］, Aerospace Electronic Warfare［航天电子对抗］27.3 (2011).

67 "The Location of Information Operations"［信息作战定位］in Lectures on the Science of Information Operations［信息作战学教程］ed. Ye Zheng［叶征］(Beijing: Academy of Military Sciences Press, 2013), pp. 29–30.

68 Liu Jinxing［刘金星］(Air Force First Aviation Academy and Photoelectric Control Key Laboratory), Chen Shaodong［陈哨东］(Photoelectric Control Key Laboratory), and Wang Fang［王芳］(Photoelectric Control Key Laboratory), "The Tactical Maneuver in Cyber Space"［赛博空间的战术机动］, Electronics, Optics, and Control［电光与控制］21.9 (2014).

69 "The Location of Information Operations"［信息作战定位］in Lectures on the Science of Information Operations［信息作战学教程］ed. Ye Zheng［叶征］(Beijing: Academy of Military Sciences Press, 2013), pp. 21–41.

70 Science of Military Strategy ［战略学］ed. Shou Xiaosong ［寿晓松］(Academy of Military Science) (Beijing: Academy of Military Sciences Press, 2013), pp. 188–198. Chen Baoquan［陈保权］(PLA Unit 65301), Yang Guang［扬光］(PLA Unit 65301), and Li Xuefeng［李学锋］(PLA Unit 65301), "Research on System Combat Effects and Develop Policy of Space Electronic Attack"［空间电子攻击的体系作战效用及发展对策］, Aerospace Electronic Warfare［航天电子对抗］28.1 (2012).

71 "The Location of Information Operations"［信息作战定位］in Lectures on the Science of Information Operations［信息作战学教程］ed. Ye Zheng［叶征］(Beijing: Academy of Military Sciences Press, 2013), pp. 21–41

72 Science of Military Strategy ［战略学］ed. Shou Xiaosong ［寿晓松］(Academy of Military Science) (Beijing: Academy of Military Sciences Press, 2013), pp. 188–198.

73 Wang Hongbiao［王洪表］(GSD Third Department, Special Operations Academy), "Requirements and Countermeasures of Soldiers' Physical and Psychological Qualities in Networks Warfare"［信息网络战对军人 身心素质的需求及对策研究］,

Journal of Military Physical Education and Sports [军事体育学报] 32.3 (2013).

第8章

中国軍の宇宙作戦および戦略の概念の進化

ケビン・ポルピーター、ジョナサン・レイ／大野慶二訳

過去15年間にわたって、中国の宇宙計画は、世界の大国の最も活動的なものの1つであった。中国は、独力で人類を宇宙に送り出し、月に観測機器を着陸させた3つの国のまさに1つである。これは、全世界衛星航法システムを確立するのに重要な進歩を遂げており、さまざまな任務に適する多くのリモートセンシング衛星を打ち上げた。また、中国は、対宇宙戦および対宇宙戦関連の一連の試験および作戦を実施してきた。

また、この期間には、同じ期間に公刊されてきた複数版の『戦略学』(Science of Military Strategy[SMS])という権威ある刊行物で見てきたように、宇宙の軍事利用に関する人民解放軍（ＰＬＡ）の思考の進化を目のあたりにしてきた。この進化は、ＰＬＡの文書だけでなく、宇宙が中国の将来の軍事作戦で果たす役割の特徴描写において宇宙空間に関する注目度が増大していることでも明白である。それらの刊行物の一連の版は、１９９９年版では短い説明から２０１３年版では全体の節にまで宇宙空間に関する対象範囲の量を増大させ、宇宙を空中領域の単なる延長としての扱いから、明確な戦略的な意味合いを持つ独自な特性による不可欠かつ独立した領域としての見方に動いてきた。

この進化は３つの要因によって推進されているようにみえる。第一の要因は、世界の大国としての中国

の台頭を制限するよう意図されている世界情勢において、米国が積極行動主義者として、かつ不安定化させる役割をしているという思考体系が中国の軍事戦略家の間に広まっている。その結果として、多くのPLA将校は、米国が中国の台頭を妨げることを阻止する全体的な戦略的抑止力の一部として、宇宙および対宇宙戦能力を開発しなければならないと確信している。第二の関連する要因は、世界中および宇宙に拡大する中国の権益を防護することのできる戦闘部隊を整備する（PLAの）必要性である。これは、沿岸海域から遠い中国の権益を防護するために長距離精密攻撃を可能とする宇宙ベースのC4ISR能力だけでなく、敵の宇宙アセットを脅かし低下させることのできる対宇宙戦能力の開発を含んでいる。第三の要因は、中国自身の宇宙能力の利用増大である。軍事宇宙活動は、もはや他の諸国の排他的な権限ではなく、現在、中国の軍事作戦と経済発展においてより重要な役割を果たしている。権威あるPLAの文書が表現しているように、宇宙空間は、現在、現代戦における「指揮高地」であり、核およびサイバー能力とともに、それは戦争の結果において重要な戦略的役割を果たしている。

『戦略学』（1999年版および2001年版）における宇宙空間の軍事利用

『戦略学1999』および『戦略学2001』は、宇宙空間の軍事利用の初期の調査を提示し、進化しているが、時にはその領域の現代戦に対する役割と重要性に関して曖昧な表現をしている。『戦略学1999』において、PLAの国防大学（NDU）の著者は、宇宙を主に、空中、陸上、および海上の伝統的領域に支援能力を提供する空中領域の拡張として扱っている。しかしながら、軍事科学院（AMS）のより権威のある2001年版の発行によって、戦略学の著者は、宇宙戦が避けられないものとして位置付け始めており、未来の戦争におけるその役割を検討するのにかなり多くの時間を費やした。

『戦略学１９９９』は、冷戦後の国際戦略環境における変遷を見てきた国防大学戦略家による約10年間にわたる講義の集大成である。[1] 海外を見て、その著者は、覇権主義とパワー・ポリティクス（武力政治）が存在する世界において、最大の脅威を与える複数の国々による複雑化した多極権力化構造への世界的な移行を認識した。[2] その著者達は、この競争から起こる新しい世界大戦を予知しなかったけれども、代わりに、そのような競争が特に多国籍軍による介入により地域紛争になると確信した。紛争を起こす要点は、①主要な西欧列強は、戦略的な資源や貿易ルートで領域を確保しようとしたこと、②途上国の内部紛争における西洋の介入、および③武力介入を容易にする通常兵器の急速な発展と適用である。[3]

これらの動向の主な例としては、後進国的相手に対してハイテク兵器の有効性を実証した１９９１年の湾岸戦争である。[4] その戦争は、ＰＬＡが戦いの準備をすべきタイプの戦争を再評価するきっかけとなり、１９９３年にＰＬＡ戦闘を「局地限定戦」から「現代、特にハイテク条件下の局地戦」に変革するためにＰＬＡの軍事戦略方針が策定された。この方針では、中国軍が戦闘においては、Ｃ４ＩＳＲ能力に大きく依存して極めて強力で、機動力に富み、非常に破壊的であり、高度な技術力を持つ相手と戦闘することを想定した。[5]

新たな軍事戦略方針への移行および中国軍戦略家の間での議論が、『戦略学１９９９』に強く影響を与えた。それは、１９９０年代を通して使われた国防大学の教材から引用されている。[6] 当時は、国防大学の戦略家達は軍の作戦における宇宙アセットの重要性を理解していたが、その時点では、中国は宇宙における限定的な権益と能力しか持っていなかったと認めている。結果として、『戦略学１９９９』は、航空、海上、および核戦略の章を含んでいるが、宇宙領域の章を設けていない。その代わりに、その著者は、情報

（インテリジェンス）、通信および精密攻撃能力に不可欠であると理解されている宇宙能力をもって、宇宙空間を航空領域の延長として扱った。

『戦略学1999』の著者は、情報戦能力に対する宇宙能力の重要性を明確に理解した。彼らは、1980年代から1990年代までに、第1次湾岸戦争において示されたように、情報優越（制信息権）がすべての領域の作戦にさらに重要になったことに気付いている。[7] さらに、彼らは、「軍隊は陸、海、空、宇宙、および電磁スペクトラムの統合多次元戦場において作戦する」ことを認識した。[8] この統合に沿ってその著者は、「航空（および宇宙）作戦の重要性が急速に高まっている。すなわち、宇宙空間は非常に重要な戦略高地（戦略制高点）になってきている」と主張している。[9] 彼らの見方では、このような動向だけでなく電子戦の重要性の高まりは、機械化部隊から情報化部隊への転換を生み出しつつある。結果として、彼らは、どのような戦争の初期局面においても、中国は「情報、航空（と宇宙）、および海上優勢」を競わなければならないと主張している。[10]

中国の軍事能力に対する宇宙の増大する重要性にもかかわらず、中国の限定された権益と能力のため、1999年には宇宙はまだ探査目的のための副次的な分野であった。『戦略学1999』の著者は、宇宙を独立した領域として指定せずに、その代わりに航空と宇宙を統合かつ連続した空間として扱うことを選んだ。結果として、宇宙脅威は対空戦の拡張として扱われた。[11] ほとんどの解説例は、『戦略学1999』の「空天一体化」概念であり、その概念は、航空および宇宙優勢が他の戦力に提供できる便益を強調し、起草中にPLA空軍（PLAAF）による強い影響を受けたとみられる。[12] 他の議論は、航空と宇宙からの脅威を含む防空戦の記述のように、航空領域に対する宇宙の従属を指摘している。[13] 進歩した航空および宇宙技術力双方により、中国の空軍力は空軍力を統合作戦の枢要部分とさせ、かつ独立航空軍事行動の行使を支援する「局所攻撃」の活用を通してPLA空軍の役割と能力における「大規模な変革」を促進してきた。[14] しかしながら、『戦略学1999』においては対宇宙作戦の議論は「宇宙優勢」（制天権）という短い言及に限定されていた。[15]

『戦略学1999』のテーマに引き続き、『戦略学2001』は不確実性を伴うような多極世界秩序に向けたポスト冷戦移行を提示し、中国の台頭を阻止しようとする他国の企てで最もありそうなものは、深刻な国家脅威の1つである米国によるものと考察している。[16] しかしながら、その著者達は、中国の脅威環境をグローバルな観点というよりも地域的観点について主に記述している。すなわち、中国のユーラシアと太平洋との間の地理的位置を必然的に多くの潜在的な脅威に直面する地政学的中心を構成するものとして記述している。[17] これらの懸念は、多くの国と接する共通の国境の共有、台湾独立の可能性、およびその他の国家主権の問題を含んでいる。[18] 脅威環境に関してのこの見方では、中国の主目的は、継続的な発展と安定を確保するために外部からの侵略を阻止または抑止することである。[19] 宇宙に関する中国の権益保護に関して具体的な言及はない。代わりに、生態系と海洋資源、および石油へのアクセスを維持することに焦点を当てている。[20]

1999年国防大学版から離れて、2001年に軍事科学院で作成された『戦略学』は、中国が将来において対処する必要がある可能性のある脅威として、宇宙の軍事利用をあげている。宇宙の議論は、限定され、時には矛盾したままであるが、2001年版では、今後10年間にわたってますます顕著となる中国の軍事戦略思想におけるテーマとして上位にあげている。すなわち、人工衛星、宇宙船、レーザー兵器、および他のハイテク技術システムの利用による宇宙空間への戦場の拡大である。[21] 一例として、1991年の湾岸戦争を引用して、その著者は、諜報戦、指揮統制戦、コンピューターネットワーク戦、および情報戦を含む戦略的情報作戦に対する宇宙の重要性を述べている。[22] これらの能力によって、その著者達は、「軍事衛星が強力な作戦指揮統制能力を持つ将来作戦を提供し、そして、軍事衛星は電子戦を使用して直接攻撃される目標になる可能性がある。すなわち、宇宙電子戦が電子戦の新しい領域になる可能性がある」と結論付けている。[23]

この結論では、『戦略学2001』は宇宙空間（outer space）を戦いの別々の領域としてみなしているようにみえる。近接宇宙（near spaceすなわち、近地太空または近地宇宙空間）としても呼称されるこの宇宙空間は海洋と空に加えた3つの「大戦略空間」（戦略大空間）の1つである。[24] 用語の定義によると、空は、高度100キロメートルに及び、下から大気圏、成層圏、および電離層からなる。[25]

また、『戦略学2001』は、「宇宙攻撃」（太空進攻）に関する節ならびに宇宙優勢（制天権）および宇宙力威嚇（空間力量威懾）に関する複数の言及を含む最初の版である。[26] その文書では、宇宙攻撃の意味については曖昧であるが、そのような能力は「ある国」によって開発されていたけれども、どのような国もその時点で宇宙攻撃を用いて、戦略目標を攻撃する能力を有していなかったと主張している。[27] その結果として、その著者達は、「将来の戦争において、宇宙戦は避けることが困難であること、および将来の新しい戦略的攻撃手段になることは極めて可能性が高い」ことを確信している。[28] その著者は、宇宙攻撃が次の3つの方針に従わなければならないことを述べている。すなわち、戦略的攻撃の基本目的に合致すること、我が戦略部隊の実態に合致すること、および陸上状況や条件の実態に合致することである。[29] その著者は、指針の詳細については述べていないが、おそらく宇宙戦および限定された宇宙能力に関する中国の初期段階の理解を反映したものである。

明らかに別の領域として宇宙を指定したにもかかわらず、『戦略学2001』は、その前の1999年版においてみられた統合媒体として宇宙と航空の課題を継続している。[30] 航空宇宙技術の重要性を認識し、『戦略学２００１』の著者は、次のとおり結論付けた。

航空宇宙技術および武器の高度な発展は、支配的航空・宇宙戦場確立のための技術および装備基盤を提供する。航空・宇宙軍事戦闘は、ハイテク条件下の局地戦の空、海、および電磁（波）空間で優位に立つための軍事戦闘を支配する。航空・宇宙軍事戦闘理論の構築は、ハイテク条件下の局地戦の理論構築の重要な側面である。[31]

その著者が、「防空（防宇宙）システム（防空（防天）系統）」および「防空（防宇宙）力（防空（防天）力量）」の挿入句の言及とともに、宇宙任務に２番目の役割を割り当てているとみていることは注目すべきことである。また、彼らはＰＬＡが近、中、および長距離目標防御の航空機、ミサイル、および宇宙船に対しての統合防御能力を配備することを求めている。[32]

この一見宇宙における対立の観点にもかかわらず、『戦略学２００１』の著者は、戦略的な理論は、宇宙領域を含むように拡大する必要があると認識し、中国の宇宙戦略が「徐々に発展し、成熟期にあること」を説明している。[33] 彼らは、この移行の最も顕著な例が、ＰＬＡの宇宙優勢を含める航空優勢概念からの引き続いての発展であると述べている。１つのモデルとして、彼らは、米空軍の目標が航空中心の「航空宇宙軍」から宇宙中心の「宇宙航空軍」に移行し、さらに米空軍は宇宙統制および宇宙優勢の達成を目標としていることを引用している。『戦略学２００１』の著者は、「これら（例）は、戦略理論の発展のために重要な方向となりつつある宇宙戦略理論を予言している」と結論付けている。[34] しかしながら、最終的に、その著者は、宇宙戦略理論の中国としての詳細なアプローチの説明を控えており、『戦略学２０１３』において初めて論じている。

『戦略学２０１３』における宇宙の軍事利用の記述

『戦略学２０１３』は、中国は宇宙空間がどのように現代戦に適合しているとみているかという我々の理解において大きな変化を表現している。それは、現代戦における基本的な役割のさらなる確信的評価に適合させるため、１９９９年と２００１年版において提示されている宇宙戦の論議の曖昧な性質を捨て去っている。もはやその著者は、宇宙がＰＬＡに対して重要な情報支援を「提供することができ」、その限りでは将来の紛争において目標となる「可能性がある」ことを記述していない。その代わりに、『戦略学２０１３』は、宇宙空間は独立した領域であること、宇宙をベースとするＣ４ＩＳＲシステムは近代的な軍事作戦に不可欠な要素であること、および列国は敵に対してこのＣ４ＩＳＲ能力を拒否するために対宇宙能力を開発しつつあることを結論付けている。実際、『戦略学２０１３』の著者は、宇宙軍が核およびサイバー軍とともに、潜在的な敵に対して戦略的対抗力を形成するほど軍事作戦にとって非常に重要であると結論付けていると思える。この評価については、ＰＬＡ戦略支援部隊（ＳＳＦ）の創設に関連するＰＬＡの組織構成について数年後に書かれた概念と同じ系統のものと考えられる。

その著者の結論は、国益として増大する宇宙空間の役割と重要性によって後押しされている。同書は、胡錦濤国家主席の体制下で最初に明らかにされたＰＬＡの「新歴史的使命」の概念の試みを参考にしている、すなわち、特に本土国境、空域、および領海水域から遠方洋上、宇宙空間、およびサイバー空間に至る中国の国益の防護を拡大することを中国の軍隊に任務付与し、それを必要かつ中核能力とすることについてのＰＬＡの理解を広げる試みである。[35] 宇宙空間は、国の経済と軍事的発展のための戦略的高地として、『戦略学２０１３』によって次のように記述されている。「国家安全保障を維持するための高度な未開拓地」、「中国の拡大しつつある国益のために重要な地域」、「総合国力のための新たな成長の源」、および「必要不可欠な経済および軍事領域」。[36]『戦略学２０１３』によると、軍事・経済的権益として成長しつつある宇宙の役割にとって、その権益を抑止と戦闘任務の両方に対応できる能力をＰＬＡが宇宙で整備することによって保護することが必要である。[37]

『戦略学２０１３』によると、中国軍は、その戦略状況および中国の国益の拡大の評価に基づく軍事宇宙計画を策定しなければならない。[38] 実際、『戦略学２０１３』において論じられている宇宙能力軍事運用の戦略的概念は、中国の全般的軍事戦略と直結した結果となっている。すなわち、それはＰＬＡの戦略家による現在の安全保障状況および中国の軍事能力状態の全般的評価に基づいている。脅威分析は、国家がどのようなタイプの紛争に直面するかを説明するが、軍事能力はどのように国家が実際にそれらの紛争を戦うかを決定するものである。[39]

『戦略学２０１３』の著者が提供する脅威評価は、複雑な世界情勢図を描いている。一方、経済協力は、ある国を封じ込めることがすべての国にとって否定的な結果をもたらす程度になるまで各国の国益を網の目のように絡ませることによって、大国間での紛争の可能性を減少させてきている。他方、『戦略学２０１３』の著者は、国際情勢が米国の主導してきた一極世界から中国のような他の国が世界政治においてより重大な役割を果たす多極世界に変わりつつあると評価している。『戦略学２０１３』の著者は歴史を引用して、大国間の「最も激しい競争」は、「既存の覇権国を追い越そうとしつつある新興国が絡む地政学的な移行の期間中に発生している」と言及している。[40] この悲観的な結論にもかかわらず、『戦略学２０１３』は、この動きが米中間の新たな冷戦とはならないだろうが、米中間の国益の対立と構造的矛盾は容易に解決されないだろうと結論付けている。[41]

この警告的な脅威評価は、中国が、その台頭を促進するために増大かつ拡大しつつある燃料資源探査を背景としている。『戦略学２０１３』によると、裕福な社会の完全達成および偉大な中華帝国の復興の実現は、21世紀前半の国家戦略目標である。安全な安定したかつ持続的な国益の拡大は、この目標を実現するための基本的な条件であり、重要な道筋である。[42] 結果として、大国間の競争は、最終的には国益の最大化の実現を廻る競争である。[43]

『戦略学２０１３』によると、この種の競争においては、さまざまな国際公共財、すなわち、海洋、北極と南極、宇宙空間、およびサイバー空間を支配することが重視される。[44] この新しい状況に適応するために、ＰＬＡは、その戦略的観点を拡大し、「国益を維持するため、より大きな空間的広がりの中で強靭かつ強力な戦略的支援を提供し」なければならない。[45] 結果として、「国益の対立を調停することの困難性または中国の国境外での国益と直面する主要な脅威の存在の故に、軍隊の柔軟な運用を必要とする可能性を排除することはできない」[46]

また、この大国の変遷時期は、米国によって主導されてきた武器技術の進歩がこれまで以上に急速なペースで起こっている時期と一致している。『戦略学２０１３』によると、長距離打撃プラットフォームならびに電磁およびレーザー兵器のような「新型兵器」の使用は漸次一般的になっていると予測され、陸、空、海、および宇宙軍の統合を促進し、戦闘を遠方洋上、宇宙空間、およびサイバー空間に拡大しつつある。[47] 『戦略学２０１３』は、この長射程および新型兵器の重視は、米国が確立しつつある核戦力、宇宙、およびサイバー軍に基づく新しい「新三本柱」になってきていると主張している。[48]

『戦略学２０１３』における世界情勢および中国が直面している脅威の評価は、宇宙空間の利用を取り巻く脅威の評価に反映されている。それは、「世界の覇権を追求し」、宇宙空間への依存度が高い国は、拡張的、軍国主義的、および排他的な活動によって宇宙空間を支配しようとしていると論じている。[49]『戦略学２０１３』は、それに対して、中国が、「他国の安全保障および国益に害を及ばさず」、中国の経済的および軍事的権益を支援できることを確実にすることによって、宇宙における合法的権益を防護することに焦点を当てた防勢的国家軍事戦略を取ることを記述している。[50]『戦略学２０１３』によると、次のとおりである。

中国の宇宙領域における軍事活動は、防勢的および包括的であるという独特の特徴がある。すなわち、それは、宇宙における権益を保持し、宇宙の安全を維持することを基本としている。それは、他国の宇宙の権益を侵害するような主導性を取ることでなく、また、宇宙の覇権を求めていない。これは開発であり、攻勢的活動でないことを強調している。中国は、その正当な宇宙の権利を行使し、宇宙の安全を確保しながら、自らの利益になり他の国に害を与えない方策を取り入れている。他の国が、悪意を持って中国の宇宙における権益を侵害し、国家宇宙安全保障に害を起こした時のみ、中国は敵に対して宇宙の抑止力を行使し、対宇宙戦で反撃する可能性がある。宇宙領域において、中国が常に遵守しているものは、我々が攻撃されない限り、我々は攻撃しないという原則である。[51]

その著者は、宇宙空間が、より積極的になりつつある整備された国および新規参入国とともに、より競争的かつ高烈度となっていることを論じている。彼らの見方では、ロシアは、その宇宙計画の開発を主要な優先事項として実施してきた。欧州、日本、インド、およびブラジルは彼らの宇宙計画の開発を継続中である、他方、韓国と北朝鮮、パキスタン、およびイランのような国々の宇宙計画は初期段階であるとみなされている。[52] しかしながら、米国は、「絶対的な安全保障を確保するために、宇宙空間の優勢を達成しようとすること」によって、中国の宇宙空間における国益追求の主要な障害であると位置付けられている。米国は、宇宙優勢に重点を置くドクトリンを重視しているといわれている。すなわち、これは、対宇宙戦部隊の創設、宇宙作戦計画立案、宇宙演習の実施、およびX－37B（米空軍の無人宇宙往還機）とミサイル防衛のような対宇宙戦兵器の開発を含んでいる。[53]

『戦略学２０１３』によると、「米国は、最先端の宇宙技術と最強の宇宙戦能力を持つ国家として、一方で、他の国が宇宙の武装化を実行しないようにすることを確実にし、他方で、米国は自身の宇宙兵器の進歩においては絶え間なく先行している」。[54] その一方で、中国の宇宙戦能力は、米国のそれらに関連して不十分なものとして表現されている。これが正確ならば、中国が軍事的に困難な位置にあることを示している。ＰＬＡは、現代戦の全範囲にわたって紛争のために準備する必要があるが、米国のものと同等の高度な宇宙技術の欠如によって、仮に米国の侵略があった場合には、中国が自己を防衛しようとすることができない可能性がある。

これらの評価に基づき、『戦略学２０１３』と他の権威筋刊行物の双方の著者は、『戦略学』の前版を含む過去の権威筋著作物よりも軍事作戦におけるさらに重要な役割を宇宙空間に求めている。たとえば、『戦略学２０１３』の著者は、ＰＬＡが、米国の中国に対する攻撃の抑止、台湾の独立宣言の防止、および周辺国の中国の権益に対する侵害を阻止することができなければならないと論じている。また、抑止能力は、陸上だけでなく、遠方洋上、宇宙空間、およびサイバー空間における中国の国益を防護するために開発される必要がある。[55] 結果として、ＰＬＡは、自己を厳密にいえば大陸陸軍であることから宇宙空間を含む全領域で作戦できる軍に変える必要がある。[56]『戦略学2013』によると、将来の宇宙防衛作戦を想定して、我々は宇宙作戦軍を確立する必要がある。すなわち、それは、統合された、高忠実度を持つ、大縦深および多層を持つ軍であり、さらに宇宙発射機、追尾テレメトリと制御、支援、防御、および戦略的抑止力を一体化したものである。[57] また、『戦略学2013』は、次のとおり述べている。

将来の軍事紛争の高度の戦略的視点を把握することに焦点を絞って、我々は、我が国の宇宙安全保障を守り、宇宙へのアクセス権を確保しなければならない。すなわち、我々は、我が軍の統合作戦の中心点として軍事宇宙システムの役割を果たすようにするとともに、宇宙および近接宇宙システムの構築を促進するようにしている。短期的には、我々は、宇宙ベース情報支援システムの開発を促進する必要がある。すなわち、宇宙は、陸上作戦、海上作戦、航空作戦、および核作戦を強化することになる。長期的には、我々は起こり得る宇宙空間の軍事対立の回避と封じ込めに焦点を当てるとともに、ある程度の宇宙戦略的な早期警戒能力および限定された包括的宇宙優勢能力を有する信頼性のある使いやすい防勢作戦用宇宙軍システムを開発する必要がある。[58]

中国のより広い軍事戦略に宇宙領域を合致させること

『戦略学2013』の評価では、PLAは宇宙空間における権益を防護し、宇宙戦および対宇宙戦能力を開発しなければならないこととしており、これらの能力の運用のための戦略の策定を必要としているようにみえる。実際には、宇宙における安全保障情勢に関する『戦略学2013』の評価と国際安全保障情勢に関するその全般的評価の間の密接な関連性は、宇宙戦略の中国の国家軍事戦略（「積極防御」概念に重点を置かれた）と中国が戦う可能性がある戦争（「情報化」戦争）の評価に関する議論の密接な関連性と合致している。

積極防御に関する中国国家軍事戦略は、中国の内戦期間中に毛沢東によって最初に策定されたものである。毛沢東によると、積極防御は、反撃および攻勢確保の目的のための、「攻勢的防御または決定的交戦による防御」である。[59] さらに、毛は口頭でその戦略を次のとおり説明した。「我々が攻撃されていない時には攻撃せず、攻撃された時には必ず反撃する」

中華人民共和国の建国後数十年の間に、積極防御戦略は「早期に戦うこと、激しく戦うこと、および核戦争を戦うこと」を重視することによって、米国とソ連の地上からの侵攻を打破することに方向付けがされた。最近では、積極防御戦略は、現代戦の挑戦に適応するために改作されている。冷戦の終結と中国の軍事力の強化に伴い、前記で論じられたほとんどの中国本土の国境紛争の調停や中国の国益の拡大によって、ＰＬＡがその本土の国境以遠の国益を防護すること、特に海上領域において、さらなる中国の経済発展のための安定した環境を提供することに集中してきた。結果として、中国の核抑止力は、国の安全保障の究極の安全ネットとしての役目を果たし続けるが、中国が核戦争に巻き込まれる可能性は、現在のところほとんどないものと思われる。[60] 同様に、中国への地上侵略の可能性もほとんどない。[61] 結果として、中国の軍事戦略の実際的な重点は、海上、航空宇宙、サイバー領域に向けて移行し始めている。[62]

この新しい状況のもとで、現在、中国の積極防御戦略は「本土国境防護を最優先し、周辺地域を安定化させること、近海を管轄すること、航空宇宙空間に進出すること、および情報を重視すること」に方向付けされている。本土の国境や近海の防衛は最優先順位のままであるが、宇宙空間とサイバー空間は枢要なものとなる。[63]『戦略学2013』によると、積極防御の内容の再編が想定外であってはならない。すなわち…積極防御は戦略的概念を力強く発展させつつも、過去、現在、または未来にかかわらず、それを純然たる領土防衛と同等とみなすことはできない。発展動向の観点からそれを見ると、すべての領域において国益の拡大を支援し、我々が直面する可能性がある将来の戦争に勝つために、我々は前方防御の指導思想を確立することが必要である。[64]

また、PLAが戦うように要求される紛争の種類の調整は、変わりつつある性質を持つ戦争の概念と一致する。PLAは、もはや韓国、インド、およびベトナムにおける過去の努力と同様の軍事作戦を実施することに焦点を当てていない。そこでは、大量兵力が敵を制圧するために使用された。その代わりに、PLAが戦うために任務付与されてきた戦争の種類は、着実に調整されている。すなわち、1990年代初期以来、近代化条件下の局地戦から『戦略学2001』において論じられているハイテク条件下の局地戦、『戦略学2013』において論じられている情報化条件下の局地戦に変わってきたことである。これらの変化は、現代戦における先端技術、特に情報技術の役割の拡大を漸次重視してきた。2015年国防白書（DWP）において発表された「情報化戦争」を戦うという現在の定式化は、この進化の頂点であるようにみえる。そこでは、情報を活用し、敵の情報活用を拒否する能力は、現在の戦争において勝利を達成するための最も重要な要因としてみなされているからである。[65]

情報システムの重要性を認識し、『戦略学2013』は次のとおり結論付けている。PLAは、さらに情報技術とその武器システムを統合し、もしその使命を適切に実行しようとするならば、敵に対してその情報を活用させないようにする必要がある。核心となる情報を伴うこの新しい戦争の方法は、PLAの以前のプラットフォーム中心アプローチの軍事作戦からPLAが「システム・オブ・システムズ」と呼称しているアプローチへ移行することを意味する。この概念のもとでは、戦闘はシステムのネットワーク間の戦いとなり、そしてあらゆるシステムおよびサブシステムの運用は、全体システムの性能に影響を及ぼす。このシステム・オブ・システムズ構成の相乗的な品質は、システムの部分和よりも大きい結果を生み出すことができる。すなわち、戦場のリアルタイムな共通作戦状況図（ＣＯＰ）を各作戦部隊に提供するネットワーク化された情報システムの利用によって統合作戦を可能にし、部隊をさらに柔軟かつ融通性に富むものにする。[66]

システム・オブ・システムズ作戦は大いに戦闘力の実効性を高めることができるが、また、依存関係が発生する潜在性もある。そこでは、システム全体が1つのサブシステムに過度に依存しており、それが隘路や脆弱性になる。敵を麻痺させ、「衝撃と畏怖」効果を作り出す重要な指揮統制センターおよびＣ４ＩＳＲシステムのような鍵となるノードに対する同期攻撃により、これらの脆弱性を解消することができるとＰＬＡは確信している。[67] 結果として、「システム対システム」戦は、相手の意志決定能力を低下させるために互いのシステムを混乱させようとする両方の交戦国によって特徴付けられるものである。『戦略学２０１３』が述べていように、システム対システム戦の目的は、「情報優勢を意志決定優勢に転換することおよび意志決定優勢を作戦優越に転換すること」ならびに「敵の作戦ペースを混乱させ、敵の部隊配備を混乱させ、作戦実施時機に関して主導性を確保すること」である。[68]

また、システム・オブ・システムズ作戦アプローチは、現代戦において枢要かつ潜在的決定要因である長距離精密攻撃を必要とする。[69] しかしながら、長距離精密攻撃の実施能力については、米軍に比較して依然として限定されているとＰＬＡは認識している。したがって、『戦略学２０１３』は、ＰＬＡは、前方展開部隊による小規模な攻撃によって補完される攻撃の主要形態として長距離精密攻撃を実行するために本土国境および沿岸海域に依存しなければならないと論じている。これらの長距離攻撃部隊は第2砲兵部隊（現ロケット軍）、空軍、海軍部隊から構成される。これらの部隊は選定されたC４ＩＳＲおよび兵站ノードに対する対宇宙攻撃、コンピューターネットワーク攻撃、および電子戦の作戦によって補完される複数領域からの運動エネルギーおよび非運動エネルギー攻撃を実施する宇宙ベースC４ＩＳＲアセットによってサポートされている。[70]

これらの作戦の実行において、ＰＬＡは、敵の弱点に対する打撃および敵の強みに対する直接攻撃を回避すると特徴付けられる非対称なアプローチを取っている。非対称な作戦は、より弱い軍がより強い軍に直面しつつある場合に特に重要であるとみなされている。この場合に、『戦略学２０１３』の著者は、ＰＬＡが作戦の実行に関して依然として柔軟であるのと同様に敵の単一軍種作戦に対しては統合作戦を重視することを提言している。『戦略学２０１３』が述べているように、「勝利のための」条件を完全に作り出すために、「我々は」絶対に敵が意図する時または場所ならびに方法および作戦に取り込まれてはならない。すなわち、「我々は」敵がハイテク分野において優勢な場所では戦いを避ける必要がある。[71]

西側有識者の伝統的な見識では、ＰＬＡは、優勢な米軍に対しては、非対称な戦略を用いるに違いないということであるが、『戦略学２０１３』では、システム対システム戦の性質は根本的に非対称で、兵力の均衡にまったく依存しないと主張している。勝利への鍵は、まさに戦闘力の全般的な優位性だけでなく、敵の脆弱性の本質および決定的な効果を生み出すためのこれら脆弱性を攻撃する反対サイドの能力にあるのである。[72]

『戦略学２０１３』は、次のように述べている。「情報化条件下の局地戦はシステム対システム戦である」したがって、将来においては、どんなに我々は優勢な装備を持つ敵、または劣勢な装備しか持たない敵と直面しようとも、我々は常に敵の戦闘システムを麻痺させることおよびそうすることが「非対称作戦」となる「最も普遍的および実際的な」方法で「システムへの攻撃」、「重要施設への攻撃」、「ネットワークの〝重要〟ノードへの攻撃」を重視することに焦点を当てる必要がある。[73]

非対称なシステム・オブ・システムズ戦における宇宙任務の役割

『戦略学2013』の著者によって記述されている現代戦における宇宙の役割は、宇宙空間は現代戦における不可欠な要素であり、その全般的な国家戦略情勢における位置付けおよび役割が常に高まってきているという彼らの評価に基づいている。[74] 軍事的な宇宙軍の発展は、情報化戦争に勝利する情報化軍を構築するため、およびPLAの戦略的改革を推進するために重要な意義があると述べられている。[75] この評価は、すべての形態での情報が現代戦において果たす役割が増大しているというPLAの認識にある程度従っている。[76] 宇宙をベースとする情報支援は、現在、軍事に必要不可欠な能力であると評価されている。『戦略学2013』によると、米軍は、「その航法の100パーセントおよび通信の90パーセントの需要」に衛星を利用している。[77] さらに、広範囲の迅速な攻撃法、「特に宇宙・ネットワーク攻撃と防御手段」の拡散によって、中国は、宇宙を含むすべての領域からの敵の攻撃に備えなければならない。[78] 宇宙空間の戦略的重要性によって、『戦略学2013』は、将来の戦争は宇宙空間およびサイバー空間において始まる可能性があることならびに宇宙優勢およびサイバー空間優勢を達成することが全般的優勢を達成し、敵に勝利することになると分析している。[79]

宇宙とサイバー空間からの新しい脅威を認識して、『戦略学2013』の著者は、PLAが「この非伝統的な領域を含めるために積極防御の戦略的縦深をさらに深化させること」を提言している。[80] 彼らは、情報作戦、統合打撃作戦、防空およびミサイル防衛、航空・海上封鎖、島嶼占領作戦、領域拒否作戦、国境防衛作戦、およびサイバー作戦とともに、宇宙作戦を9主要作戦活動の1つに高めている。この考え方においては、宇宙ベースの脅威は、核、通常兵器、サイバー、および核常兼備の脅威とともに、PLAが直面している5主要抑止脅威の1つである。したがって、『戦略学2013』は、PLAは「戦争の新しい形態および新しい作戦領域の特性」に適応する必要があることを提言し続けている。また、軍事技術、武器と装備、作戦部隊、および打撃法の開発において世界の超大国を密接に追跡していく必要があることを提言している。すなわち、それらの開発とは、対ISR、精密攻撃、ネットワーク攻撃、宇宙兵器、および他の新しい攻撃法のための戦術と同様に無人機、対ステルスと巡航ミサイル技術、空母打撃部隊、対宇宙攻撃プラットフォームの開発である。[81]

これらの技術は、宇宙軍の3タイプの任務に使用される。すなわち、それらの任務は宇宙情報支援、宇宙攻撃防御作戦、および宇宙抑止である。

宇宙情報支援（空間信息支援）

宇宙情報支援は、宇宙ベースISR、早期警戒、通信、および航法能力の使用によって達成される。宇宙情報支援は、宇宙計画の基本として記述されている。したがって、宇宙における紛争は、宇宙ベースアセットからの支援を引き出す軍事能力を中心としたものとなる。[82]

宇宙抑止（空間威懾）

宇宙抑止とは、宇宙兵力を用いて抑止活動を行うものであり、核抑止力、通常抑止力、サイバー抑止力、および核常兼備抑止力（nuclear-conventional deterrence）（核戦力および通常戦力の双方を兼ね備えた抑止力）とともに5つの軍事抑止活動としてあげられているものの1つである。[83]『戦略学2013』によると、宇宙抑止能力は、軍民双方の利用の増加によってますます重要となっている。『戦略学2013』が述べているように、「比較的平和な時代および敵対関係が明確でない状況下において、一方の側の宇宙システムの存在および開発ならびにその宇宙能力を高めることは、他国の軍事活動に依然として潜在的に影響を及ぼし、制約することができ、一定の抑止効果を生み出すことができる」[84]

宇宙抑止の目的は、一般的には戦争の勃発を、特筆的には中国の宇宙システムに対する攻撃を防ぐことである。その活動は、中国の宇宙システムの正常な運用を確保するだけでなく、敵の意図や活動を抑制するために敵対行為を限定した許容範囲内に維持するために実施される。[85] しかしながら、『戦略学2013』は、次のように警告している。PLAは、宇宙紛争を拡大するために主導権を取ってはならず、強力な敵の宇宙アセットに対する攻撃を開始してはならないとしている。抑止活動が失敗したとみなされる場合および敵が中国の宇宙基盤に対する攻撃を実施しつつある場合のみ、中国が宇宙での敵を攻撃することを検討すべきであると著者は確信している。対宇宙戦活動が必要とされる場合、PLAは、強力な敵に対する総攻撃を行うべきではない。その代わりに、システム全体を麻痺させることができる重要ノードをねらうべきである。[86] それは敵に警告することに役立ち、状況の抑制を失うことや紛争の拡大を防ぐことができる運動エネルギー手段の使用の可能性を含んでいる。[87]

『戦略学2013』は、敵を抑止するために宇宙を利用できる2つの方法について述べている。第一の方法は、進化した紛争警報を提供するために、宇宙ベースISRの使用によって可能性のある敵の活動を監視することである。したがって、その方法は、中国が先制攻撃および外交的措置を取るための時間を与えてくれる。この先制された通知は紛争の結果に対して非常に重要である。すなわち、単なる宇宙ベースＩＳＲシステムの存在であっても敵が挑発的な行動を取ることを目論むことを抑止することができる。第二の抑止対策は、対宇宙戦対策の適用である。『戦略学２０１３』によると、中国は、敵が宇宙対決の緊張を故意に拡大することを止めさせるために、警報および懲罰による制限的宇宙作戦を実施することができる。[88]

これらの対策を実行するために、『戦略学２０１３』は、「常に宇宙抑止能力を強化すること、異なる抑止メカニズムを把握すること、抑止方法を革新すること」、ならびに敵対国の宇宙権益の制限、中国自身の宇宙安全保障を脅かす敵対国活動の対抗、さらに戦略的な抑止戦力の編成のための各種の原則を遵守することを要求している。また、中国の対宇宙戦能力とそれを行使する意図を明らかにすることを求めている。[89] 同時に、『戦略学２０１３』は、中国は、宇宙の武装化に反対し続けるべきであるが、宇宙兵器を開発しつつある各国にコストを課すことになるように対宇宙戦技術を選択的に開発するべきであると論じている。[90] このような考え方において、中国は、米国と同等の宇宙軍事能力を獲得することを求めるべきではなく、中国は異なるより平和的な宇宙国家であることを示そうとしている。しかしながら、同時に、中国は、所望軍事的任務を遂行するための十分な能力を持つ必要がある。[91] 『戦略学２０１３』によると、宇宙戦能力を開発するための最も効率的な方法は、ＰＬＡが「取り残してきた未実施項目を実施し、弱点を回避しながら、強そうに振る舞うことである」としている。[92]

宇宙攻撃防御（空間攻防）

宇宙攻撃防御は、主に宇宙空間における敵対サイド間での「直接的な戦闘の形」と定義される。宇宙攻撃防御の主な目的は、特定の期間と場所で制宙権を達成することである。[93] これは、宇宙ベースプラットフォーム間の攻勢・防勢作戦と同じように陸上および航空能力を巻き込んだ攻勢と防勢の双方の対宇宙能力を含んでいる。また、宇宙からの、陸上、海上目標や対空目標への攻撃も含んでいる。[94]

宇宙軍事利用の大部分は、現在、情報収集に関連しているが、『戦略学2013』では、攻勢的攻撃作戦の大きな役割の指向は宇宙兵器の機能を低下させ、あるいは破壊することに向かっているとみている。[95] このアプローチを取りつつ、『戦略学2013』は、宇宙支援能力は、C4ISRの要求と限定的な対宇宙兵力に供し得る小さくても能力のある宇宙軍を伴う対宇宙戦能力の発展に優先順位を置くべきであると述べている。[96] すなわち、中国はそのC4ISR要求および限定的な対宇宙戦兵力に対応できる小規模だが能力の高い宇宙軍を整備しつつある。[97]

使用される武器や作戦の種類により、宇宙攻撃防御作戦は、次のように分類される。

●衛星攻撃防御作戦

敵衛星の攻撃および友軍衛星の防御のための陸上、航空および宇宙ベース兵器の使用

●宇宙対ミサイル作戦

宇宙空間を飛翔する敵ミサイルを迎撃および破壊するための宇宙ベースレーザーおよび運動エネルギー兵器の使用

●宇宙ベースプラットフォームの攻撃と防御

宇宙船および宇宙ステーションのような宇宙ベースプラットフォームに基づく武器システムの使用によって宇宙ベースプラットフォームに対して実行する攻勢および防勢作戦

●地上（空中）目標に対する宇宙ベース攻撃

地上、海上または空中の敵目標を攻撃および破壊するために、宇宙ベースプラットフォームからレーザー、粒子ビームまたは運動エネルギー兵器を使用する作戦[98]

宇宙軍の指揮

また、初期の戦略的な原則の策定と強力な宇宙計画の構築の要求は、宇宙任務を指揮するために特定の軍種または部隊を指定する必要があるようにみえるだろう。２０１５年12月31日に、ＰＬＡは、「新しいタイプの作戦部隊」を指揮するためのＰＬＡ戦略支援部隊（ＳＳＦ）の創設を発表した。[99] その用語は、宇宙、サイバー、および電子戦部隊を包含するために過去に使用されていたものである。[100] 政府関連筋の報道によると、ＰＬＡ戦略支援部隊は、宇宙、サイバー、および電子戦部隊から構成されており、それらは他の作戦部隊に対して情報支援機能を提供する。宇宙任務については、これは衛星の管理を含んでいるようにみえる。すなわち、その管理には、打ち上げ、宇宙ベースの情報・監視・偵察（ＩＳＲ）、衛星通信、および衛星航法機能を含んでいる。これらのニュース報道では、ＰＬＡのどの部隊が対宇宙戦部隊を指揮しているかは述べられていない。[101]

ＰＬＡ戦略支援部隊の設立は、どのように中国の宇宙組織が指揮されるのかという問題をいくぶん解決するようにみえる。ある種の「宇宙軍」の設立については、打ち上げと対宇宙戦機能の提供だけでなく宇宙ベースＣ４ＩＳＲ能力の活用を行う空軍および第2砲兵部隊（ロケット軍）の可能性のある関与を中心に何年もの間議論されてきた。[102] これら２つの軍種がＰＬＡの宇宙任務においてある程度の期間において増大しつつある役割を担ってきたにもかかわらず、どちらの軍種もＰＬＡの宇宙軍のすべてを統制することにはならないとみられる。

ＰＬＡ空軍と宇宙作戦

『戦略学２０１３』の空軍戦略に関する節では、他の版にみられたその主題を継続しており、ＰＬＡ空軍（ＰＬＡＡＦ）は、中国の「国家安全保障環境変化およびその国益」が空中および宇宙領域に拡大するにつれて、航空宇宙軍に発展するであろうとしている。２００４年に、ＰＬＡ空軍は「航空と宇宙の一体化、攻撃と防御の同時化」という戦略的要求を策定した。これは、本質的に空軍を宇宙域まで拡張したものとみられる。『戦略学２０１３』によると、この要求は、ＰＬＡ空軍は、従来の空軍から一体化された航空宇宙軍への移行が必要であるとしている。[103] ２００４年以降の分析官による著作は、空軍が宇宙任務を引き受けるべきかのいくつかの理由を示している。第一の理由は、ＰＬＡ空軍は中国軍の「最も技術的な」部門であるため、軍の宇宙の試みを主導するのに最も適していることである。第二の理由は、宇宙戦が進化するにつれて、それはいつか有人宇宙船の使用、すなわち、航空機を操縦する経験を有する空軍任務に比類なく適している能力を含むだろうからである。最後の理由は、外国軍の事例から、たいていの軍隊の宇宙計画は、それらの国のそれぞれの空軍によって運用されており、中国軍もまったく異なるものでないからである。[104]

『戦略学２０１３』の宇宙におけるＰＬＡ空軍の役割の議論は、これらの権威筋ではない文書にみられるものよりもその範囲がさらに限定されており、ある程度は矛盾している。たとえば、『戦略学２０１３』は、

ＰＬＡＦは航空宇宙状況を形成できる軍種に発展し、航空宇宙危機を統制し、航空宇宙戦に勝利する必要があると述べている。そうすることにおいて、ＰＬＡ空軍は航空宇宙防御だけでなく航空宇宙抑止を行う必要がある。同時に、『戦略学２０１３』の著者は、ＰＬＡ空軍の航空優勢確保という現行の中核任務については論じているがこれに対応する宇宙優勢確保の現行の任務についてはどのような言及もしていない。[105]

その代わりに、『戦略学２０１３』の著者は、ＰＬＡ空軍が宇宙ベースプラットフォームの開発および運用に直接責任のある軍種よりも宇宙ベースＣ４ＩＳＲ能力の使用者であるように方向付けられていると記述している。その著者は、一体化された航空宇宙軍への移行を実行する際に、ＰＬＡ空軍は、「５つの軍種と７つの作戦能力を有する１つのシステム」を持つ軍に発展する必要があると述べている。「１つのシステム」というのは、航空、宇宙、および地上ベースＣ４ＩＳＲ能力を一体化された戦略、軍事作戦、および戦術レベルのシステム・オブ・システムズに組み合わせる情報化システムであり、そこでは、宇宙ベース情報プラットフォームが不可欠であると言及している。また、『戦略学２０１３』の著者は、ＰＬＡ空軍は、「全軍隊の宇宙ベース情報源」を利用しているに過ぎないと述べている（それは統制に反対するのかまたは開発中であるかのように）。対照的に、ＰＬＡ空軍は、他の能力との間で第四世代航空機、空中給油機、長距離偵察機、早期警戒機、および無人航空機等ジェット機のような吸気プラットフォームを開発している。[106]

これは、必ずしも、ＰＬＡ空軍が将来の宇宙戦においてさらに積極的な役割を担うことを除外していない。『戦略学２０１３』は、中国空軍の戦略的任務は、伝統的な防空任務から一体化された防空、ミサイル防衛、宇宙防御任務を包含するように拡大しつつあると記述している。すなわち、その一体化された任務は最終的に陸上および航空ベースの宇宙防衛、対宇宙戦ならびに宇宙優勢作戦まで拡大するだろうと記述している。[107]『戦略学2013』はPLA空軍に次のことを要求している。将来の作戦要求に焦点を当て、宇宙船、近宇宙攻撃兵器や航空機搭載レーザー兵器だけでなく宇宙船による軌道兵器投入能力を開発することが必要である。[108]『戦略学2013』は、「宇宙船のハイレベルの発展によって、宇宙軍の輸送は、空軍の戦略輸送の重要な方法になるだろう」と述べている。[109]

PLAロケット軍と宇宙作戦

『戦略学2013』は、宇宙戦の実施にあたり、第2砲兵部隊（新ロケット軍）の役割を前向きに評価している。[110]『戦略学2013』は、第2砲兵部隊を「我が軍の作戦能力の拡大のために重要な信頼を置いているものとして記述し、国益が拡大するにつれて宇宙領域における軍事競争が増大しただけでなく、軍事能力に関する新たな要求を発生させたと述べている。『戦略学2013』は、第2砲兵部隊は、弾道ミサイル任務を持つことから、本質的に宇宙組織であると記述している。たとえば、弾道ミサイル弾頭は、それらの目標に到達するために宇宙を通過する。したがって、弾道ミサイル防衛能力およびそれらの能力を打破する手段は、宇宙作戦と関連している。また、『戦略学2013』は、弾道ミサイルは、少しの修正によって、衛星を宇宙に発射することができ、対衛星兵器としても使用できると記述している。したがって、その教本は、次のように結論付けている。「第2砲兵部隊は…基本的な基盤やハードウェアだけでなく迅速に宇宙能力を開発するための人員および知識を保有している。また、宇宙能力の開発および宇宙作戦の実行のための強固な基盤および良好な条件を持っており、そして、宇宙領域への我が軍の作戦能力拡大のための重要な要石であるとしている」[111]

この役割を実行することにおいて、『戦略学２０１３』は、第2砲兵部隊によって実施される先制攻撃は、おそらく人工衛星を含む、敵の作戦システムを麻痺させることを目的としているだろうと述べている。[112] この先制攻撃は、偵察と早期警戒、電子戦、および防空とミサイル防衛システムならびに航空目標を標的とするだろう。同書では次のとおり述べている。

特殊な状況下においては、先制攻撃は、敵の軍事衛星ならびに他の宇宙ネットワークおよび情報システムノードを攻撃することによって、ミサイルの格段の優位を活用することができる。すなわち、これは、敵の作戦システムに影響を及ぼし、結果として相手に畏敬の念を与えることができ、我々が戦略的主導性を獲得し、迅速に戦略的目標を達成するための条件を作り出すだろう。[113]

結論

中国軍事戦略における宇宙空間の役割についての本章の考察は、ＰＬＡの最高シンクタンクである軍事科学院およびＰＬＡの最高学府である国防大学の学者間の思考の進化を明らかにした。軍事領域としての宇宙空間の概念化は、統合されてはいるが、空中領域の二次的要素すなわち、現代戦の成果に現実で重大な意味合いを持つ独立かつ不可欠な領域に対して戦場での顕著な効果を提供する潜在力を持つ要素という概念から変遷してきている。宇宙空間の重要性に関するこれらの評価は、国益および世界政治情勢に対する重要性に基づいている。

軍事科学院によれば、宇宙空間は、増大する経済的および軍事的利用の領域であり、その重要性は臨界点に達してしまっている。米国は、宇宙における優位性を向上させ、積極的な中国の封じ込めならびに一般に政治、経済、および軍事力、特に宇宙力としての中国の台頭の抑え込みを積極的に追求しつつあるとみられている。それゆえ、中国は宇宙の利便性の実現およびそこでの権益の防護のために技術を開発しなければならない。

実際、明らかな結論は、宇宙が核、宇宙、およびサイバー空間を含む新しい三本柱の1つを形成するものであり、それは、軍事科学院分析官はＰＬＡが国力の1つの道具として宇宙の利用に実質的に関与しているとみていることを示唆している。この結論は、これら3つの能力が、国の経済、社会、および国家安全保障に総合的な影響を持っているという分析評価に基づいている。[114]

さらに、軍事科学院の評価は、ＰＬＡの宇宙能力への実際の関わり合いによって実証されているようにみえる。中国の軍事戦略は、宇宙と対宇宙戦の開発のための要求を設定するだけでなく、開発成果についても設定している。その意味では、『戦略学』の3つの版の著者は、具体的な技術開発については明確にしておらず、宇宙技術における中国の開発は『戦略学２０１３』の著者に戦争の戦略レベルで派生的問題を検討することを要求した実用レベルに到達したようにみえる。

実際に、『戦略学１９９９』が発行されて以来、中国は宇宙技術の驚くべき進歩を遂げてきた。中国は１９９９年にはわずか4機の衛星打ち上げを実施し、実用機能最小の一握りの運用軌道衛星を持つに過ぎなかった。２０１０年以来、中国は定期的に少なくとも14機のロケットを打ち上げており、２０１５年８月の時点において、増大する関連事業への利用のための１４２機の運用軌道衛星を持った。２０１５年８月の時点において、中国は、地域能力を提供することのできる17機の航法衛星群、多種センサーを持つ43機のリモートセンシング衛星、および14機の通信衛星を保有した。[115] さらに、中国はさまざまなタイプの対宇宙戦能力を開発しているとみられ、潜在的な敵の衛星に脅威を与えることを意図した直接上昇兵器、共軌道衛星、およびサイバーを含んでいる。

しかしながら、宇宙作戦に関して『戦略学２０１３』によって導かれた結論は、宇宙の軍事利用に関する中国文書の本文がすでに存在し、『戦略学』の多くの版、特に２０１３年版の著者によって提供された分析評価は、２０００年から２０１３年の間に公開された研究において他の多数の研究者によってすでに提案されていたという事実によって調整されなければならない。特に航空宇宙領域の一部としての宇宙の記述に関して重要な相違があるけれども、『戦略学２０１３』はこれらの以前の著作から引用したものであり、それが個別の著者によって書かれた権威筋でない著作からさらに権威筋である『戦略学』に移行したものであったとしても、この点においては、宇宙に関するＰＬＡ思考が依然として非常に一貫したものであることを示しているように思える。

また、『戦略学２０１３』の著者による評価は、中国の最高指導者の声明だけでなく２０１５年国防白書、『中国軍事戦略』にも反映されている。すなわち、その白書は、軍事科学院の研究者の分析が公式な政策立案に影響を及ぼしていることを示唆している。たとえば、宇宙の重要性に関する『戦略学２０１３』の評価は中央軍事委員会副主席である許其亮（Xu Qiliang）によって支持されている。彼は、２０１５年の記事で「中国は、自国を海洋、宇宙、およびサイバー国家に構築する途上にある」ならびに「大洋、宇宙空間、およびサイバー空間は、軍事競争のための戦略的領域である」と記述している。[116] 同様に、『戦略学２０１３』と『中国軍事戦略』の両方は、世界に対し恐れを持ってみている。『戦略学２０１３』と同様に、『中国軍事戦略』は、平和のための要因が増加しているとみているが、「覇権主義、パワー・ポリティクス（武力政治）および新たな介入主義からの新たな脅威」が出現してきたことならびに「国力および権益の国際的な再分配が強まる傾向にあること」を主張している。２０１５年国防白書は、「世界はまだ局地戦の即時および潜在的な脅威の両方に直面している」と結論付けている。中国が直面している１つの重要な脅威は、軍事革命の増大する速さである。それは、「新たな厳しい挑戦を中国の軍事安全保障に」突きつけている。

世界情勢に関してのこの不安定な見方は、中国の国益に対する脅威の拡大によってもたらされている。その白書によると、「新たな状況においては、中国が直面している国家安全保障の課題は、はるかに多くの主題を含んでおり、より広い範囲にわたって広がり、中国の歴史においてどのような時代より長い期間にわたっている」これらの拡大する安全保障の課題に対処するためには、軍は、「新しい領域において中国の安全保障と国益を守ることができなければならない」、「多種多様な緊急事態や軍事的脅威に対処しなければならない」、および「すべての方面および領域における軍事紛争の準備をしなければならない」これらの新しい領域の１つは、宇宙空間であり、その白書は、それを「国際戦略競争における指揮高地」と呼称し、「宇宙空間とサイバー空間のような新しい安全保障領域からの脅威は、国際社会の共通の安全を維持するために対処されるだろう」と述べている。

『戦略学２０１３』は、戦争の作戦レベルで宇宙を重視している当局よりも宇宙に対するさらに慎重なアプローチを取っている。『戦略学２０１３』における対宇宙戦活動への言及は、しばしば、それ以前で、明らかに権威筋でない情報源だけでなく、より最近でより権威筋の軍事科学院によって刊行された『宇宙作戦研究教範』によって使用された「必要な場合」または「特殊な状況下」というただし書きによって前置きされている。たとえば、『戦略学２０１３』は、宇宙における先制攻撃は、宇宙空間およびサイバー空間で生起するかもしれないと述べているが、『宇宙作戦研究教範』の著者は、「中国は先制攻撃することを回避するために、「戦略」レベルでできることはすべてを行うだろう」と書いている。[117] しかし、その後、中国は宇宙戦場における主導性を維持するために軍事作戦および戦術レベルで先制攻撃をするように奮闘すべきであると提言している。[118] また、その著者は、迅速な決定による迅速な戦争を戦うことは、宇宙作戦の特別な特性の１つであることおよび軍は集中された兵力を隠蔽し、決定的な大規模先制攻撃を行うべきであることと論じている。[119]

この矛盾は、宇宙抑止に関する『戦略学２０１３』の議論によく表れている。その著者は、中国は、特に米軍のような強い相手に対して、宇宙で攻撃を開始するべきでないとしている。その矛盾は、個別のＰＬＡの著者による戦争の異なるレベルでの扱い（いくつかは戦略重視を取っており、他のものはより作戦的である）の結果である。[120] たとえば、『戦略学２０１３』は、現代戦の速度が過去の戦争よりもかなり高速であることおよび戦場の主導権を獲得するための戦いは非常に激烈なものであることを認識している。[121] 実際、『戦略学２０１３』は、できるだけ軍事作戦の初期段階で可能な限り迅速に主導権を握ることが重要であることおよび情報優勢は主導権を握るための基盤であることを認識している。[122]

さらに事態を複雑化することは、抑止に対するこのさらなる慎重なアプローチに矛盾するようにみえる『戦略学２０１３』における一節である。ＰＬＡが優勢な敵に勝つために『戦略学２０１３』によって述べられている１つの方法は、経済的および外交的手段だけでなく、敵の宇宙およびサイバー軍に対する「軍事的抑止手段」によって敵の指揮システムを低下させることによって戦闘に先立つ主導権のための優位な態勢を作り出す」ことである。[123] その著者の評価は、将来の戦争は、おそらく宇宙空間とサイバー空間で始まり、そして宇宙空間とサイバー空間の優勢を確立することは、将来の戦争の勝利に不可欠であるとしている。

この堂々巡りの議論を清算する１つの方法は、中国戦略家は、実際に限界発火点を横断することおよび事実上戦闘をしない、この両方を戦争の開始として考えているかもしれないことである。可能性のある台湾有事にとって、限界発火点は台湾による独立宣言、核兵器の開発、あるいは台湾への外国軍の駐留となろうが、他の非常事態における限界発火点がどこにあるのかわからない。また、そのことは、中国の戦略家が、ある分岐点以上に危機が拡大した時点で戦争開始とみなすことかもしれない。『戦略学２０１３』によると、戦争を阻止するためには、戦争に勝つために十分な準備ができていることならびに物質的および精神的な双方での信頼できる能力を保有していることを必要としている。しかし、戦争が避けられない場合には、果断な攻撃が必要であり、戦争は戦争を止めるために行われるべきである。[124] これは朝鮮戦争への中国の参戦でみられた。そこでは国連軍による38度線通過が公表されていない中国軍の関与の引き金となった。

これらの疑問はさておき、独立した領域としての宇宙空間を指定している機関の主だった動きはＰＬＡが宇宙の利用のための作戦構想を策定することが必要であることを示唆している。また、これは宇宙を別個の作戦軍事活動として指定することを必要としており、あるものはすでに実行されている。[125] ＰＬＡにとって、ここで分析した『戦略学』の３つの版だけでなく２０１５年国防白書に基づき、宇宙ドクトリンの詳細を決定するのは時期尚早かもしれないが、そのドクトリンの概略の輪郭を描くことは可能である。このドクトリンでは、その基本として宇宙優勢の達成、宇宙を利用するための能力としての定義、およびその利用の敵に対する拒否のための必要性を含むことができるだろう。これは、長距離精密攻撃の使用を含め、ＰＬＡが中国本土の国境から遠い中国の国益を防護するのを推進するために堅牢な宇宙ベースＣ４ＩＳＲシステムを開発することを必要としている。また、それは、紛争の早期段階において敵の宇宙アセットを劣化させることまたは破壊することを重視する宇宙に対する攻勢的アプローチを取ることを必要としている。これは、米軍のアプローチとは異なるだろう。それは、宇宙能力へのアクセスを維持するための対宇宙戦手段の使用を重視している。[126]

最後に、宇宙は、核、宇宙、およびサイバー部隊を含む新しい三本柱の1つを形成するという明確な結論は、軍事科学院は、中国が国力の一手段として宇宙に実質的に関与すべきであると確信していることを強く示唆している。結果として、軍事科学院は、米国の軍事行動に対して中国の台頭を妨げないようにすることができる戦略的レベルの能力を開発することを強く主張しているようである。中国の核抑止力は、一般に米国社会に対する壊滅的報復の脅威によって、米国が中国に対して「核の恐喝」を実施することを防止している。中国の宇宙とサイバー兵力は、一方では、核の武器ほど破壊的ではないけれど、現代戦を遂行する米軍の能力および効果的に機能するための米国経済に脅威を与えることにより、米軍および米国経済の技術的基盤に指向している。結果として、宇宙は、戦略的レベルの能力であり、中国の台頭を促進するのに役立つのみならず、他国に対して中国が大国になるための計画を脱線させないようにする戦略的抑止力である。

1 M. Taylor Fravel, "The Evolution of China's Military Strategy: Comparing the 1987 and 1999 Editions of Zhanluexue" in James Mulvenon and David Finkelstein (eds.), China's Revolution in Doctrinal Affairs: Emerging Trends in the Operational Art of the Chinese People's Liberation Army, RAND, Washington, DC, p. 81.

2 Wang Wenrong, ed., Science of Strategy［战略学］, (Beijing: National Defense University Press, 1999), pp. 99–100. Hereafter SMS 1999.

3 SMS 1999, pp. 100–101.
4 SMS 1999, pp. 68–69.
5 David M. Finkelstein, “China’s National Military Strategy,” in James Mulvenon and Richard Yang, The People’s Liberation Army in the Information Age, (Santa Monica: RAND, 1999), pp. 127–128.
6『ＳＭＳ１９９９』と２００１年版をどのように比較および対照するかについての議論については、次を参照。M. Taylor Fravel, “The Evolution of China’s Military Strategy: Comparing the 1987 and 1999 Editions of Zhanluexue” in James Mulvenon and David Finkelstein (eds.), China’s Revolution in Doctrinal Affairs: Emerging Trends in the Operational Art of the Chinese People’s Liberation Army, RAND, Washington, DC, pp. 79–99.
7 SMS 1999, pp. 273–274.
8 SMS 1999, pp. 273–274.
9 SMS 1999, p. 274.
10 SMS 1999, p. 228.
11 SMS 1999, p. 322.
12 SMS 1999, pp. 325–326; 340–341.
13 SMS 1999, p.333
14 SMS 1999, p.341
15 SMS 1999, pp. 325–326.
16 Peng Guangqian and Yao Youzhi, The Science of Military Strategy ［战略学］, (Beijing: Academy of Military Sciences Press, 2001), pp. 465–466. Hereafter SMS 2001.
17 SMS 2001, p. 467.
18 SMS 2001, pp. 468–470.
19 SMS 2001, pp. 472–476.
20 SMS 2001, p. 475.
21 SMS 2001, p. 443.
22 SMS 2001, pp. 361–362.

23 SMS 2001, p. 363.
24 SMS 2001, p. 71.
25 SMS 2001, p. 71.
26 SMS 2001, pp. 132–133, 237, 234–240, 243, 303.
27 SMS 2001, p. 304.
28 SMS 2001, p. 304.
29 SMS 2001, pp. 304–306.
30 SMS 2001, p. 303.
31 SMS 2001, p. 443.
32 SMS 2001, p. 323.
33 SMS 2001, p. 19.
34 SMS 2001, p. 133.
35 さらなる新歴史的使命に関しては、次を参照。Daniel M. Hartnett, "The 'New Historic Missions:' Reflections on Hu Jintao's Military Legacy," in Roy Kamphausen, David Lai, and Travis Tanner, Assessing the People's Liberation Army in the Hu Jintao Era," (Carlisle: U.S. Army War College Press, 2014), pp. 31–79.
36 China Academy of Military Science (AMS) Military Strategy Studies Department, [战略学], (Beijing: Academy of Military Sciences Press December 2013), pp.242 and 247.
37 SMS 2013, p. 182.
38 SMS 2013, p. 247.
39 SMS 2013, p. 21.
40 SMS 2013, p. 72.
41 SMS 2013, p. 78.
42 SMS 2013, p. 105.
43 SMS 2013, pp. 105–106.
44 SMS 2013, pp. 105–106.

45 SMS 2013, p. 105.
46 SMS 2013, p. 105.
47 SMS 2013, p. 73.
48 SMS 2013, p. 73.
49 SMS 2013, p. 185.
50 Ibid.
51 Ibid.
52 SMS 2013, p. 180.
53 SMS 2013, pp.180 and 183.
54 SMS 2013, p. 184.
55 SMS 2013, p. 254.
56 SMS 2013, p. 255.
57 SMS 2013, p. 255.
58 SMS 2013, p. 258.
59 Mao Zedong, Selected Military Writings of Mao Zedong, Beijing: Foreign Languages Press, 1967, p. 105.
60 SMS 2013, p. 170.
61 SMS 2013, p. 149.
62 SMS 2013, p. 246.
63 SMS 2013, p. 246.
64 SMS 2013, p. 105.
65 State Information Council, China's Military Strategy, May 26, 2015, http://eng.mod.gov.cn/Database/WhitePapers/.
66 SMS 2013, p. 125.
67 SMS 2013, p. 93.
68 SMS 2013, p. 97.
69 SMS 2013, p. 94.

70 SMS 2013, p. 108.
71 SMS 2013, p. 129.
72 SMS 2013, pp. 127–129.
73 SMS 2013, p. 129.
74 SMS 2013, p. 179.
75 SMS 2013, p. 179.
76 SMS 2013, p. 179.
77 SMS 2013, p. 96.
78 SMS 2013, p. 102.
79 SMS 2013, p. 96.
80 SMS 2013, p. 102.
81 SMS 2013, pp. 100, 118, 130.
82 SMS 2013, p. 181.
83 SMS 2013, p. 100.
84 SMS 2013, p. 182.
85 SMS 2013, p. 186.
86 SMS 2013, p. 187.
87 SMS 2013, p. 186.
88 SMS 2013, p. 182.
89 SMS 2013, p. 185–187.
90 SMS 2013, p. 187.
91 SMS 2013, p. 187.
92 SMS 2013, p. 188.
93 SMS 2013, p. 182.
94 SMS 2013, p. 182.

95 SMS 2013, p. 183.

96 SMS 2013, p. 187.

97 SMS 2013, p. 188.

98 SMS 2013, p. 183.

99 Wang Shibin and An Puzhong, "习近平向中国人民解放军陆军火箭军战略支援部队授予军旗并致训词"[Xi Jinping Confers Military Flags to Chinese People's Liberation Army Ground Force, Rocket Force, and Strategic Rocket Force," 中国军网 (China Military Net), January 1, 2016, http://www.81.cn/sydbt/2016-01/01/content_6839896.htm.

100 たとえば、次を参照。"战略支援部队其实就是天网军" 将改变战争"[The Strategic Support Force is actually a Space and Cyber Service: It Will Change Warfare], accessed at http://war.163.com/16/0104/08/BCFMF4HF00014J0G.html and "Expert: Strategic Support Force Will Be Involved in the Entire Operation and will be Critical to Achieving Victory,"［专家：战略支援部队将贯穿作战全过程　是致胜关键］人民网（People's Net), January 5, 2016, http://military.people.com.cn/n1/2016/0105/c1011-28011251.html.

101 David Finkelstein, "2015 Should be an Exciting Year for PLA-Watching," Pathfinder Magazine, Vol. 13, No.1 (Winter 2015), pp. 10–11.

102 ＰＬＡ分析官が中国の宇宙計画においてＰＬＡ空軍についてみている役割の議論に関しては、次を参照。Kevin Pollpeter, "The PLAAF and the Integration of Air and Space Power," in Richard P. Hallion, Roger Cliff, Phillip C. Saunders, The Chinese Air Force Evolving Concepts, Roles, and Capabilities, (Washington, DC: National Defense University Press), 2012, pp. 165–190.

103 SMS 2013, p, 218,

104 Kevin Pollpeter, "The PLAAF and the Integration of Air and Space Power," in Richard P. Hallion, Roger Cliff, and Phillip C. Saunders, The Chinese Air Force: Evolving Concepts, Roles, and Capabilities, (Washington, DC: NDU Press, 2012), pp. 176–178.

105 SMS 2013, p.221

106 SMS 2013, pp. 223–224.

107 SMS 2013, pp. 226, 227.

108 SMS 2013, p. 224.
109 SMS 2013, p. 227.
110 SMS 2013, p. 229.
111 SMS 2013, pp. 229–230.
112 SMS 2013, p. 236.
113 SMS 2013, p. 236.
114 SMS 2013, p. 169.
115 次を参照。 the Union of Concerned Scientists satellite database at http://www.ucsusa.org/nuclear-weapons/space-weapons/satellite-database#.Vp-yemf2YqQ.
116 Xu Qiliang, "许其亮： 推进国防军队改革 重塑军队组织形态，" [Xu Qiliang: Promote National Defense and Military Reform Adjust the Military Organization], 人民网 [People's Net], November 12, 2015 accessed http://military.people.com.cn/n/2015/1112/c1011-27805432.html.
117 Jiang Lianju and Wang Liwen (Eds.), Textbook for the Study of Space Operations (空间作战学教程), Beijing: Academy of Military Sciences Press, 2013, p. 42.
118 Jiang Lianju and Wang Liwen (Eds.), Textbook for the Study of Space Operations (空间作战学教程), Beijing: Academy of Military Sciences Press, 2013, p. 52.
119 Jiang Lianju and Wang Liwen (Eds.), Textbook for the Study of Space Operations (空间作战学教程), Beijing: Academy of Military Sciences Press, 2013, pp. 142–143.
120 SMS 2013, p. 97.
121 SMS 2013, p. 127.
122 SMS 2013, p. 130.
123 SMS 2013, p. 129.
124 SMS 2013, p. 50.
125 Office of the Secretary of Defense, Military and Security Developments Involving The People's Republic of China, 2015, p. 35.
126 Joint Publication 3-14: Space Operations, May 29, 2013, II-8.

第9章

軍事情報の近代化——構想に合致する組織を実現する

ピーター・マーティス／木村初夫訳

中央軍事委員会が人民解放軍（ＰＬＡ）に「ハイテク条件下の局地戦」に備えるように指示して１９９３年に軍事戦略指針を見直して以来、戦略から戦術レベルに至る情報（intelligenceは情報とする）は軍事作戦に関する中国の考え方においてますます重要な役割を果たしている。現代戦における情報の重要な役割は、「ハイテク条件下」から「情報化条件下」（信息化条件下）の作戦へのその後の概念変化に関してさらに強調されてきた。[1] 前章において記述したように、ＰＬＡは、情報活動はネットワーク戦、政治戦、および電子戦を含む情報戦の広義概念の１つの構成要素であると理解している。この理論のための知的な基礎的路線のほとんどは２０００年代初期までに『戦略学』（Science of Military Strategy[SMS]）２００１年版および『軍事情報学』（Science of Military Intelligence）の発行とともに敷かれたが、総参謀部（General Staff Department[GSD]）配下のＰＬＡの情報部門の組織構成と責任は初期には遅れを取っていた。しかしながら、この方向における運用上の変化の兆候は『戦略学２０１３』のような権威ある文書と最近のＰＬＡにおける構造変化の双方にみることができる。

２０００年代中頃までに、ＰＬＡが情報を概念的に重視することと軍事作戦の範囲にわたって情報支援を提供するその実際の能力との間の対立は限界点に達した。文化大革命の進展により、軍事情報は、上級党指導者との長期の個人的関係、独自能力、および１９６８年において官僚的ライバルであった中国共産党の中央調査部の解体によって、中国の国家情報（インテリジェンス）システムにおいて中心的役割を占めるようになった。ＰＬＡ情報指導部の第一世代が１９８０年代末期および１９９０年代初期の時代を最後として退役した時、戦闘または他の伝統的な軍事経験を持たない大使館付武官の世代が軍事情報の指導的な立場を引き継いだ。ＰＬＡの情報能力と軍司令官の情報支援との間で顕著になってきた不整合さは、状況認識および精密誘導弾とミサイルのターゲティングの双方を必要としている。２００５年から、ＰＬＡは軍事オペレーターを指導的な位置に配置しながら徐々にその主要な情報部に再主張し始めた。軍事情報は軍事作戦およびシステム・オブ・システムズ作戦内の情報の役割ならびに情報化された局地戦の勝利を理解する新たな指導部を必要とするので、すべてのレベルにおいて軍の部隊もまた情報を理解する将校を必要とした。軍事情報指導部のトップからの指示は、情報がもはや最終配置ではないことおよびＰＬＡ情報将校が軍種レベルまでの副司令官ポストに異動できる選択肢が存在することを示した。

しかしながら、要員の移動は十分ではなく、軍事作戦に向けてＰＬＡの情報機構を再構築するために、より大きな組織的変革が必要とされるだろう。２０１５年11月26日に、中国共産党総書記と中央軍事委員会主席を兼ねている習近平は、中国の支配のために戦うことに適合した陸軍から中国の領土を防護することを重視した陸軍への１９４９年の移行以来、ＰＬＡの最も重要な組織的大改革を公表した。２０１６年7月の時点において、情報のための見直しのすべての範囲とその意味合いはいまだはっきりしない。習の改革は多くの情報関連アセットをまとめたＰＬＡ戦略支援部隊（Strategic Support Force[SSF]）の創設を含んでいた。またそれは報告されているように一組織のもとに衛星およびコンピューターネットワーク作戦を含んでいる。新たな戦略支援部隊に並んで、軍区の再編成および新たな陸軍司令部の創設はＰＬＡ情報組織にさらなる影響を及ぼすだろう。

本章は、情報に関するPLAの考え方の進化を3節に分けて記述している。第一は、PLAが情報化条件下の現代戦における戦闘に備えるためにPLAが情報について検討した結論を記述している。第二は、なぜ軍事情報が長い間にわたってPLAの作戦意志決定プロセスから切り離されてきたかを記述している。最後に、本章はどのようにしてPLAのより広い範囲の構造改革がその情報機能に影響を及ぼしつつあるかについての所見で結論付けている。

情報（インテリジェンス）――すべてのレベルでの意志決定者を支援すること

たいていの西側分析およびメディア論評解説において、中国の情報に対するアプローチの議論のほとんどは、民間情報局による人的諜報作戦（Intelligence Operation とInformation Operation を区別するためにそれぞれ諜報作戦および情報作戦とする）および技術情報のサイバーによる窃取にほとんど集中しているが、PLAが作戦を推進するために情報を活用する必要性が増大しつつあることをほとんどまったくと言っていいほどに見過ごしている。たいていの分析は、これらの人的およびサイバーによる諜報作戦に基づき、中国は情報収集者が現在または将来において潜在的に価値がある可能性があるどのような情報資料（information は情報資料とする）収集も自由自在に行える場所において、いわゆる「砂粒」戦略といわれる異国風のアプローチを取るものとして記述している。[2] しかしながら、PLAの情報収集に対するこのアプローチは、米国および西側の軍隊の情報収集者の方法と同じかそれ以上に一致している。

PLAは情報（インテリジェンス）とは意志決定者に決心することを逡巡させているある種の二者択一の板挟みいわゆるジレンマを解決させる知識であるとしている。最も影響を及ぼす中国の情報（インテリジェンス）構想は、1950年代以後の中国のロケット計画を主導した米国留学経験のある科学者、銭学森（Qian Xuesen）博士によって考え出されたものである。また、その構想は広くPLA文書においても用いられてきた。銭博士は次のような意見を述べた。「情報（インテリジェンス）は特定の問題を解決するために必要な知識である。この見方は2つの概念を含んでいる。1つは情報が知識であり、虚偽でなく、またはでたらめでないことである。また、情報は特定の要求のためであり、特定の問題のためである。したがって、適時性および適切性が非常に重要である」。[3] この定義を変化させたものはPLA将校が寄稿しているPLA刊行物および専門情報科学雑誌の双方にみられる。たとえば、銭博士と特に関係のない、『軍事情報学』という書物は、「情報は知識、すなわち特定の問題を解決するための知識ならびに伝達できかつ情報ニーズを満足させる知識である…情報の収集、伝達、および活用は状況を理解しかつ問題を解決することを目的とする」と述べている。この観点から、意志決定者および使用者のニーズが情報の成功裏の成果にとって重要である。この点は『軍事情報学』において明示的に次のように述べられている。「情報の価値は情報要求者に対する有用性の程度によって決定される」[4]

意志決定者のニーズは情報の価値を決定するので、情報はその機能を意味するいくつかの特性品質を持っている。これらの品質の中には目的性、適時性、および機密性がある。最初の2つの品質は意志決定者を支援する文脈において明らかである。情報はでたらめであり得ないが、指示される必要がある。また情報はそれが有用であるためには意志決定の前に届かなければならない。情報における機密性のニーズはより広範な情報戦の実施における情報の役割に由来するものである。諜報戦（Intelligence WarfareとInformation Warfareを区別するためにそれぞれ諜報戦および情報戦とする）は、攻勢であろうと防勢であろうと、成功がゼロサムであり、また敵の成功と関連してはっきりと競合する領域において生起する。[5]

しかしながら、おそらく最も重要な情報の品質は、情報資料の収集から意志決定者に対する情報（インテリジェンス）の配布に至るまでのプロセスのあらゆる段階での選択性のニーズである。それぞれの段階で、情報将校は、何を収集するのか、何を確認するのか、またそうすることにいくら労力を費やすのかを決定する必要がある。収集後、分析官はどのような情報資料が分析に必要か、その上どのような情報が意志決定者に送られるべきかを決定しなければならない。情報業務において選択的でないことの結果は情報（インテリジェンス）システムと意志決定者双方を不必要なまたは不適切な情報で過負荷にし、そのシステムを麻痺させる可能性がある。将来戦のさまざまな戦闘空間における技術的センサーはさらに多くなっているようにみられ、このことが選択性を情報における重要な傾向としている。いくつかの米国文書で提示されているこの問題に対する技術的解決策と異なり、『戦略学２００１』は「情報過負荷の現象を効果的に削減するための」戦略的判断を向上することを進言している。正確な戦略的判断は、収集者に戦略的情報を追跡するための指針を与え、また利用できる情報資料の量とは直接的には関係がない。[6] 中国は衛星を打ち上げ、さまざまな固定式と移動式レーダー、早期警戒機と指揮統制システム、およびいくつかの異なる型式の無人偵察機を展開し続けているので、ＰＬＡ本部に達する情報資料の量は着実に増加している。

情報作業を実施する最終形態は、『軍事情報学』と『戦略学２００１』によると、我の側を説明するニーズである。これは作戦参謀および敵を重視する情報参謀を伴った客観的で現実ベースの情報支援を当然とする情報に対する米国式アプローチに対して明確な対比的要素を提示するものである。『軍事情報学』は「軍事情報は第一の任務として敵の状況を把握すべきであるが、敵の状況に限定すべきではない（また、我の側および関連の客観的状況を含むべきである）」と記述している。[7] 『戦略学２００１』は、情報は敵の弱点に対して我の具体的な強点を整合し、また段階的拡大を統制するための強制的な手段を調整するのに役立つ役割を果たしていると説明している。[8] このことは我の能力に関する情報の付与なくして実施され得ない。

情報と偵察という用語が中国の情報組織で用いられている方法を記述することは価値がある。これらの用語は時々ＰＬＡにおいて情報関連部隊に言及する場合に交互に使用されているようにみえる。統合参謀部の情報局（以前は総参謀部第2部または2ＰＬＡ）からさらに下位の情報局は、情報資料が集約、分析、およびいくつかの様式で配布されるところである。また、これらの部隊はいくつかの収集責任を持っている可能性があるが、これは明確なものではない。しかしながら、いくつかのケースにおいては、2つの間の区別はなされている。以前に各軍種および軍事分野に関連していた技術偵察局のような軍事偵察部隊は、「国家安全保障および紛争のために要求された情報を獲得するための活動」を実施している。技術偵察は特に「偵察を実行するための技術的装備または技術的手段の活用」に言及している。[9] この区別はＰＬＡの情報時代における情報の考え方とはほとんど関係がないことであるが、中国軍が情報活動を統合参謀部および戦略支援部隊においてどのように再編成しつつあるかを理解するための重要な構成要素である。

情報化世界における情報（インテリジェンス）の役割

情報（インテリジェンス）はＰＬＡのために3つの基本的役割を果たしている。第一は、前述したように、中央軍事委員会（Central Military Commission[CMC]）から下位の戦術レベルに至るまでのすべてのレベルでの意志決定を支援することである。それは認められた価値のある軍参謀機能である。第二は統制された圧力が戦争を起こさずに外国に対して適用できるように抑止および強制を可能にすることである。第三は情報があらゆるレベルで役割を果たす情報戦を可能にすることであり、そのことは敵の社会と社会構造を理解する方法、および各種情報戦を包括した分野を含んでいる。

第一番目に、情報（インテリジェンス）は中央軍事委員会および軍隊の建設のようなその他の軍の指揮・管理責任のレベルでの戦略的意志決定を支援する。それは公認された価値のある参謀部機能である。情報を取り扱う参謀部の要素なしでは、PLAは「予測、科学的評価、および検証」の基盤に基づいて機能できず、また選択された戦略を実行するために彼らの活動も調整できないだろう。これは『戦略学２０１３』の公表を通して相変わらず一貫した点であり、それは戦略的情報を戦略の術（art）と科学の双方の必要な構成要素として強調している。[10]

さらに話を進めて、PLAは少なくとも２００１年以来、技術的センサーおよびデジタル形式の情報データの拡散が、情報は何ができるのかまた情報支援をどのように組織化するかという点で、その分野を再形成し続けていくという考えを保持している。電子的形式で蓄積および通信されるデータは情報利用者を倍増させている。なぜならば、それが収集および配布されるのが容易であるからである。[11] 最新の所見において、PLA学者は急速に変化する環境に対応すべく十分な柔軟性を保つために局地情報化戦が情報収集に負担を強いていると記述している。[12]

２０００年代初期において、PLAはその他に関連するいくつかの情報（インテリジェンス）の品質はまた現代の情報化条件下において変わるだろうと予測した。第一は偵察における完全性であり、それは戦場をより優れた透明性に向けて変えつつある。情報は情報化戦の機会と脆弱性を活用するためにより優れた包括性および精密性を必要とする。第二は司令官達に彼らの意志決定のために情報をリアルタイムに配布ならびにターゲティング情報および爆撃効果確認を必要とする発射兵器による精密攻撃を支援する能力の必要性である。情報（インテリジェンス）の伝統的モデルは、現代の戦場に遅れを取らず進むことができない長期に及ぶ収集、評価、および配布のプロセスを含んでいる。第三は情報管理の自動化であった。現代の情報（インテリジェンス）が収集できる情報資料の爆発は既存情報（インテリジェンス）手順を圧倒してしまうほどに脅威となり、また人手や、単独で、さらに支援なしでは管理できないだろう。第四は異なる軍種にわたる情報システムの統合であった。同時に、それぞれの軍種は異なるハードウェアおよびソフトウェアプロトコルを持つ異なるネットワーク上で運用していた。これらの異なるシステムの統合は共有情報（インテリジェンス）状況図および統合作戦だけでなく自動化の可能性を活用する能力を与える。[13]『戦略学２０１３』のようなごく最近のＰＬＡ刊行物において、ＰＬＡ思想家が情報の世界がどこに進もうとしているのかを誤解していると示唆しているものはない。これらの刊行物はどのような新たな考えを作り出すことよりもむしろこの世界における情報を適用することを重視している。

第二番目に、ＰＬＡは情報（インテリジェンス）が仮想敵の抑止および威圧外交の実施の重要な構成要素であると考えており、それらの双方は同じ中国語である「威慑」（この中国語の英訳は記述されていない）に含まれている。『戦略学２００１』は情報がこれらの分野において意志決定者を導かせる必要があるいくつかの任務を明らかにしている。第一は相手側の意志決定の体系的理解を提供することであり、それは組織的と心理的要因の双方を含んでいる。これは心理的なショックとなる行動の定式化を可能にする。第二は中国の指導者が中国の目的を威圧または抑止手段の適切な力に調整しかつ整合させるのに役立つことである。これらの２つの目的を均衡させることは誤って状況を段階的拡大させる可能性がある失策を回避するために必要である。第三は「敵が確保しなければならない目標」に対抗してその抑止手段を攻撃目標にすることであり、これにより敵に主導権を譲歩させ、防勢行動を取らせ、また撤退させることになる。そのようなものを攻撃目標にすることは我の側の脆弱性を隠蔽することになる。最後に、情報は中国の意思決定者にどのように敵がPLAの威圧または抑止手段に対して対応しつつあるかに対して警告するフィードバック機構を提供するものである。適切に働く情報のフィードバック機構は北京がその主導権を維持するのに役立つものである。なぜならば、情報は武力が敵に対して使用される場合に起きることが避けられない危機および緊急事態に対して、意志決定者が迅速かつ確信を持って対応することを可能にするからである。[14]

第三番目に、すなわち抑止作戦を支援することは最も広義の意味において情報戦に対する情報支援の拡張的本質を浮き彫りにしている。この枠組み内に情報を置くことは、意志決定者を支援するための活用の他にそれを直接的に秘密力の創成と活用に結び付けている。中国の軍事思想家は情報（インテリジェンス）を情報戦の4つの構成要素の1つであると呼んでいる。また、情報戦はネットワーク戦、政治・心理戦、および電磁戦を含んでいる。これらのそれぞれの領域は、諜報戦を含み、PLAは敵の意志決定プロセスにおける優位性を求めている。その優位性とはどのように情報資料が収集されるかということからどのようにそれが理解、伝達、および活用されるかにまでの範囲にわたるものである。なぜならば、敵はこれらの領域のどのようなものについても透明でないので、情報は敵のネットワーク、社会、センサー、および情報組織を地図化することが要求される。敵の情報資料分野を調査することは情報戦の他のすべての要素のために不可欠なものである。したがって、『軍事情報学』がそれを記述しているように、現代の情報戦は情報（インテリジェンス）の役割を「従属的なかつ防護的な」ものから作戦の達成目標が何であり、攻撃目標が何であるかを識別する主導的なものに転換させた。[15]

また、この情報戦に対する関係は、中国観点の情報（インテリジェンス）とは敵の能力および意図に関する特定の情報資料だけでなく、どのようにして敵の政府、軍隊、およびその他のシステムが社会レベルでの情報資料と機能を処理するのかというより広範な面も含んでいることを浮き彫りにしている。一方、この後者の要素は参謀部活動に関する中国の記述には現れないかもしれないが、それは『人民解放軍の政治工作規則』(Political Work Regulations for the People's Liberation Army）に少なくとも1963年以来一貫して現れている。[16] その規則は「敵軍の状況を調査研究し、敵軍を崩壊させることを企図した活動を指導するための」規範を含んでいる。[17] 吐征（Ye Zheng）の『情報作戦研究教程』(Lectures on Information Operations Studies）において、この種の情報活動は「敵の出来事の国家情勢、敵軍の環境、敵軍の心理戦状況、敵が現在直面している状況、および我軍の実際の心理的状況と装備・資材の状況等」を含んでいる。[18] 情報戦の目標は純粋な軍事目標および方法を凌駕して、政治的、経済的、外交的、および技術的活動領域における戦略から戦術レベルに至る広範な目標を含んでいる。[19]

情報戦内に情報（インテリジェンス）を組み込むことは意志決定支援機能の文脈において必ずしも明白でない情報（インテリジェンス）の競争的な面を強調している。収集能力を超えて、それは我の情報処理システムの完全性を確実にするために設計された防護対策にまで拡大している。敵が我の側に関する情報（インテリジェンス）を効果的に収集するのを防ぐことの他に、情報（インテリジェンス）の防勢側は情報源、方法および結果を秘匿することを含んでいる。[20] これはＰＬＡの著者が画像に加えてＳＩＧＩＮＴ（通信や信号などの傍受）およびＥＬＩＮＴ（電子情報）収集のための宇宙ベース情報（インテリジェンス）アセットの重要性を強調している理由の1つである。衛星は識別するのが容易である可能性があるが、それらの特定能力および運用は外部の観察者によっては容易には認識できない。これは、敵によって識別されても、存続能力のある収集作業を維持するのに役立つものである。[21]

最も重要なことには、鍵となるＰＬＡ文書は、この統合は情報（インテリジェンス）がネットワーク、心理、および電磁（波）領域における情報戦のその他の面に責任のある部隊と密接に働くべきであることを意味していることを示している。これらの考えが２０００年代初期に述べられたその当時に、ＰＬＡの情報（インテリジェンス）および情報戦組織は次に示すものを含んでいた。

- ●総参謀部第２部（情報［インテリジェンス］）
- ●総参謀部第３部（技術偵察）
- ●総参謀部第４部（電磁戦）
- ●総参謀部通信部（２０１１年に情報化部に改称）[22]
- ●総政治部連絡部
- ●軍区および各軍種内の情報局および技術偵察局

この組織的分野はいくつかの異なる上級将校に報告する活動の複数ラインを作り出した。関連して、また中国の軍事衛星の指揮統制は複雑な状況を呈している。なぜならば、さまざまな報告書がいくつかの異なる部局等がそれらをどのように運用するかについて権限争いをしていた可能性があることを示唆しているからである。[23]　外事および情報担当の副主任によって補佐された総参謀部主任は、情報戦の範囲を横断する大規模な活動体を調整できる将校に対して最も近いＰＬＡの人物であった。しかしながら、これらの将校は広範な一連の責任、たとえば中央領導小組でＰＬＡを代表すること、外国軍と会合すること、および日常の軍事作戦の作戦上の監督責任を持っていた。（少なくとも平時の組織図には）、これらの諸活動の分野を束ねるトップレベルの情報戦参謀またはその他の組織的機構は存在しなかった。

どのようにしてＰＬＡはその情報（インテリジェンス）組織を失ったか

ＰＬＡの情報組織はそれが中央指導部に対する主要な情報提供者となるにつれて１９６０年代末期に始まった軍事統制からゆっくりと漂流してきた。一連の発展強化は情報組織にわたるＰＬＡの統制を制限し、また軍事情報をＰＬＡの他の部分と平行して進化することを妨げた。なぜならば、軍事が１９９０年代に始まった「システム・オブ・システムズ」作戦の方向に動いたからである。

情報機関は自分の指揮系統を越えて要員にさらなる要求を課しているより大きな国家的な文脈の中で活動する。情報機関が国家機関または部局機関かどうかにかかわらず、情報を収集および分析するそれらの能力は所望によって国家指導部によって要求され得る国家資源である。１９６６年から少なくとも１９７６年を通して、ＰＬＡの情報組織は共産党指導部を支援できる唯一機能している機関であった。文化大革命によって起こされた混乱は中央調査部（Central Investigation Department）および公安部（Ministry of Public Security[MPS]）の外事情報部隊の解体に導いた。どのような種類の外国人との接触においても彼らはしばしばスパイ活動の告発に直面した。また、情報源が扱われている厳重な区分化は、たとえ他の将校が告発された彼らの保証を請け合うかまたは守ることができたとしてもそのようなことはほとんどないことを確実にした。国家機関の各部および共産党官僚機構が活動を停止したので、民間情報組織は彼らの情報源および運用を軍事情報に転用してしまったようにみえる。[24]

また、総参謀部内の情報指導部は、作戦またはＰＬＡ司令官達に対する直接的な情報支援の提供によって得られた専門知識以上に大使館付武官の一般的な外事専門知識に特権を与える世代交代を経験した。これらの将校に関する良い例としては東西ドイツにおいて大使館付武官として駐在国招待の視察旅行に従事した熊光楷（Xiong Guangkai）があげられる。熊光楷は、総参謀部第2部（2ＰＬＡ）の次長およびその後部長（それぞれ１９８４〜１９８８年および１９８８〜１９９２年）として勤務し、その後１９９８〜２００５年の間、情報および外事の監督担当の総参謀部副部長に任じた。[25] 熊光楷の2ＰＬＡ部長への昇進以前の総参謀部主任は中国革命、日本に対するレジスタンスの戦争、または朝鮮戦争の戦闘における作戦情報の経験を持っていた。しかしながら、熊光楷の管理下では7名の2ＰＬＡ部長の中でただ1人、陳小工（Chen Xiaogong）だけが戦闘または作戦経験も持っていたに過ぎない。[26]

軍事情報の重要性は文化大革命後および短期間に再構成された中央調査部と１９８３年の国家安全部（Ministry of State Security[MSS]）による党・国家情報機能の再建後も依然として変わっていない。いくつかの理由によってＰＬＡの全体的重要性が中国の政策立案者に対して説明されている。第一に、ＰＬＡは中国制度内に唯一の全情報源情報（All-source Intelligence）能力を保有しており、情報が民間部局とＰＬＡとの境界を横断して日常的に共有されていると確信する理由はない。共有運用プラットフォームは民・軍情報機関が少なくとも1つの領域で情報を共有していることを示唆しているが、安全運用のために新しい政府内センターを構築し続ける必要性は情報が常態的に統合されていないことを示唆している。[27] 第二に、最上級のＰＬＡ情報将校は、最近の再編成までは総参謀部副主任であったが、現在は外交問題および台湾問題領導小組のような外交および安全保障政策を指導する領導小組（Leading Small Groups[LSG]）の一員である。国家安全部は外交問題領導小組に１９９０年代中期まで、すなわち国家安全部の創設後12年以上加わらなかった。第三に、１９８５年に、鄧小平は中国の大使館におけるプレゼンスおよび海外での情報源を収集する能力を減ずる国家安全部に極めて厳しい制限を行った。これらの制限は少なくても２０００年代まで撤廃されなかった。[28] 大使館および新華社のような他の当局プラットフォームにおいてPLAとしてのプレゼンスを持っていたが、PLAはこれらの制限を受けることはなかった。

また、個人的関係はPLA情報組織を軍の直接支配から隔離するのに役立っていた。1975年の総参謀部主任としての鄧小平の復権から熊光楷の1998年の総参謀部副主任への昇格まで、情報指導部はすべて鄧小平と直接的な個人的つながりを持つ八路軍の退役軍人が占めていた。これらの親密な個人的つながりおよび緩和された作戦上の制限は、鄧小平が安心して彼の情報要求をPLAに依頼していたことを示唆している。[29] また、江沢民総書記と熊光楷との間の親密な関係は軍事情報の重要な地位を加速し、またおそらく全体としてのPLAとその情報組織との間の大勢を固定化したようだ。伝えられているところによると、この関係は江沢民が台湾に対する安全部の情報収集の支配を確立しかつ加速するために熊光楷を国家安全部に任命しようとするほどに十分に親密であった。[30] 他の噂では、熊光楷がPLAのSIGINTおよび他の情報能力をPLA指導部の方に向け、江沢民が非商業化の実現において軍事官僚機構の裏をかき、またPLAの日々の管理を監督するのに役立つようにしていた。

これらの要因はPLAの情報機関が情報化に向けての軍内での情報活動のために変化しつつある要求に適応することを阻害していた。しかしながら、2005年における熊光楷の退任後、PLAは軍事情報支配の確立に向けてゆっくりと動き出した。その変化はその指導部レベルで始まった。そこでは上級情報指導者はようやくにして昇任の機会を持つかまたは副司令官として作戦部門に横の異動の機会を持つことになった。最終配置予想の観点において早期退職の可能性があった陳小工、楊輝（Yang Hui）、および呉国華（Wu Guohua）のような情報の星はPLA空軍の南京軍区、および第2砲兵部隊にそれぞれ異動した。熊光楷の後任の総参謀部副部長は前総参謀部作戦部長章沁生（Zhang Qingsheng）および前パイロットかつ現

ＰＬＡ空軍司令官馬暁天（Ma Xiaotian）のようにすべて作戦上の経歴を持っている。[31]また、この事例の証拠として、そのような作戦と情報要員の相互交換はより低いレベルで起きつつあるということも明らかになり始めてきた。すなわち、幾人かの将校に大使館付武官の仕事で海外の時間を与え、また中程度のキャリアの情報将校を副隊長の仕事に異動させている。

軍の改革、情報（インテリジェンス）の改革

２０１５年11月26日に、中央軍事委員会主席習近平はＰＬＡを作り直し、また再組織化するために広範囲にわたる軍の改革を公表した。軍区制度のような古い構成は一掃され、また陸軍はあらゆる分野を長い間支配したが表面上は「統合」ＰＬＡの一部門となり、彼らの存在威信を失ったようにみえる。その宣伝機関が新たな組織構成について鳴り物入りで伝えているさなかにあっても、ＰＬＡはどのようにして軍が情報活動を組織化し、また再組織化するかについて明確にすることはまったくと言っていいほどしていない。しかしながら、一時的な分析はまだ可能である。その理由は、どのように体系的にＰＬＡが自身および情報活動を組織化してきたかである。この文書の時点における決定的な変更は比較的少ないが、本節はすでに公表されているＰＬＡ改革の部分からわかること、各方面で周知されている情報資料から推論され得ること、および将来において明らかになる可能性がある追加変更に関する考察を記述している。

中国当局は２０１５年11月におけるＰＬＡ改革の公表以来３つの主要な変更がされたことを示唆している。第一に、旧総参謀部の多くの情報機能は新統合参謀部（Joint Staff Department [JSD]）に移行された。情報および外事担当の総参謀部副部長、孫建国（Sun Jianguo）海軍上将（大将）は、現在統合参謀部副参

謀総長であり、また北京およびシンガポールのシャングリラ対話のようなフォーラムでの外国人聴衆に対してPLAを代表し続けている。[32] また、孫建国は中国国際戦略研究所（China Institute for International and Strategic Studies [CIISS]）の所長、すなわち軍事情報コミュニティにおけるいくつかの権限を持つ配置についている。

第二に、統合参謀部は、改称された2PLAのような部署である情報局を含んでいる。[33] 歴史的に、中国の組織図は情報部として2PLAを含んでおり、また総参謀部第3部（3PLA）を技術偵察部として記載していた。統合参謀部組織構成を認識しているどのような情報源も3PLAとなるはずの部署がどの部署なのかを判別しきれていない。いくつかの報告書が3PLAはどこかに、おそらく戦略支援部隊に移動したと示唆している一方で、どのような信頼に足る中国の情報源もいまだに3PLAの情報能力がどのように配置されているかについては明確にしていない。

第三に、人事異動に基づいて考えれば、2PLAの航空宇宙偵察局は宇宙アセットを単一指揮下に置くために、大規模異動の一部として戦略支援部隊に移動したようにみえる。[34] 最も目に見える移動は旧総装備部で起きており、その部の宇宙組織は新しい軍種に移動してしまっている。

また、PLA情報の将来像はより広範な組織変更に基づき推測され得る。これらの最も重要なことは新たな陸軍司令部の創設である。以前には、総参謀部は全体としてのPLAの統合参謀本部および陸軍司令部の2つの任務を果たしていた。陸軍が総参謀部指導部を支配したことはおそらく参謀業務のほとんどを陸軍の作戦上の必要性と政治的要望の支援に偏向させていた。統合参謀部と陸軍司令部を分離することは2つの部を混乱させずにそれぞれがその責任の遂行に集中することを可能としている。その分離により陸軍または新たに創設された戦区のいずれかに送りこむために総参謀部情報部の部門をほぼ間違いなく解体することになる。移動することが最もありそうな総参謀部部局は、無人機（ＵＡＶ）連隊および他の技術偵察部隊のような戦術レベル支援を提供する部隊である。[35] また、陸軍司令部は戦略情報支援を陸軍指導部に提供するために少なくとも情報部局を受け入れることは多いにあり得る。

さらに推論的には、ＰＬＡは前の軍区の情報局および技術偵察局を５つの戦区と戦略支援部隊との間で分割しようとするであろう。情報（インテリジェンス）は共通の司令部構成要素であり公認の参謀機能である。中国革命と中国内戦の経験から引き出したＰＬＡの教訓の１つは意志決定者に密接な情報を維持する必要性であった。このことは前述したように現代のＰＬＡ文書も密接なつながりの必要性を強調している。軍区の収集能力が完全に戦略支援部隊に対して与えられたとしても、それらの情報局はその司令部の特定ニーズに対して到着する情報資料を処理するために戦区司令部間でおそらく再編成されるだろう。

ＰＬＡは情報戦能力を集中化する必要性と情報活動における異なる官僚的な縄張りとの間の矛盾を解決することはないようにみえる。情報は常に軍の参謀機能であり、また統合参謀部は情報能力と上級レベルの意志決定者の支援の両方に正当に関与しなければならない。官僚的な衝突の現実問題は、戦略支援部隊と政治工作部（以前は総政治部）との間に存在する。戦略支援部隊は多くの情報戦能力を特にそれらが関連するネットワーク戦および電磁戦に対して単一指揮系統下で統合するようにみえる。また、戦略支援部隊はかつて総装備部および総参謀部に属していたいくつかの宇宙関連部隊を統制するようにみえ、現在戦略支援部隊はＰＬＡの情報衛星を管制していることを示唆している。これは戦略支援部隊に４つの情報戦分野の３つに重要な資源を与えている。『政治工作指針』に概説されている政治・心理戦だけでなく情報関連機能担当の主要部は連絡部（おそらく現在は政治工作部内の連絡局）である。２００３年および２０１０年におけるその指針に対する改正はＰＬＡの戦争能力の一部となりつつある政治将校の重要性を強調し、また進化するシステム・オブ・システムズ作戦内のモジュール化部隊集団に関する他の刊行物は政治・心理戦部隊を含んでいた。[36] 連絡部（あるいはその後継部）が依然として政治工作部内に存在する限り、情報戦は中央軍事委員会レベルで一体化するだけで分割された司令部配下で作戦するだろう。

知られていない事柄は依然として極めて重要である。たとえば、２０１６年６月の時点において、各軍種および軍区のための多くの技術偵察局（ＴＲＢ）が存在しているようにみえるが、それらを各軍種、新たな戦区、または戦略支援部隊に結び付ける改革後のオンライン公開情報はない。改革のための指導フレーズ、すなわち「中央軍事委員会は主導する、戦区は戦う、また各軍種は装備する」（軍委管総、戦区主戦、軍種主建）は技術偵察局が戦略支援部隊または戦区に移動または分割されるだろうということを示唆している。各軍種がそれぞれの部隊に装備させることに努力を傾注するべきであるならば、それぞれの部隊が戦術情報収集能力を持つことはまったくと言っていいほど意味をなさない。

また、情報活動の代替センターの構築はＰＬＡが戦術レベルでの軍事作戦をよりよく支援するためにＰＬＡ戦略支援部隊の情報要員をどのように訓練するかという問題を生起させている。軍事情報機関への伝統的な取り入れ口としては南京国際関係研究所（Nanjing International Relations Institute）および洛陽外国語研究所（Luoyang Foreign Language Institute）だけでなくＰＬＡ情報工科大学（Information Engineering University）である。技術および地域研究教育は旧２ＰＬＡ、３ＰＬＡ、および４ＰＬＡの要員の訓練にはうまくいくかもしれない。しかしながら、これらの計画はターゲティングおよび爆撃効果確認に必要な戦術情報支援のような種類にうまく対応していない。情報が作戦を支援するためにより広範囲にわたって統合されつつあるならば、新たな訓練計画が策定される必要がある。[37]

結論

情報（インテリジェンス）に関するPLAの考え方は最近の15年余りにわたって驚くほど進歩していない。なぜならば、多くの面において、情報は必要ではなかったからである。精密誘導弾を伴う戦場の共有知識に基づき統合作戦を実施するためのPLAの着実な近代化努力は、それが重大なオーバーホールをせずに提供できる以上のものをPLAの情報組織から要求した。総参謀部レベルの情報組織は戦術支援を提供するには不適切であった。実験だけで総参謀部の資源を用いて戦術情報ドクトリンを策定するためになされ得るものはほとんどない。ある意味では、PLAは情報に関するその考え方を真摯な方法でいまだに見てもいないし試験もしていない。情報が演習を通して試験される可能性は除外されないが、現行の改革の推進および付随的な課題（または情報作戦に対する広範囲な変更のある一部）として情報を見るためのPLA戦略支援部隊の創設のための十分な潜在的推進者は他にもいる。[38]

情報任務の一連の向上策(すべての指揮レベルでの意志決定を支援すること、抑止作戦を調整すること、および情報戦を指導すること）はPLA情報の問題はその構想にはないが実行するための組織基盤にあることを示唆している。これらの任務に立ち入る広い範囲の情報活動はあまねく広範な一連の訓練計画を必要としている。すなわち、それらの訓練計画とはある種の意志決定支援からもう1つのものに容易に移転できない技能を教えるものである。情報組織が集中化されるとすると、その結果新たな組織はPLA全体に手を伸ばすことを可能とする必要が生じ、また異なる部隊が直面している異なる問題のためにその支援を調整する必要も生じる。さらに、PLAが党指導部への外交問題支援業務からまったく離れられないとすると、また軍事情報は情報を収集、分析、および説明することができる将校団を対外指導部向けに確保しておかなければならない。

　分析者にとって、その挑戦はＰＬＡの進化する情報態勢およびＰＬＡが直面している問題をどのように解決するかを明らかにすることである。中国研究者および外国情報機関と同じように中国の安全保障当局はインターネットの使用に慣熟してきたので間違いは極めて少なくなってきている。ＰＬＡの改革が前述したようないくつかの分野に進むとすると、その結果多くの部隊の部隊名称は切り替わることになる。各軍種および軍区における下級レベルの多くのＰＬＡ情報局はわずかな公開またはオンラインの受信可能な地域を持っているが、新たな部隊名が明らかになるまでの遅延時間は数年ではないとしても数か月は掛かるであろう。さらに、軍事訓練および教育に何が含まれているのかを明らかにするツールは、特に情報のような機微な話題に関しては感度が低い。統合参謀部および戦区指揮のトップレベルの改革・変化はおそらく見ることができる。すなわち、しかしながら、情報を成功させるための基本的なものは利用できそうもない。

1　The Military Strategic Guidelines に対する1993年からのこれらの変更のまとめについては次を参照。M. Taylor Fravel, "China's New Military Strategy: 'Winning Informationized Local Wars'," China Brief, July 2, 2015.
2　Peter Mattis, "Assessing Western Perspectives on Chinese Intelligence," International Journal of Intelligence and Counterintelligence 25, No. 4 (Fall 2012), pp. 678–699.
3　Chen Jiugeng, "Regarding Intelligence and Information［关于情报与信息］," Journal of Information（情报杂志）19, No.1 (January 2000), pp. 4–6.
4　Yan Jinzhong, ed., Military Informatics Revised Edition［军事情报学修订版］(Beijing: Shishi chubanshe, 2003), p. 13.

5 Ibid., pp. 4–5.

6 Peng Guangqian and Yao Youzhi, eds., Science of Military Strategy［战略学］(Beijing: Military Sciences Press, 2001), p. 218. Hereafter, SMS 2001.

7 Zhang Shaojun, chief editor, Zhang Shaojun, Li Naiguo, Shen Hua, and Liu Xinming, eds., The Science of Military Intelligence［军事情报学］(Beijing: Junshi kexue chubanshe, 2001), p. vi.

8 SMS 2001, p. 191.

9 Liu Zonghe and Lu Kewang, eds., Military Intelligence: China Military Encyclopedia (2nd Edition)［军事情报：中国军事百科全书（第2版）］(Beijing: Zhongguoda baike quanshu chubanshe, 2007), pp. 22, 95.

10 SMS 2001, p. 214; SMS 2013, p. 264.

11 Ye Zheng, Lectures on Information Operations Studies［信息作战学教程］(Beijing: Academy of Military Sciences Press, 2013), p. 51; Zhang et al, Science of Military Intelligence, p.195

12 Xiao Tianliang, ed., The Science of Military Strategy［战略学］, (Beijing: National Defense University Press, 2015), p. 260.

13 Zhang et al, Science of Military Intelligence, pp. 195–197.

14 SMS 2001, pp. 191–193.

15 Zhang et al, Science of Military Intelligence, pp. 188–189.

16 David Finklestein, “The General Staff Department of the Chinese People’s Liberation Army: Organization, Roles, and Missions,” in James Mulvenon and Andrew N.D. Yang, eds., The People’s Liberation Army as Organization Version 1.0 (Santa Monica, CA: RAND, 2002). pp. 126–128.

17 “Political Work Regulations for the Chinese People’s Liberation Army,” in Ying-mao Kau, Paul M. Chancellor, Philip E. Ginsburg, and Pierre M. Perrolle, The Political Work System of the Chinese Communist Military: Analysis and Documents (Providence, RI: Brown University East Asia Language and Area Center, 1971).

18 Ye, Lectures on Information Operations Studies, p. 185.

19 Zhang et al, Science of Military Intelligence, p. 190.

20 SMS 2001, pp. 297–298.

21 Ye, Lectures on Information Operations Studies, p. 50.

22 “PLA General Staff Department’s Communications Department Reformed into Informatization Department［解放军总参谋部通信部改编为总参谋部信息化部］,” Xinhua, June 30, 2011.

23 Ian Easton and Mark Stokes, “China’s Electronic Intelligence (ELINT) Satellite Developments: Implications for U.S. Air and Naval Operations,” Project 2049 Institute, Occasional Paper, February 23, 2011.

24 David Ian Chambers, “Edging in from the Cold: The Past and Present State of Chinese Intelligence Historiography,” Studies in Intelligence 56, No.3 (September 2012), pp. 31–46.

25 Defense Intelligence Agency, “China: Lieutenant General Xiong Guangkai,” Biographic Sketch (Washington, DC, October 1996) Digital National Security Archive.

26 Chen Xiaogong served as a unit commander again Vietnam, either in 1979 or in the border skirmishes that flared up most noticeably in 1984. His unit reportedly lost more than 20 percent of its strength, suggesting Chen witnessed serious fighting. See, James Mulvenon, “Chen Xiaogong: A Political Biography,” China Leadership Monitor, No.22 (Fall 2007).

27 前者については次を参照。Peter Mattis, “China’s Espionage against Taiwan (Part II): Chinese Intelligence Collectors,” China Brief, December 5, 2014. 後者については次を参照。Peter Mattis, “New Law Reshapes Counterterrorism Policy and Operations,” China Brief, January 25, 2016; Sarah Cook and Leeshai Lemish, “The 610 Office: Policing the Chinese Spirit,” China Brief, September 16, 2011.

28 Peter Mattis, “The New Normal: China’s Risky Intelligence Operations,” The National Interest, July 6, 2015; Lu Ning, “The Central Leadership, Supraministry Coordinating Bodies, State Council Ministries, and Party Departments,” in The Making of Chinese Foreign and Security Policy in the Era of Reform 1978–2000, ed. David Lampton (Stanford, CA: Stanford University Press, 2001), p. 414.

29 Peter Mattis, “PLA Military Intelligence at 90: Continuous Evolution,” Paper presented at Annual CAPS-RAND-NDU Conference, Taipei, Taiwan, November 2015.

30 Willy Wo-Lap Lam, “Surprise Elevation for Conservative Patriarch’s Protégé Given Security Post,” South China Morning Post, March 17, 1998.

31 Peter Mattis, “PLA Personnel Shifts Highlight Intelligence’s Growing Military Role,” China Brief, November 5, 2012.

32 “Senior Military Official Elaborates on China’s Regional Security Policy at Shangri-La Dialogue,” Xinhua, June 5, 2016.

33 “Central Military Commission Joint Staff Department Internal Structure Gradually Appears [军委联合参谋部内设机构渐次露面]," Duowei News, April 10, 2016.

34 Yue Huairang [岳怀让], “Chinese Academy of Sciences Academician Zhou Zhixin Moves Over to Strategic Support Force as Bureau Director [中科院院士周志鑫出任战略支援部队某局局长]," The Paper, April 9, 2016.

35 Elsa Kania and Kenneth Allen, “The Human and Organizational Dimensions of the PLA’s Unmanned Aerial Vehicle Systems,” China Brief, May 11, 2016.

36 Kevin McCauley, “System of Systems Operational Capability: Operational Units and Elements,” China Brief, March 15, 2013.

37 The author would like to thank Kenneth Allen for raising this point in November 2015.

38 John Costello, “The Strategic Support Force: China’s Information Warfare Service,” China Brief, February 8, 2016; Phillip C. Saunders and Joel Wuthnow, “China’s Goldwater-Nichols? Assessing PLA Organizational Reforms,” U.S. National Defense University, Institute for National Strategic Studies, Strategic Forum, No.294 (April 2016).

第Ⅳ部

中国の戦争以外の戦略

第10章

戦略的抑止に対する中国の進化しつつある取り組み

デニス・J・ブラスコ[1]／鬼塚隆志訳

抑止力は中国の軍事戦略およびドクトリンの最も重要な一要素である。中国は、自ら主張する「戦略的に防勢的な」防衛態勢のその大きな部分として、抑止を通じて、外国の侵略を防ぎ、また「テロリスト、分離主義者、および過激主義者」によるさまざまな脅威を回避し、かつ現代戦の全領域における紛争が段階的に拡大するのを制限することによって、自国の主権、領土および国益を防衛しようとしている。

人民解放軍（ＰＬＡ）の戦略家は、抑止力を、国力すべての側面の包括的な使用を必要とする政治的および心理的な特性を持つ軍事的な概念であり、自国の目的を達成するために軍事力のみではなく政治および外交ならびに科学的・技術的手段に影響を及ぼすとみている。この戦略家は、抑止力は、確実に暴力を行使するという脅威、たとえば作戦・戦争（実戦）(warfighting)に基づくものであると認めている。しかしながら、中国は自国の抑止態勢を米国およびその他の諸国のそれとは質的に異なるとみなしている。

外国の分析者は、核抑止政策を除き、過去20年にわたってＰＬＡの軍事戦争能力と軍事科学技術の進歩に多くの注意を払ってきたが、それに比べて抑止に関する中国の広範囲にわたる概念に対しては、最小限の注意しか払ってこなかった。現在までのところ、抑止と作戦・実戦は、異なる目標をもち、かつ異なる意図を示しているにもかかわらず、互いに密接に関係している。

中国の軍事的文献は、戦争を抑止しまた戦争に勝利する軍の任務について頻繁に言及している。[2] ２０１５年に公表され２０１６年に実行開始となる指揮統制組織と軍組織の一連の改革は、ＰＬＡの作戦・戦争（実戦）能力の向上を意図するものであるが、その実行と細部の調整には数年を要するだろう。その間に、ＰＬＡの多くの者はたぶん組織・制度上の不安定な状態を経験しそうであり、またＰＬＡの多くの組織が混乱することになり、その結果、戦闘即応態勢は一時的に低下するだろう。しかし、もし成功すれば、これらの改革は長期的にはＰＬＡの抑止態勢を向上させるだろう。

大多数の外国の関係者は、当然のこととしてＰＬＡの作戦・戦争（実戦）能力と技術的能力の発展には大きな関心をもっているが、同様に発展している抑止効果に対しては熱意ある調査を実施していない。実のところ中国政府も、その多次元の抑止態勢に関する構成要素、必要条件、および意図については、外部に対して十分な説明を行っていない。

公式な国防白書でさえも中国の全般的な抑止の概念に関する理論およびニュアンスについては十分な説明を行っていない。白書の抑止に関する最初の具体的な言及は、「積極防御という軍事戦略の実行」という表題の２０００年版の中に見出され、次のとおりである。

戦略的に、中国は、防勢作戦、自衛、敵が攻撃した後にだけ行う攻撃によって優勢を獲得するという特徴を持つ原則を実行している。この防衛は、平時における自衛戦争に勝利するための準備によって戦争を抑止する取り組みと、戦時における作戦的かつ戦術的な攻勢作戦を用いる戦略的防衛とを結合したものである。[3]

その後の白書は､抑止についてさまざまな程度で述べているが､どの白書もその概念の理論的な基礎となるものについては規定していない。戦略に関する最新の白書は、積極防御に関係する専門用語について、再度次のように言及している。

戦争準備と戦争の防止、権益の防護と安定の維持、抑止と作戦・戦争（実戦）、および戦時における作戦と平時における軍事力の使用に関してそれぞれの均衡を保持するために、全体論的な取り組みが行われるだろう。その取り組みの重点は、有利な態勢を作為し、包括的に危機を管理し、また断固として戦争を抑止しかつ戦争に勝利するために、先見の明ある計画立案と運用および管理に置かれるだろう。[4]

その白書は、抑止と作戦・戦争（実戦）が全体論的にどのようにして均衡を図られるのか、あるいはそれが正確に何を意味するのかについては、より詳しくは述べていない。白書は、我々に対して、抑止はＰＬＡの「積極防御」戦略と中国の「自衛の防衛」態勢の一部であり、それは作戦・実戦と密接に結び付いていると説明しているが、抑止の目標、抑止に必要な要因、および中国軍によって採用されている抑止のさまざまな類型については説明していない。しかしながら、この情報については、『戦略学』の２００１年版と２０１３年版のような一般大衆が入手できる多数の中国軍の教本および中国の軍事メディアの記事の中に、見出すことができる。さらに、抑止の理論を一度でも理解すれば、実際の抑止の例は、中国政府およびＰＬＡ双方によって取られている行動の中にみることができる。

抑止は軍事力を使用する3つの基本方式の1つである

前の『戦略学2001』と同じように、『戦略学2013』には抑止の主題に割り当てられた完全な1つの章がある。[5] 抑止は軍事力を使用する3つの基本方式の1つであると認識されている。すなわち、3つの基本方式とは、戦争（war）または作戦・実戦（warfighting）、軍事的抑止（軍事威懾）、および戦争以外の軍事作戦（MOOTW）である。[6] したがって抑止については、PLAのドクトリン、戦略、目標、あるいは行動のどのような分析においても、作戦・実戦または、MOOTWと同程度に多くの考慮がなされなければならない。

この三本柱の機能は、『戦略学2013』を通じてさまざまな形で数多く見出され、作戦・実戦と抑止（威懾）は各軍の2つの主要な基本機能（基本功能）であるという『戦略学2001』の主張を基本的に拡大したものである。MOOTWの位置付けがこの三本柱の機能の1つとなったことは、『戦略学2013』の1つの大きな変化である。このことは、『戦略学2013』が海上方向からの脅威の高まりと、PLAが現在利用可能な、たとえば航空宇宙（大気圏と宇宙）および情報戦の領域で見出されるような新しい進歩した技術を考慮に入れたドクトリンの修正を認めていることと同じように重要なことである。

次に示す図は、この三本柱の機能を説明したものであり、また左から右へ、また平時から戦時へと動く範囲での軍事力の使用を例示している。「致命的な軍事力の意図的使用」と（著者によって）重ねられた縦線は、その線の左側にある行動が死傷者をもたらすことを意図していないということを示している。たとえば、ある制限された抑止行動および低烈度の軍事行動（オペレーション）は、致命的な軍事力を使用することなく威嚇と脅しによって目標を達成するために計画されるだろう。それにもかかわらず、全行動の

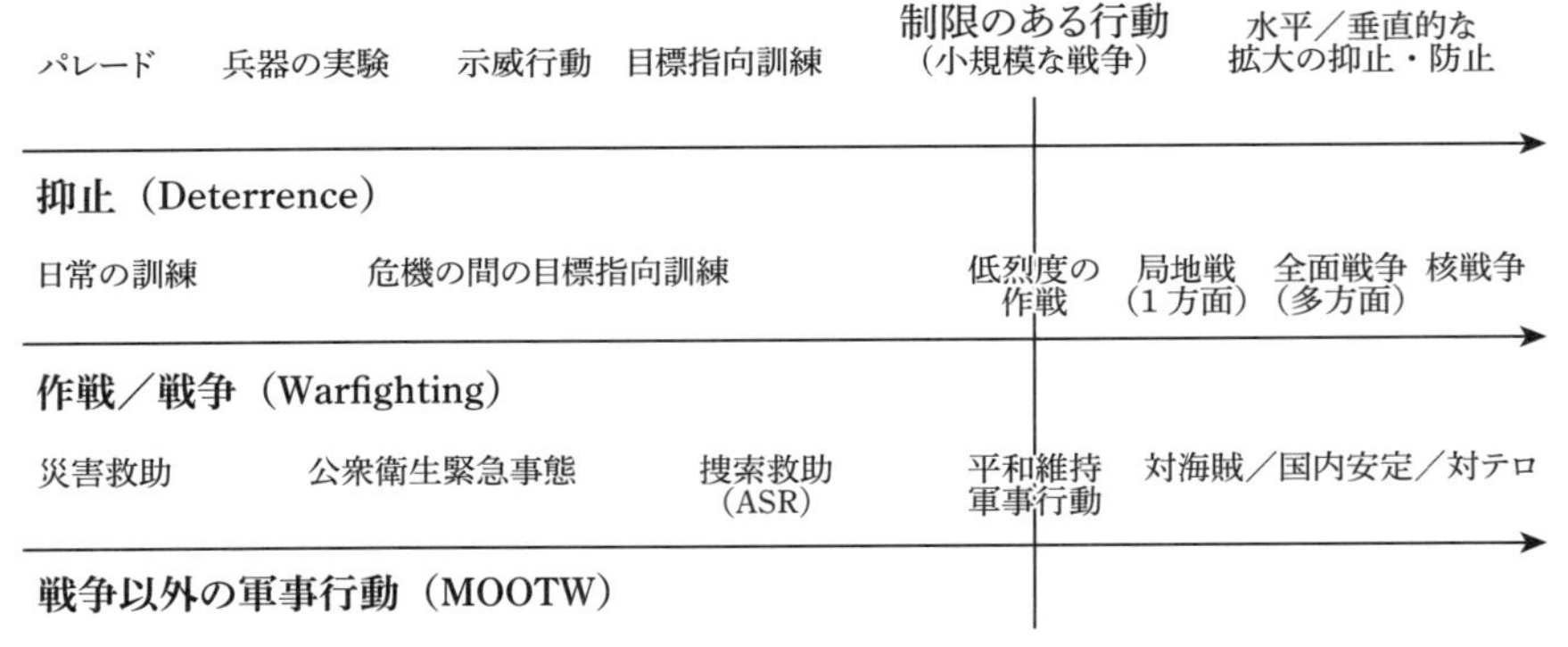

軍事力を使用するための3つの基本方式

範囲（形態）に沿ったどこかで、軍事力の使用を統制している間であっても、手違いまたは誤算によって死亡者および破壊が生じる可能性がある。同様に、平和維持、対テロおよび国内安定化のための軍事行動は、軍事力の不使用を意図して始まるかもしれないが、その後暴力的な行動が必要になり、あるいは必要であるとわかる限度まで段階的に拡大するだろう。

ＰＬＡが、作戦・戦争（実戦）、抑止、またはＭＯＯＴＷを行っているかどうかにかかわらず、『戦略学２０１３』は、軍の計画者達は「遭遇するかもしれない各種の困難を注意深く見積もる」必要があり、またそれらの困難を克服する準備をしなければならないと強調している。[7]そうするために、戦略的判断に必要とされる基本的なことは「敵を知ること、および自分自身を知ること」である。[8] この指針（guidance）は、その基礎を孫子に遡らせ、「戦わずして勝つ」の目標に加えて、引き続き中国の軍事戦略の基礎となっている。[9]

ＰＬＡの抑止の定義

抑止に関する最も簡潔な中国の定義は、たぶん『戦略学２００１』の公式な英訳版の中にある。その英訳では、「抑止とは、敵に中国の決意に従わせるために、また敵対行動を取らせないあるいは敵対行為・敵意を段階的に拡大させないようするために、軍事力を誇示しあるいは軍事力使用の決意を見せる国家または政治集団の軍事的行為である」（強調が追加されている）と述べている。[10]『戦略学２０１３』は、抑止を、若干変えて定義し、国家または政治集団が、軍事力による威嚇または軍事力の使用によって政治的目標を達成するために、すなわち敵に目標達成は非常に困難であり、あるいは自分達（敵）の行動は益より大きな害をなすというどちらかを感じさせる心理的手段によって敵の指導層の戦略的判断に影響を及ぼし、そのようにして敵に敵対行為を放棄するように仕向けるように、軍事的抑止力を使用することであると述べている。[11] この観点から判断すれば、「抑止の本質は暴力による威嚇である」

威嚇または軍事力の使用（たとえば抑圧）を、偶発事件の発生を阻止し抑止する、または敵にその行動を変えるように抑圧・強制するというどれかの目標と結び付けることによって、中国の抑止ドクトリンは、強制（compellence）、抑圧（coercion）および威圧的な外交の意味に関して意味論（語義）上の論争を引き起こしている。故アレクサンダー・Ｌ・ジョージ（Alexander L. George）は、その相違を次のように述べている。

威圧的な外交（または強制、ある者はそう呼ぶのを好むが）は、敵にその侵略を止めさせ、または取り消すように説得するために、たとえば侵略を中断させ、または占領されている領土を放棄させるために、軍事力という威嚇を用いる。威圧的な外交は、したがって、敵を説得していまだ開始していない行動の着手を思い止まらせるということを含んでいる抑止戦略とは異なっている。[12]

デビッド・ランプトン（David Lampton）教授は次のように付け加えている。

抑止と威圧的外交には違いがある。抑止は好ましくない将来の行動を阻止するために威嚇を用い、威圧的外交は敵を説得してすでに実施している行動を取り消すために威嚇をも用いる。抑止は威圧的な外交よりもより容易である。[13]（原文では強調されている）

米国における抑止と威圧的な外交には違いがあるが、抑止に関する中国の定義と理論は、威嚇または軍事力の使用によって行動を妨げる、または、取り消させるという、いずれかの結果を説明するものである。PLAのドクトリンは詳細に説明されているにもかかわらず、あるオブザーバーは、戦争以外の中国の行動を、抑止ではなく、「威圧的な外交」という方を好んでいる。中国人は、公式な文書または声明において我が行動を表現するのに、その用語は用いない。

さらに中国は、自国の軍事的抑止は米国および他の西側諸国が実践している抑止とは基本的に異なっていると考えている。『戦略学２００１』は、「侵略的な拡張戦略を実行する国家または軍事集団によって主として採用」されている「攻勢的な戦略的抑止」と、「本質的に自衛」である中国の戦略的抑止とを比較している。[14]『戦略学２０１３』は、中国の多次元の抑止態勢は、外国の侵略を抑止し、紛争が戦争へと段階的に拡大するのを防ぎ、また覇権型の抑止に対抗することを意図していると述べている。すなわち、中国は他者を支配する手段であるとは主張していない。中国は、自国が他国を威嚇しあるいは他国に強要する軍事力の使用を追求しているとはみておらず、また地域的または世界的な覇権を求めてはいない。中国の抑止態勢は、積極防御の戦略的指針を遵守しているので、「戦略的に攻勢的または先制的」ではない（而不是戦略上的進攻和先発制人）。[15]

中国の抑止の基本

ＰＬＡ近代化の残滓のように、軍事的抑止は、中国の全般的な国家安全保障および発展戦略に従属しており、かつそれらを支えている。それは国家安全保障の状況の変化に応じて調整され、適応させるに違いない。中国政府は、中国に対する大規模な侵略に対して以前感じていた脅威は基本的に除去されたが、その他の中国の国家安全保障に対する脅威は実際の戦争よりもさらに困難さと複雑さを伴って増加しつつあると判断している。[16] 中国は、危機および紛争が、国家発展のための中国の「戦略的好機の期間」を妨害しまたは破壊するかもしれない局地戦に段階的に拡大する可能性のある危険な状態に直面している。したがって、危機を管理しまた戦争を抑止（また中止、妨害、または牽制とも訳される）することは、軍事的抑止の基本的な任務である。危機を予知し、緩和し、危機に対応するためには、多大な努力が必要になる。危機および紛争が生起した場合には、危機および紛争を管理し、戦争の勃発を抑止しまた遅延させるあらゆる方法・手段が取られなければならない。[17]

抑止は軍事的要素よりも多くのものからなる。すなわち、それは、国家目標を達成するための、政治、外交、経済、科学および技術的手段のような包括的な国力のあらゆる面の使用を含んでいる。[18] 行動は、予測不能であるべきであり、すなわち敵に絶えず推測させることによって、敵の意思決定を困難にしなければならない。適切な抑止の目標は、利用可能な方法・手段に基づき選定されねばならず、能力が不十分な場合には、大きな目標は避けなければならない。[19]

『戦略学2013』および他の権威ある中国の情報筋（源）は、抑止能力は戦闘能力に基づいており、また抑止部隊と戦闘部隊の形態の間には質的に相違はないと非常に明解である。[20] 要するに、抑止能力は戦闘能力に帰するということである。抑止と作戦・実戦の一体化（慑戦一体）は、「戦争の本質（神髄）」（其魂在戦）といわれており、『戦略学2013』全体にわたってみられる1つのテーマである。[21] この関係は、時には、マルクス主義者の専門用語で、「戦争の抑止と戦争に勝利することとは、弁証法的な一致である」という主張によって時々記述されている。[22] これは、2015年国防白書が、抑止と作戦・実戦に対する「中国の全体論的な取り組み」について述べる場合に、意味しているものである。

また、抑止は、効果的な軍事能力を保有することに加えて、その力を使用するという決心と、抑止する側と抑止される側との相互間の情報交換を必要とする。[23] 換言すれば、抑止が信頼されるためには、抑止を求める中国は、実際の自国の能力を承知しておかなければならず、また何らかの方法で、中国に対して双方がその能力を進んで使用するという中国の意欲を正確に理解しているということを示さなければならないということである。脅しによって威嚇することは役に立たない。[24]

「攻撃された後にだけ行う攻撃」という積極防御の指針の文脈内ですら、PLAの戦略家は、「戦争を止めさせるためにあえて戦争すること」（敢于以戦止戦）または「大規模戦争を抑止するために小規模戦争を戦うこと」は、必要かもしれないと信じている。[25] 抑止行動の過程全体にわたって、抑止作戦の時機の選定

（タイミング）、強度および種類によって状況を統制することは、危機が戦争に段階的に拡大するのを防ぐために重要なことである。予防的抑止行動（預防性威慑行動）は敵に影響を及ぼして軽率な行動をさせないために取られるだろう。適時の限定的だが効果的な警告火力と情報攻撃（有限而有効的警示性火力打撃和信息攻撃）は、敵のさらなる行動を止めさせるために用いられるであろう。[26] 抑止は有効ではない、すなわち、戦争に至る段階的な拡大が起きるだろうと認める一方で、『戦略学２０１３』は、作戦・実戦に頼らずに、ある程度敵に退路を残すことによって、抑止を通じて問題を解決するという選択（既要争取慑而不打解決問題）を強調している。[27] 抑止は、戦闘が始まる前後の両方で、できるならば戦争を避けるために用いられるが、（他の地域または戦略的な方向へ）水平的に段階的に拡大するのを避けるためにも、または（暴力、特に核戦争の範囲まで）垂直的に段階的に拡大するのを防ぐためにも、用いられることになる。

中国の多次元抑止態勢

多くの外国人が中国の抑止態勢について記述する場合、彼らはしばしば中国の核抑止のみを考えている。しかしながら、『戦略学２０１３』は、抑止の多くの種類について述べている。それらには、通常兵器および核による抑止、宇宙と情報による抑止、直接的また間接的な抑止、平時と緊急事態の抑止、戦闘と非戦闘による抑止、および局地的また全体的な抑止が含まれる。[28] 中国は、自国に対する核攻撃を抑止することに加えて、自国の核心的かつ重大な利益に損害を及ぼす可能性のあるさまざまな種類の行動を防ごうとしている。[29]

中国の利益に対する脅威には、多くの形態を取る可能性があり、それらは「台湾の独立」、「チベットの独立」、および「東トルキスタンの独立」のための分離主義者一団の活動を含んでいる。[30] 最も可能性のある戦争の脅威は、海上方向からの「制限された軍事紛争」であると明確にしている。他方、最も深刻であると考えられる脅威は、中国の潜在的な戦争能力の破壊を目指す強力な敵が始める大規模な戦略的侵略であるとしている。これらの2つの可能性の範囲に関して、最高の準備を必要とする脅威は、核抑止（力）を背景とする海上方面における比較的大規模かつ高烈度の局地戦である。[31] 中国は、重大事態に至る小さな問題を防止し、また危機が戦争に段階的に拡大するのを防止し、さらに非常に重大な軍事的危機を抑止しようとしている。[32]

中国の指導層は、抑止能力の使用に関する歴史的な経験に基づき、国家の全般的な戦略情勢を正確に把握するために、潜在的のみならず現実のすべての種類の安全保障上の脅威を重視しなければならないと判断している。中国は、まず全体的な戦略的状況において主導権を獲得し、中国の平時の行動を通じて戦略的な勢いを確立し、それにより敵を説得して無謀な行動を思い止まらせようとしている。[33]『戦略学2001』は、「大規模な観閲式」、統合軍事演習、および軍事訪問を、この種の勢いを示威する「抑止の形態」であると明確に認定していた。[34] パレード、演習、および国際的な軍事交流に加えて、それらが最初に中国によって、あるいは外国のメディアによって公表されるかどうかにかかわらず、兵器の試験がそのリストに加えられる可能性がある。中国共産党とPLAの上級指導層は、北京で定期的に開催される軍事パレードを自分達の抑止の取り組みの一部であるとみなしている。たとえば、2015年9月の「戦勝記念日パレード」における、核および通常兵器のDF-26中距離弾道ミサイルとDF-16準中距離弾道ミサイルの初めての展示と公開周知は、その他の弾道および巡航ミサイルと進歩した兵器とともに、作戦・戦争と抑止の両目的に対する確かな軍事能力を示威することによって、勢いを引き起こそうとしたものであった。

中国の多次元の抑止態勢は、「人民戦争の全体的な力」だけでなく政治、外交、経済およびその他の軍事的および非軍事的な手段を含む、さまざまな力の統合した活用を重視している。[35] これらの力の全要素は、世界的な戦略的均衡を維持し、情報化条件下の局地紛争および戦争を抑止し、また中国の海洋における主権、権利、利益および海上交通路（シーレーン）の安全を防護する任務を課せられた抑止システムを構成する。[36]

これらの任務はPLAの抑止システムに次の5要素を重視するよう求めている。それらは次のとおりである。①島嶼と岩礁（リーフ）の防衛、海上哨戒、主権の宣言、海洋における権利等および海上軍事作戦能力に必要なものの平時における強化、②中核としての海上戦力および航空戦力投射の有効性の向上、③統合した沿海（近海）作戦および遠海防衛作戦能力に関する基本となる基礎的条件の強化、④テロリストの活動に対する国際的な共同海上哨戒、海上護衛、対海賊対策および海上における攻撃（2008年末以来一連の海軍任務部隊により現在継続的に実施されているアデン湾における護衛任務のような［行動］）の実行の可能化、および⑤海軍および空軍力システムの二重の効果を投射する部隊および能力の創設。[37]

中国が近年前記リストの全活動を実行していることはいうまでもなく、その多くは外国人によって「独断的な」また「攻撃的な」行動としてみなされている。さらに、水陸両用作戦、海軍任務部隊の第一列島線を越える訓練、および長距離航空作戦のような多くのPLAの日常の訓練は、現代戦に必須の技術・技能を進化させるために必要なものであり、現在暦年を通じて実行されている。大多数のそのような訓練は、実行の前年に明らかにされる年次訓練計画の一部である。中国のメディアは現在のところ、PLAの能力と決意を「世論およびメディア戦」（PLAの三戦の1つ）の一要素として示威するために、これらの演習について、過去に報じた以上にかつより詳細に報道している。

ＰＬＡの訓練周期および目標に精通していない外部のオブザーバーは、日常の訓練を、その訓練・演習のタイミングおよび状況のために、さまざまな外国の関係者（アクター）に向けた脅しであるとかなり頻繁に誤って解釈している。たとえば、２０１３年12月と２０１４年初期に、ある外国メディアは、中国東北部における訓練を北朝鮮にメッセージを送る試みであると表現した。[38] 実際、その訓練は日常的なもので、中国全体の全軍種によって同時に行われている他の訓練と同じものだった。他方で、ＰＬＡは、抑止メッセージを送るために、１９９０年代と２０００年代初期の長期間にわたって、東山諸島または台湾海峡での一連の演習のような、より明確にねらい定めた軍事的示威と訓練を意欲的に数多く行った。北京がそのようなメッセージを送っているのか、または送っていないのかもしれないというシグナル（合図）を理解するためには、抑止（力）と訓練の実行を含むＰＬＡのドクトリンに関する基本的な知識が必要となる。

将来における航空および海上におけるすべてのＰＬＡ演習が、中国の隣国を脅迫することを意図しているというわけではない。すなわち、その多くは、数十年間も厳密な意味での戦争を戦ったことのない部隊の基礎的な作戦の技量を確立させる反復訓練となるだろう。新しい兵器および技術が部隊に導入されるにつれて、ＰＬＡが以前にはみられなかった場所において、そのような訓練・演習が行われると予想される。ＰＬＡの「陸が海に勝るという伝統的な考え方は放棄されなければならない」という２０１５年国防白書の公表によって、そのような演習は過去数十年間に行われてきたが、将来はそれ以上に頻繁に行われるようになり、ＰＬＡ訓練の「新しい常態」となるだろう。したがって、ＰＬＡ訓練の第一の目標は、抑止の意図を持つ信頼できる軍事力を開発することであり、それはまた抑止が失敗した場合でも情報化された戦争に勝利し得る軍事力となるだろう。

新しい技術と輝かしい伝統

『戦略学２０１３』は、新しい軍事技術と作戦能力が自国の抑止の方法に革新をもたらしたと特筆している。[39] たとえば、『戦略学２００１』は、「宇宙部隊の抑止力を用いる日は遠くない」と述べている。[40]『戦略学２０１３』の中では、宇宙は現在、宇宙での抑止（空間威慑）が実行される戦闘領域（領域軍事闘争）であるとみなされている。[41] 中国は、自国の抑止能力を「核（兵器）と通常（兵器）、抑止と軍事戦争、および抑止と戦争の統制を統合すること」によってさらに拡大しようと努力している。[42] ＰＬＡが現在利用できるようになった新しい技術と能力は、これらの全領域で使用可能である。

中国の核戦力は、自国の「大規模な敵の侵略を抑止するための基本的手段」であり、かつ大国としての中国の地位を支えるために必要なものである。通常戦力は、危機を抑止しまた戦争状態を支配・統制するための、さらに戦争に勝利しまた戦略的な軍事目標を達成するための主要な手段を構成する。中国は異なる強度、原因、形態の脅威を抑止するために、自国の情報、宇宙、陸上、海上、航空の通常戦力を統合しようとしている。[43]

同時に、『戦略学２０１３』は、「人民戦争の輝かしい伝統」、および新しい歴史的条件下の人民戦争の戦略および戦術の拡大、ならびに新しい型の人民戦争の抑止力の有効性を向上させるさまざまな方法・手段の使用を力説している。[44]『戦略学２０１３』が人民戦争の強力な基盤を発展させるために中国の新しい歴史的条件下の民軍融合の強化と発展を論じることによって締めくくっていることは、偶然の一致ではない。[45]

結論

全般的に、『戦略学』２０１３年版の抑止の概念に関する論じ方は、同２００１年版と一致しているが、ＰＬＡがこの期間に採用していた拡大した伝統的および非伝統的な安全保障の任務、用語、および技術を反映したものとなっている。『戦略学２０１３』は、ＰＬＡに対する新技術の利用の可能性ならびに軍が海洋および航空宇宙の能力と作戦を拡大するための必要条件（要求）を強調しているが、中国の戦略の基本的な原則は、積極防御および人民戦争を含み、まさにそれらの原則が国の新しい状況に適応されつつあるように（今日でも）妥当性を持ち続けている。現在進行中のＰＬＡの指揮統制または組織的な改革のいずれも、中国の戦略の基本的な原則を変えることはないようだ。

軍事力を使用する３つの基本的な方法の１つとしての抑止は、ＰＬＡが技術および作戦・戦争（実戦）ならびに組織そのものをすべての領域で統合作戦をより実行できるように進歩させ続けていることから、見落とすべきではない。ＰＬＡの作戦・戦争（実戦）能力の向上を重視している分析者がそうすることは誤りではないが、彼らは、『戦略学２０１３』の「戦争に対する慎重な姿勢」についての言及と「戦争は最後の手段」であるということを忘れてはならない。[46] また、ＰＬＡの作戦・戦争能力を向上させる同様な開発も、ＰＬＡが軍事力を使用するための３つの基本的な方法の他の２つである抑止とＭＯＯＴＷの任務を遂行するための基礎となる。

『戦略学２０１３』はＰＬＡ指導部によってまだ正式には採用されていない試案を含んでいる可能性がある。たとえば、ＰＬＡ空軍の任務に関する節では、「三線統制パターン・展開」（「三線控制」的布局）が述べられている。それは、必要な抑止の状態を維持するために、西太平洋における軍事力と基地を監視する第一列島線から第二列島線に至る「限定された抑止区域」（有限威懾区）を設定することを示唆している。[47] それは、『戦略学２０１３』の中で「限定された抑止区域」という用語に関する唯一の言及であり、この用語は他のＰＬＡの文献では容易には見出せない。したがって、この概念は現行のドクトリンの記述よりもさらに野心的なもののようだ。また、防空識別圏（ＡＤＩＺ、防空識別区）が『戦略学２０１３』に述べられていないということは、特筆する価値がある。

最後に、ＰＬＡの抑止システムの海洋の範囲を強化するということに関する『戦略学２０１３』の論考は重要である。それは、その述べられている目標が「中国の海洋における主権、権利、利益および海上交通路の安全を防護する」ことだからである。[48] 『戦略学２０１３』で論じられている海洋における抑止の5要素のそれぞれは、中国政府、民間人（商業上の）、軍および準軍事組織が、過去数年間にわたって東シナ海および南シナ海において取りかかっているさまざまな行動において直接的にみることができる。中国のスプラトリー諸島における陸地の干拓活動は、「島嶼と岩礁（リーフ）の防衛、海上哨戒、主権の宣言、および海洋における権利に関する平時における強化」の最初の要素に該当するものである.

自国の軍事ドクトリンに沿って、中国は、東シナ海および南シナ海の全般的な状況において主導権を獲得する目的を持って、「積極防御」と軍事的抑止に関する「作用と反作用」の力の範囲内で、一連の活動を実行している。しかしながら、中国の抑止行動は、自国の目的を達成しておらず、それよりもその地域において緊張を段階的に拡大しつつある。多くのオブザーバーは現在、その状況を古典的な安全保障のジレンマとして分類している。[49]

中国の行動が、『戦略学２０１３』および２０１５年国防白書ならびにその他の公式な政策文書の中で、中国は他国を威嚇し抑圧するために軍事力を使用することは求めない、また中国は地域の覇権を求めないと述べている意図と一致しているということについては、米国内の中国の同胞またはオブザーバーのほとんどは、同意していない。結果として、２０１５年に出された米国のアジア・太平洋海洋安全保障戦略の最初の優先事項が、「米国が紛争および威圧を成功裏に抑止でき、かつ必要な時には断固とし対応できるということを確実にする軍事能力」を強化することであるということは、何ら驚くことではない。[50]

1 著者の脚注――『戦略学２０１３』中国語版の難しい点の案内における Joe McReynolds と Brian Waidelich 両氏の支援に感謝する。どのような翻訳または分析の誤りについても著者自身の責任である。

2 中国軍はＰＬＡの現役と予備部隊、人民武装警察（ＰＡＰ）、および民兵から構成される。軍のすべての３つの構成要素は、抑止、作戦／戦争、および戦争以外の軍事作戦における役割を持つ。

3 Information Office of the State Council, "China's National Defense in 2000," October 2000, http://www.gov.cn/english/official/2005-07/27/content_17524.htm.

4 Information Office of the State Council, "China's Military Strategy," May 26, 2015, http://www.china.org.cn/china/2015-05/26/content_35661433_3.htm.

5『戦略学２００１』は英語に翻訳され、２００５年に軍事科学院出版によって一般に出版されている。『戦略学２００１』からのすべての引用は、公式の中国語版から取られている。『戦略学２０１３』は『戦略学２００１』の約半分ぐらいの分量である。『戦略学２０１３』は『戦略学２００１』において見いだされる多くの用語を更新し、またＰＬＡにおける技術進歩および中国の国際環境における発展に関して調整している。それにもかかわらず、『戦略学２００１』において見いだされる基本のほとんどは、時々少し異なる表現（異なる著者を反映する）を用いて、『戦略学２０１３』においても繰り返されている。また、『戦略学２０１３』において興味のある分析は背景および時々ある話題のさらに深い議論について『戦略学２００１』を読むべきである。

6 これらの３つの用語の最初の引用は一緒に『戦略学２０１３』p.6 に見いだされ、その上その本の後でさまざまな形式で何回も出現している。

7 SMS 2013, p. 22.

8 SMS 2013, p. 23.

9 次を参照。Dennis J. Blasko, "Sun Tzu Simplified: An Approach to Analyzing China's Regional Military Strategies," AsiaEye, April 10, 2015, http://blog.project2049.net/2015/04/special-sun-tzu-simplified-approach-to.html.

10 SMS 2001, p. 213.

11 SMS 2013, pp. 134-135.

12 Alexander L. George, "Foreword," to The United States and Coercive Diplomacy, eds Robert J. Art and Patrick M. Cronin, United States Institute of Peace Press, Washington, D.C., 2003, p. vii.

13 David M. Lampton, "PacNet #63 - The US and China: sliding from engagement to coercive diplomacy," Center for Strategic and International Studies, August 4, 2014, http://csis.org/publication/pacnet-63-us-and-china-sliding-engagement-coercive-diplomacy.

14 SMS 2001, p. 217.

15 SMS 2013, p. 145.

16 SMS 2001, p. 116.

17 SMS 2001, p. 149.

18 SMS 2001, pp. 135-136.

19 SMS 2001, p. 151.

20 SMS 2013, p. 147.

21 SMS 2013, pp. 109, 119, 147, 153, 195.

22 SMS 2013, p. 49.

23 SMS 2013, p. 135. SMS 2001 (pp. 213-215) は戦略的抑止に関する3つの基本条件の並行議論をしている。

24 SMS2011, p. 152.

25 SMS 2001, pp. 113,145.

26 SMS 2001, p. 119

27 SMS 2013, p. 153

28 SMS 2013, p. 134

29 SMS 2013, p. 150

30 SMS 2013, p. 79.　中国の２００５年反分離法（http://www.china.org.cn/english/2005lh/122724.htm）は、第１条の５つの目的リストで始まっている。第１の目的は「台湾独立」という名称の分離主義者による台湾の中国からの分離に反対しかつ中止させることであり、換言すれば中国の第１の目的は台湾独立に向けた動きを阻止することである。第２の目的は「平和的な国家統一を推進すること」である。戦力の使用（または「非平和的手段と他の必要な手段」法において述べられているように）は第８条および第９条まで述べられていない。その下敷きとなる中国の立場は２００４年白書において次のように述べられている。「台湾当局が「台湾独立」の大規模事変と同等である無謀な試みを行いさえしても、中国の人民および軍は断固としてかつ完全にどのようなコストがかかろうともそれを粉砕する」ここでは、どのようなコストがかかろうとも粉砕するための戦力の使用は「台湾独立」の大規模事変後に来るだろう。

31 SMS 2013, p.100.

32 SMS 2013, pp. 114, 119.

33 SMS 2013, pp. 113, 150.

34 SMS 2001, p. 223.

35 SMS 2001, p. 145.

36 SMS 2001, pp. 145-146.

37 SMS 2013, p. 146.

38 Lee Kyung-min, “China emphasizes military readiness,” Korea Times, January 15, 2014, http://www.koreatimes.co.kr/www/news/nation/2015/11/205_149838.html.

39 SMS 2013, p. 150.　技術の進歩に対してＰＬＡドクトリンを適用することはしばしば中国軍事文献において「技術決定戦術」（技术决定战术）として記述されている。

40 SMS 2001, p. 220.

41 SMS 2013, p. 181.

42 SMS 2013, pp. 147-148.

43 SMS 2013, p. 152.

44 SMS 2013, p. 151.

45 SMS 2013, p. 272.

46 SMS 2013, p. 32.

47 SMS 2013, p. 224.

48 SMS 2013, p. 146.

49 たとえば、次を参照。Simone Orendain, "China Stages Huge Military Drills in South China Sea," Voice of America, July 30, 2015, http://www.voanews.com/content/china-stages-huge-military-drills-in-south-china-sea/2886590.html.

50 U.S. Department of Defense, "The Asia-Pacific Maritime Security Strategy: Achieving U.S. National Security Objectives in a Changing Environment," p. 19, http://www.defense.gov/Portals/1/Documents/pubs/NDAA%20A-P_Maritime_SecuritY_Strategy-08142015-1300-FINALFORMAT.PDF.

第11章

人民解放軍のMOOTW構想

モルガン・クレメンス[1]／五島浩司訳

21世紀当初の20年間、強大な力を持って中国の劇的な再台頭がみられた。この発展の鍵となる要素は、経済の改革・発展と並んで軍隊の近代化の集中的なプロセスであった。比較的に短期間で、中国の政治と軍の指導者は、野心を持って地域の軍事力を唯一米国に次ぐ位置へと押し上げ、これをグローバルに通用するものとした。これは中国の経済的・政治的利権が世界の隅々まで及ぶ時代が到来したことを意味するのである。

しかし国益が拡大し、軍事力が増大したにもかかわらず、中国の政治と軍の指導者は、根本的な矛盾に直面している。ポスト冷戦期に国家安全保障に係る脅威の性質が変化したため、軍隊を完全に近代化させようとする彼らの精力的な努力は、まさに多くの軍事力の使用が国家目標や国家利権を推し進める方策として、徐々に有効でなくなりつつある時代に実を結ぶのである。大規模で強大な軍隊が内外の脅威から中国共産党を守るという事実は理解されていても、現代において中国や党の利権を推し進める上で、高価で適切に装備された軍隊をどのような任務に活用するのかという課題が残るのである。

この課題に答えるため、中国の政治と軍の指導者は戦争以外の軍事作戦（MOOTW）[2]の概念を確立したのである。人民解放軍（PLA）は、15年ほど前（少なくとも教義上は）にはこれにおぼろげに気付いていたが、胡錦濤の下で、軍事戦略に関する年次国防白書のような公式文書で明らかにされ、その詳細が『戦略学2013』で話題になり、中国の国家戦略の極めて重要な要素になると打ち出された。本章では、PLAの考えるMOOTWの概念の進化を説明する。最初にその歴史的進化を示し、それからMOOTWの重要性が増大するというPLAの根本認識を説明する。さらにその次にPLAがどのように、そのような活動を捉え、その戦略的目的が何であるのかを説明する。[3]

MOOTWと人民解放軍の歴史

PLAの文献では、一般的にはMOOTWの概念の起源は、1980年代の米軍で考えられていた概念に遡り、それは「低烈度戦闘」の概念に発したものと認識されていた。[4] MOOTWの概念は冷戦の終結した1990年代に世界的により顕著となり、ロシアや日本などの国々によって明確に採用された。[5] PLAは世界中において、非伝統的な安全保障脅威（内戦、伝染病、自然災害、国境を越える犯罪など）と戦うために、平時に焦点を当てた軍隊を活用した軍事活動が増加していることに気付くようになる。その結果、これを主題とする数多くの学術論文や軍事研究がなされた。まだPLA自体による参入はなく、この新しい流れは軍隊の戦争以外の任務が主として災害救助、国内経済発展支援、社会安定や共産党支配の維持に限られたままの中国をバイパスした。[6] PLAの情報源は人民解放軍創設以来、いつもMOOTWのタイプの任務に従事してきたと指摘しているが、（ほとんどの他の軍隊と同様に）これを個別の自己完結型作戦・戦略概念の一部であるとは考えてこなかった。[7]

中国の場合、これは2001年に変化し始めた。その時、権威のあるPLAの文献は、初めて「戦争以外の軍事作戦」という用語を使ったのである。当該文献は、PLA全体にわたる訓練活動を指導する基本方針を定めた『軍事訓練と評価のアウトライン』(軍事訓練和考核大綱、またはOMTE)の新版であった。[8] 翌9月、新しく制定された『軍事訓練規則』(軍事訓練条例)はOMTEより詳細に個人訓練を扱っており、これはMOOTWに特化した訓練のための初歩規則(初歩規定)を作った。[9] PLAの見解によれば、これらの2件はともにPLAがMOOTW分野における「深化の時代」(深刻変化期)に入ったことを示すものである。[10]

この明らかに前途有望なスタートにもかかわらず、MOOTWに関するPLAの理解と構想はまだ初期段階にあることは明白であった。『戦略学2001』にはその用語が出てくるが、たった4度言及されただけで、また関連性もなく論理的にバラつきがあった。[11] 2001年版はMOOTW(より一般的な小規模低烈度作戦と並んで記載)を危機の段階的拡大、悪化を防ぐ手段として、また軍事抑止を発揮する1つの方法として識別し、それゆえ将来に向けて明確に指し示しているけれども、実際は軍備管理のような能動的作戦と無関係の軍事活動面でさえもMOOTWの重要な形式として提示されている。[12] 概してMOOTWは2001年版において表現されているPLAの戦略的思考面からは取るに足りない程度のもので、その概念の中国の理論的な発展へ向けた低い出発点を示したものであった。予想どおり、MOOTWに関する早期のPLA文書は、それ以前の外国(特に米国)のものに大きく依存していた。最も早期に出版されたものの1つは、どのようにしてその概念をPLAに取り込むかという問題を解決しようとしたものであり、常に米国の思考を参考にしてきた南京政治研究所(南京政治学院学)によって出版された2003年の記事であるが、同時にこれらの外国のMOOTW概念に関する見解がPLAの将来へ向けた思考を導くことに有効であった。[13]

翌年からPLAは国内作戦のための能力向上を図ると同時に、海外におけるMOOTWを実施する試みの一歩を踏み出した。MOOTWに関するPLAの進歩は、当初比較的ゆっくりと進んだが、2008年には別の重要なマイルストーンを見ることとなる。その年にMOOTWは初めて国防白書に記載され、軍の重要な任務に格上げされるに至った。2016年現在、MOOTWは連続してすべての白書において一貫して記載され続けている。同時に、権威のあるPLA学術雑誌『中国軍事科学』が2008年問題として、MOOTWの性質、重要性および目的を分析する特別研究を実施した。[14] 同時にこれらの研究論文は、そのような作戦を実行する戦略的、法的根拠を探り、その上でそれらと海軍作戦、テロ対策、災害救助を具体的に関連付けており、おそらくPLAのこの問題に関する初めての詳細な説明が示されたのである。その頃から、別の強調すべき動きとして、総後勤部が北京に「全軍の戦争以外の軍事作戦のための兵站支援戦略に関する訓練課程」(全軍非戦争軍事行動後勤保障戦略集訓班)を設置したこと、および2009年の総参謀部軍事訓練・装備部(軍訓和兵種部)の広範囲の作戦型式を含むMOOTW「フォースシステム」(力量体系)の開発がある。[15]

同じく重要なことは、2008年にさまざまな軍事学術機関で最初のMOOTW研究専門部門を設立したことであり、そこではPLAのMOOTWの概念および教義的把握を深化させるための組織的基礎を提供している。[16] PLA情報源によると、これらの学術部門設立のため(およびMOOTWに関するPLAの理論的な枠組みを洗練するための増大する全体的な取り組みのため)の迅速な動機付け要因は、その期間における国内のMOOTWでの軍隊の経験であり、とりわけ2008年の汶川地震救援と2008年の北京オリンピックでの警備作戦であった。[17]

より重要な変革点は、2011年終盤、軍事科学院の作戦理論・ドクトリン研究部(作戦理論和条令研究部）内にＭＯＯＴＷ研究センター（非戦争軍事行動研究中心）を設立したことである。[18] センターの主要な任務は、ＭＯＯＴＷの基礎研究の実施およびＭＯＯＴＷの理論的体系の確立だけでなく、「非伝統的安全保障」（非伝統安全威脅）およびＭＯＯＴＷに関する意思決定のための助言を提供するための研究の企画を含んでいる。[19] そのセンター長である鄭守華（Zheng Shouhua）大校（上級大佐）のリーダーシップのもと、センターはＭＯＯＴＷに関する規則、教科書および辞書を起案、編集するのを手助けし、この話題に関するＰＬＡ公式見解を要約・統合した研究論文と教本を作成した。[20] センター設立の重要性は、実質２年未満でＭＯＯＴＷが『戦略学２０１３』の主要構成要素として現れたという事実により明らかであり、その決定はセンターの実践的かつ理論的な貢献にほぼ依存したといえる。２０１２年３月に中央軍事委員会が『ＵＮ平和維持活動でのＰＬＡ参加のための手順』（中国人民解放軍参加聯合国維持和平行動条例）を発行し、一方、総後勤部が「軍隊ＭＯＯＴＷ財務保障規則」（軍隊非戦争軍事行動財務保障弁法）を発行した時も、早急な理論構築が継続された。続く数か月で、総参謀部はＭＯＯＴＷの指揮系統に主要な責任を有する緊急事態室（応急弁公室）を設立した（しかし、そのような専門的な指揮機関がＰＬＡの２０１６年の再編直後に、どのように構成されるかは、まだ不明である）。[21]

ついに２０１３年、ＰＬＡのＭＯＯＴＷの性質および役割に関する考察は、２つの重要な公式文書を公表し、最大の成果を達成した。それらの最初のものは、その年の1月に、ＭＯＯＴＷ研究センターにより発行された『戦争以外の軍事作戦のための教範』（非戦争軍事行動教程）という軍事科学院教範であった。[22] しばらくして、軍事科学院の幕僚によって戦争以外の軍事作戦に関する議論を集め、15ページほどに編集した『戦略学２０１３』が出版された。研究センターの任務の性質を考えると、センターの幕僚が２０１３年版のＭＯＯＴＷの章の立案に直接関わったことはほぼ確かであろう。これら２つの出版物はともにPLAの権威のある戦争以外の軍事作戦に関する研究の中で最も高い研究として、将来中国が実施する戦争以外の軍事作戦に係る基本原則を構成している。

MOOTWの必要性

PLA内のMOOTW概念の進化をレビューしながら、なぜ中国の軍隊がそのような作戦を極めて重要かつ必要と確信しているのかということを考察する必要がある。導入部において言及したように、この信念は冷戦終結後から国際情勢が激変したという一部の中国人の評価、すなわち、真っ先に紛争自身の終結までにもたらされる変化から生じたものである。中国の見解では、ソビエト連邦の崩壊および米国とソビエト連邦の軍事的対決の休止は、非伝統的な安全保障問題を国際社会に対してより注目すべき、顕著なものとした。この観点において、二極構造の終焉は、グローバル支配の古いメカニズムの崩壊も引き起こし、グローバルな混乱を増大させ、ある国（米国を意味している）が自身に有益な一方的な方針を追求する間、混乱を生じさせ、問題を活発化させた（制造矛盾和挑起事端）。これは多くの国を弱体化させ、非伝統的な安全保障の根底にある問題を露呈した。[23] また同様に冷戦の二極構造が消滅した中で、民族および宗教紛争がますます突発するようになった。[24] このように、国際体制は、局地紛争から発生する地域不安、覇権主義、武力外交と新たな干渉主義、テロ、越境組織犯罪、および情報ネットワークセキュリティ問題を含む多くの複雑な原因による不安定さの増大に直面することとなった。中国の文献においては、米国がアジアに軸足を置いていること、および「頻繁に、地域の緊張を作り出す」（頻繁制造地区緊張局勢）という米国の傾向がその悪化要因であり、領土紛争に介入しようとする彼らの意思によりグローバルな不安定さを招いていると主張している。[25]

これらの国際体制の変化は、経済のグローバル化とより広い世界的情報化プロセスによって増幅された。[26] 特に、経済のグローバル化は遠く離れた国や地域間でも相互依存を増大させ、それによって、世界経済システムの混乱に対するすべての国家の脆弱性を増大させてきた。[27] グローバル化および情報化はそれぞれの地域の無数の問題を伝染し、瞬時かつ強力に他の地域に影響を与える。さらに現代社会の生活様式はしばしば脆弱であり、自然災害、公衆衛生危機、および想定外のセキュリティ問題による損害を複合化している。[28] これは、1990年代にすぐに明白となった。非軍事的性格の災害と危機が、持続可能な発展に対する重大な障害を国際共同体にもたらした。[29] 結果として、PLA戦略家は、いくつかのケースでは、非伝統的な安全保障問題の影響が従来の軍事的脅威と同等に強力になり得るので、従来の軍事的脅威と同様に本気で非伝統的な安全保障問題に取り組んできた。[30]

同時に中国は、国益を追求する1つの手段としての戦争の使用をますます制限するにつれて、増大するグローバル化および相互依存性を認識している。特に、グローバルな経済統合は、戦争のネガティブな経済的影響を増大、広げてきた。[31] さらに、現代技術は、特に全体の政治的および経済的秩序の維持を追求する場合には、時として戦争をもはや政治目的を達成する合理的手段ではないほどに破壊的なものとしてしまっている。[32] ともかく、平和と発展はともに現代の「テーマ」である。すなわち、軍隊の小競り合いや小規模な地域紛争はまだ生起しているけれども、この観点では国際社会の安全保障や持続可能な発展に対する主要な脅威は非伝統的な安全保障の問題なのである。[33] 中国人が純粋な軍事力を伝統的な安全保障の主要な保障としてみなし続ける一方、彼らは2003年の9・11同時多発テロおよびSARS感染拡大のように、非伝統的な安全保障の問題を解決するためには、純粋の軍事力は適切ではなく、それに関しては新たな挑戦を伴った状態と認めている。[34] 技術発展は戦争の破壊性をほとんど無用なところまで増大させてきたが、これはまた戦争以外の軍事作戦自身、とりわけ通信と移動性の進歩の観点から、その有効性も増大させてきた。このように中国の観点では、現状の国際戦略環境が根本的に変化しない限りにおいて、強大な軍事力間の大規模戦争は生起する見込みはないということであり、MOOTWの有用性のみが持続、増大するだけである。[35]

中国が国際秩序の変化をどのように認識するか眺めてきたが、その全体戦略を導く基本的な手法を考慮していく必要がある。中国の政治と軍指導者は、自国を発展途上国とみなし続けており、より発展した国々に効果的に「追いつく」ために全般的な国際情勢の中で比較的平和な機会の窓を活用していることについて念頭に置かなければならない。さらに習近平や中央指導者の意見によれば、中国の安全保障問題はますます「複雑化」、「統合化」、および「多変化」してきており、「同時に今後10年から20年は中国が国家再建を実現するために重要な期間となるが、中国はまた発展のプロセスにおいて前例のない挑戦に直面している」。[36] これは伝統的および非伝統的安全保障上の脅威はますます絡み合い、ますます不安定化し、中国の平和的発展に脅威を与えるという胡錦濤の早期の主張を裏打ちするものである。[37] 中国のほとんどの安全保障上の核心的利益が集中する中国の周辺部に沿って、戦略的協同の好ましい環境を構築し、周辺国を安定（または阻止）し、中国の領土領海を完全に確保しつつ紛争のリスクを軽減するための「軍事外交行動」はもちろん、軍事抑止と軍事プレゼンス作戦にも着手することが重要である。[38] 中央軍事委員会の「新たな時代に向けた戦略指針」（新時期戦略方針）によると、適度に繁栄した社会を構築するために、軍隊は強い安全保障を提供するべきである。さもなければ平時においてさえ非伝統的安全保障の挑戦は発展プロセスを中断または妨害さえするだろう。[39]

なぜならば、それらの軍隊は、本質的に民間人より迅速に対応するために鍛錬、組織化、装備化、および訓練されるので、中国の観点では軍隊は非伝統的安全保障の脅威を処理する当然の手段である。[40] この流れで『戦略学２０１３』は衝突回避が中国の発展を確保するためには不可欠であると主張しており、ＭＯＯＴＷを「時代のツール」、中国の優勢へ向けて国際環境を形成し得る、戦争には至らない能動的手段として紹介している。[41] 『戦略学２０１３』の言葉では次のとおりである。

「戦争以外の軍事作戦」の概念は情報化社会の構造およびグローバル化の発展と密接につながっている。すなわち、それは国家安全保障の概念および軍事的思考における変化の結果であり、我々の国家安全保障と国益を守る手段の選択肢の多様化から生じたものである。またこれは軍事作戦発展の歴史的プロセスの中で必然的でもある。平和と発展の時代において、コストが増大しても、ますます困難な局面を迎えても、そして武力を行使する範囲が厳しく制限されようと、戦争の管理は大幅に強化されてきた。非暴力という特徴を持つ戦争以外の軍事作戦は時代の特徴に従うものである…[42]

『戦略学２０１３』によると、ＭＯＯＴＷは「隠れた内部セキュリティ」の危険性を排除し、内部の「社会安定」と「調和」を生むことができる一方、対外的には安全な環境を作り、中国の国益を守ることができるとされている。『戦略学２０１３』が特にＭＯＯＴＷ作戦の範囲を部隊の「潜在的行使」、「実体化」、および「実際の行使」（通過力量的和平宣示、体現和運用）を包含し、中国の全体の抑止態勢の中でＭＯＯＴＷに対して重大な役割を示す言葉と記述していることに注目することが重要である。[43]

最終的に中国の政治および軍指導者は、彼ら自身がますます複雑化する戦略環境に直面し、グローバル化と国家の発展の力によって、軍隊が増大しつつある積極的役割で活動することを強いられるとみている。しかし、これは非伝統的安全保障の脅威の拡散を含む多くの要因により、軍事力の伝統的適用の有用性が低減するという環境である。『戦略学２０１３』が戦争以外の軍事作戦はより頻繁に、より重要に、より複雑になり、代替不能の戦略的役割（不可替代的戦略作用）を担うようになると強調するのはこの理由によるのである。[44]

中国特有のＭＯＯＴＷ

ＭＯＯＴＷの必要性に関するＰＬＡの論拠を確立しながら、ＰＬＡの視点から正確にそのコンセプトが意味するものと、過去15年間でその意義がどのよう発展、進化したのかを検証しなければならない。そうすると論理的な出発点は中国がこの期間に用いたその用語の各種公式な定義を検証することになる。前節で記述したように、『戦略学２００１』はＭＯＯＴＷに関してはぐらかしただけで、危機の段階的拡大を防ぎ、または悪化させず、軍事的抑止[45]を効かせるための1つの手段、あるいは「戦争全体の一部分」（戦争全局的部分）としてそのような作戦を記述しただけで、その用語を明確に定義していない。[46]しかしながら、ゆっくり時間を掛けて、ＰＬＡは明確にその用語を定義することを追求してきた。そして、1つの論点に従って、ＰＬＡはＭＯＯＴＷに関する10ほどの公式定義を保有してきた。[47]これらのいくつかを見てみると、長い間に、どのようにその定義の範囲が広まり、具体性が高まっているかを示している。２００２年に、『中国軍事百科全書』はＭＯＯＴＷを平時および戦時において、戦争とは異なる実行手段と編成で運用する軍事作戦と定義した。[48]２００８年に、権威のあるＰＬＡ雑誌『中国軍事科学』のＭＯＯＴＷに関する記事は次のとおりより長い定義をした。

戦争以外の軍事作戦は国家的、民族的、階級的あるいは政治的集団が、ある政治的、経済的または軍事的目的を達成し、国益を保護し、社会的安定を維持し、自然災害に対応し、人民の平和的労働と生命・財産を防衛するために、直接的または間接的に軍隊を使って、非暴力的な手段、または一定の条件下で制限内の暴力的手段を用いて、軍事作戦を実行することをいう。[49]

最終的に公式の２０１１年版『中国人民解放軍軍事用語』（『軍語』）と『戦略学２０１３』の両方とも現状で権威あるものと考えられている次の定義を記載している。

国家安全保障と発展的国益を守るために軍隊が実行する軍事作戦で、直接的に戦争の構成要素とならないもの。それらは対テロ、安定維持、自然災害救助、国益保護、保安警戒、国際平和維持および救助作戦を含んでいる。[50]

MOOTWの範囲の制定

これらの粗末な表現の定義からしっかりとした定義までへの進化は、特に２００１年～２００８年の間のＭＯＯＴＷに関するＰＬＡの公式見解の発展を表している。２００８年の定義から２０１１年～２０１３年までに繰り返されるより大きな特徴はＰＬＡのＭＯＯＴＷの概念が深化し、洗練されていることである。最も新しく権威のある定義は、特にＭＯＯＴＷの異なる形態の基本カテゴリーを明確かつわかりやすい定義で示しており、それは他のＰＬＡ情報源が発表したものとおおむね一致するカテゴリーのセットである。たとえば、２００８年版の軍事教本は、次のＭＯＯＴＷの６つのタイプを掲載している。[51]

1　対テロ作戦（反恐怖行動）
2　対暴動作戦（反騒乱行動）
3　国境、沿岸、防空および事案対処作戦（処置辺防、海防、空防事件行動）
4　救助および災害救援作戦（搶険救災行動）
5　平和維持作戦（維和行動）
6　戦争抑止（武力威懾）[52]

ほんの1年後に軍事科学院により出版されたリストには「戦争抑止」を除いた5つのカテゴリーが記載されている。[53]　また、南京政治研究所は２００９年から次の４つの主要なタイプだけを記載している。

1　政治不安と暴動の阻止、社会的安定の維持（維護社会穏定）
2　大規模自然災害への対応、緊急救援、国民の生命財産保護
3　重大事故迅速対応（重大事故進行）および環境保護（保護生態環境）
4　戦闘効果の増大と軍事抑止力（軍事威懾）の強化を企図した大規模軍事演習

これらのリストは細部や重点において多少の差異を示している、総合的に見れば２００８年〜２００９

年の間にMOOTWに関するPLAの概念の広がりを示しており、1つの概念は翌年には深化し、広げられるのである。実際に最も詳細なMOOTWの任務一式は、別の軍事科学院の刊行物、2013年の『戦争以外の軍事作戦の7つの主要なカテゴリー』という名前のMOOTWに関する教本に、次の表に示す30のサブカテゴリーとともに記載されている。

『戦略学2013』は、作戦の規模、位置、目的および目標の性質（友軍の能力、敵性の能力、国内問題のような）に基づいて4つの大きなカテゴリーに比較、分類している。

●対決作戦（対抗性行動）、これは対テロ作戦、武装麻薬執行、越境犯罪攻撃、対海賊作戦、社会不安および暴動の阻止を含んでいる。目標は通常、敵性の個人、集団、国家であり、一般的には国境地域または中国内の特定の地域にいるが、時には外国にいる場合もある。このカテゴリーの任務は一般的に低烈度作戦の形態を取る。[54]

●法執行活動（執法性行動）、これは国境警備および沿岸警備（または封鎖）、防空警戒（または封鎖）、海上権益の防護、海上護衛、保安警戒、国際平和維持、および軍事哨戒を伴うもので、その範囲はほとんどが国内であるが、国境地域や国際的紛争地帯も含んでいる。[55]

●救援作戦（救助性行動）、これは緊急災害救援（自然災害、伝染病、核・化学・生物事故に対する）、外国人や海外の中国人民の防護と避難、および医療支援を含んでいる。目標は特定の集団や組織を超

表1　MOOTW カテゴリーおよびサブカテゴリーに関する2013年 AMS 教本記述

カテゴリー	サブカテゴリー
救助と災害救援（搶険救災行動）	洪水救助（抗洪搶険行動）
	地震救援（抗震救災行動）
	森林消火（森林滅火行動）
	核・生物・化学汚染救助（核生化洩漏搶険行動）
対テロ（反恐怖行）	テロリスト拠点攻撃（進攻恐怖分子営地行動）
	対発砲（反火力襲撃行動）
	対通常爆破攻撃（反常規爆炸襲撃行動）
	対核、生化学攻撃（反核生化襲撃行動）
	対情報攻撃（反信息襲撃行動）
	対ハイジャック（反劫持行動）
	国際共同対テロ（国際聯合反恐怖行動）
安定維持（維護穏定行動）	衝撃・畏怖キャンペーン（震懾造勢行動）
	事案地区封鎖（封控事発地区行動）
	大規模集団事件阻止（制止大規模群体性事件）
	重大暴力犯罪との戦い（打撃厳重暴力犯罪活動）
	重要目標防護（防衛重要目標行動）
	医療救助・避難（救護救援行動）
	善後工作（善后工作）
権益の保護（維護権益行動）	陸上の権益保護（陸上維護権益行動）
	海上の権益保護（海上維護権益行動）
	空中の権益保護（空中維護権益行動）
	海外の権益保護（海外維護権益行動）
	宇宙の権益保護（太空維護権益行動）
	ネットワークと電子的領域の権益保護（網電領域維護権益行動）
保安と警戒（安保警戒行動）	地上保安警戒（地面安保警戒行）
	空中保安警戒（空中安保警戒行動）
	海上（水上輸送）保安警戒［海（水）上安保警戒行動］
	核・生物・化学攻撃救助（核生化襲撃救援行行動）
国際平和維持（国際維和行動）	なし
国際救援（国際救援行動）	自然災害救援（自然災害救援行動）
	事故災害救援（事故災難救援行動）

え、物質的な施設や自然環境をも含んでいる。そのような任務は重要な事前計画が不可能な緊急状態の強烈な時間的プレッシャーはもちろんのこと、要素が多様で、関係する者も複雑に入り混じっているため、極度に複雑となる。一般的にそれは戦闘の背景にはなり得ても、直接戦闘に関わることはない。[56]

◉共同作戦（合作性行動）、主として国際的な統合軍事演習からなり、ほとんどが「相互作用の交換強化、軍隊相互の信頼強化および共同作戦能力の強化」によって国の周辺または公海に沿った戦略的重要地域を防護する。そのような作戦は軍隊とその力を行使する決心をさらに見せつけ、現実と潜在的な危機を管理、地域の情勢を安定化させるために、共通の敵に対して衝撃と畏怖を与える。[57]

これらのさまざまな公式の記述が特殊な表現や専門用語の程度において異なってはいるが、それらの全体的な一貫性はずっと明確に表れている。しかし、それらのやや不十分な定義と表を通して、我々にはMOOTWの正確な本質とは何かという問いかけが残った。PLAの視点では、MOOTWは他の作戦形態、また戦争自体とどう区別するのか？

もちろん、その最もシンプルで基本的な答えは中国の権威ある文書が示している。それが平時に実施するということは別にして、戦争以外の軍事作戦は低烈度の武力行為に限定されるということである。この低烈度の武力行為は次々に意思決定者に対して、少なくとも戦争と比較してより厳格な管理をさせる。[58] 実際にその管理と制限の考え方はPLAのそのテーマに関する初期の思想に深く浸透した。2003年に、南京政治研究所は、MOOTWは軍隊の攻撃方法を厳格に管理することを必要とすると強調している（対進攻性武力手段的使用有着厳格的控制)。[59] 抑制は持続的な成功のために必須の前提条件であると理解されていた国際世論からの疎外を避けるために必要であると考えられた。一般的にMOOTWの財政コストは全面的な戦争より低いと理解されており、この抑制と制限のより大きな利点は高い費用対効果である。MOOTWと戦闘作戦の政治的な目標は重複するという状況において、MOOTWを費用対効果で選択するということである。[60]

また、MOOTWと戦争作戦は2013年版の軍事科学院の教本がいくつか指摘しているように、その他の面でも異なっている。その中で最も大きいものは「作戦の性質」の違い(行動性質不同)であり、主として異なった焦点(伝統的安全保障対非伝統的安全保障)によって定義されている。さらにその目標または目的が異なっている(作用対象不同)。MOOTWの目標は、自然災害、伝染病、事故などの結果だけでなく、敵対的な力(非常に広く定義され、テロリストや犯罪者を含む)であり、一方、戦時の作戦の目標は敵の軍隊や重要な軍事目標(基地、港湾、工場など)である。最終的に2013年版の教本はそれらの基本的な手段が異なる(運用手段不同)と指摘している。戦争以外の軍事作戦は主として非致命的な手段を伴う。ほとんどの場合、過度の武力行使(結果的に多くの死傷者)は大衆の支持を失い、国際的な理解に否定的な影響を与えるため、対テロや安定維持作戦でさえ、その重点は抑止に置き、可能であれば武力の行使を避けることを強調している。[61] 二者には違いがあるものの、PLAはMOOTWと戦争が根本的にはつながっていて、特にそれぞれは、変化する情勢と要求を基盤にして、もう一方に移行することができると認識している。[62] 同じように、1か所における非伝統的な安全保障の問題は他のどこかの戦争を引き起こすことがあり、また1つの国、領域、地域の活発な戦争が他の国、領域、地域に影響を与える非伝統的な脅威を生み出すこともある。[63]

ＰＬＡの情報源が一貫してＭＯＯＴＷの性質の基盤となると認めるさらなる鍵は中央集中型のハイレベルの指揮である。彼らは最高レベルの国家当局がそのような作戦を直接統制すべきであり、「小さな行動、大きな指揮」または「戦術的行動、戦略的指揮」の原則が戦争以外の軍事作戦の指揮においては一般的慣習である（そしてそのようにみなされるべきである）と強調して明言している。[64] この原則はＭＯＯＴＷに関する意思決定は中央委員会と中央軍事委員会の主要な任務であり、必要時はその権限は関係する広域指揮官、軍司令部または人民武装警察（ＰＡＰ）に委任されると強調する『戦略学２０１３』に明記されている。[65] この集中化こそが情報化と現代メディアの性質の大部分によるものであり、それは比較的小規模で局地化した作戦でさえグローバルな影響を持つことができることを意味している。したがって、多くのＭＯＯＴＷは政治色が強く非常に敏感な性質を持つという事実があり、国民または国際的理解を損なうような作戦上の失敗を避けようとするならば、可能な限り常時メディアを厳格に統制、強硬に管理することが必要である。また、信頼できる情報筋はＭＯＯＴＷの過程の中で国際法、関係各国の政治的、経済的、軍事的情勢、地域の慣習を理解し、考慮に入れることが必要と言及しているが、その文脈には下位レベルの指揮官がしっかりそのようにすることについて信用されていないことが含まれている。この観点では、ＭＯＯＴＷの成功は軍隊だけでなく中国全体のイメージ（そして潜在的に地政学的な地位）を改善することができる（さらにいえば、ＭＯＯＴＷの失敗はそのイメージを傷つけてしまう）ため、ＭＯＯＴＷに関しては国と軍隊の最も高いレベルで決心されなければならない。[66]

また特に作戦が中国国内で実施される場合、中央集中型の指揮は共産党や国の方針と一致していることを確実にするためにも必要である。[67] ２０１３年版の軍事科学院の教本はＭＯＯＴＷの指揮統制のより際立った特色を確認している。それは一般的には軍、武装警察、民兵組織、公安部隊、地域の救助の専門家集団を含む作戦構成部隊の範囲が広がることによって、さらに困難になるということである。[68] このように、『戦略学２０１３』は、（特に中国内で）ＭＯＯＴＷの任務に就く軍の指揮機関は作戦を調整し、ともに目的を達成するために、地方自治体だけでなく、関連する文民部庁との緊密な調整メカニズムを構築しなければならないと指摘した。[69] この目的のため、『戦略学２０１３』は４つの主要なＭＯＯＴＷの指揮方法（非戦争軍事行動指揮模式）を概説している。

●地方自治体を基盤とする協同指揮（以地方政府為主的連合指揮模式）、中国の法律によると、災害救援は地方自治体がリードを請け負うべきである。対テロや安定維持についても文民当局は協同のリーダーシップの役割を与えられ得る。[70]

●軍のリードによる協同指揮（以武装力量為主的連合指揮模式）、それは空中または陸上のハイジャック、海のハイジャック、海上護衛、大規模テロリスト攻撃との戦闘のような状況において必要である。

●中国と外国部隊間の協同指揮（中外軍隊共同組織的連合指揮模式）、それは３つの形式を取ることができる。すなわち、①共同司令部を置くもの、②共同司令部は置かず、計画や意図等を調整するもの、および③共同地域指揮系統（例、ＩＳＡＦ）。

●国際連合のリードによる協同指揮（由聯合国主導的連合指揮模式）、それは自明のものである。

最終的には、戦争以外の軍事作戦に関連した指揮の集中は魅力的であると考えられている。なぜならば国家および軍の上級指導者が政策目標を追求して、戦争以外の軍事作戦を直接かつ効果的に指揮すべきと示されているような作戦の統制しやすさを認識しているためである。これは、そのようなことが可能であるという信念、または「戦争以外の軍事作戦の実施にあたっては、計画しやすく、統制しやすく、調整しやすい」という２０１１年からのある記事の中の言葉で断定されている。[71] これはＰＬＡがそのような作戦を極めて簡単だとみているという意味ではなく、むしろ彼らが非常にうまく調整し、政策の要求に適合するように方針決定することができると確信しているのである（確かに全面戦争作戦のケースよりうまく調整され、方針決定されている）。このことは、より大きな主導権を獲得するため、また進行するシナリオに柔軟に適応するために、現代の情報化されたＣ４ＩＳＲ技術を最高レベルの中央指揮統制に活かすことを主張する者から、同技術をより下位の指揮官と部隊に活かすことを主張する者に至るまで、ＰＬＡ全体として進行しつつある緊張の文脈で理解されなければならない。ＭＯＯＴＷのある特定のケースにおいては、体制内の緊張をどのように解決するかという問いが残っているようである。

何を目的とするＭＯＯＴＷか？

我々の面前には、中国のＭＯＯＴＷの概念が冷戦後のグローバル化の時代に軍隊を政策の有効な手段にとどめ置くという基盤的機能を超えて、どのような戦略的目的へ向けられようとしているのかという重要な問題が残っている。そのような中で、まず認識しなければならないのは、ＰＬＡがＭＯＯＴＷに限定して戦争を考えていること（戦争行動制約着非戦争軍事行動）であり、すなわち、どのような二者の要求間の紛争の場合でも、戦争とそれに必要な能力が優先するということである。[72] 言い換えれば、情報化条件下での局地戦の戦闘と勝利こそが中核的な軍事能力であり、それは他のすべての戦闘能力から作為されなければならない。[73] この問題についてＰＬＡの初期のいくつかの文献に特徴付けられているように、現代社会において戦争以外の軍事作戦は軍隊の社会的価値を向上させることに役立ち、政策目的のより広い範囲の達成にＭＯＯＴＷを役立てている。ＭＯＯＴＷの基本的な戦略的利点は、軍の使用に厳格な統制を課すこと、紛争と危機の段階的拡大を回避することおよび一般的な戦争の突発の機会を減らすことを含んでいる。[74]

中国の見地では、戦争以外の軍事作戦は軍隊が国際平和を守ることに寄与できる有益な手段である。正しく利用される場合、それらは広く中国の国家イメージを改善するのに役立ち、「ある国家」（対于打破某些国家対我国軍事囲堵、すなわち、薄いベールで隠されているが米国と同盟国）による軍の抑制を破り、地域の平和と安全保障を強固にし、テロを抑制し、テロと闘い、国境・領土問題の解決に寄与できる。[75] その上、そのような作戦は軍隊が平時において国内社会の安定を維持し、国益と安全保障を確保するための重要な手段である（非戦争軍事行動是和平時期軍隊維護社会穏定、保障国家利益安全的重要手段）。[76] 最近は海外の中国国民の生命、利益、財産を含む、より幅広い国益を守ることが軍隊に求められるようになっているが、ＰＬＡの主要任務が不穏な状態、妨害、破壊に直面した際に党の権力を維持することであるということを忘れてはならない。[77]

この思考路線は、ＭＯＯＴＷの概念の目的が、軍隊が危機的状態に対応し、国際安全保障環境を維持し、政治的、経済的、および社会的秩序を維持できるようにすることであると主張する『戦略学２０１３』まで維持された。[78] 早くから費用対効果が強調されたのと同様に、『戦略学２０１３』では、戦争以外の軍事作戦は一般的には限定された資源公約だけが要求されると指摘する一方で、結果として生じる戦略的利点がかなり大きく、戦略的投資収益の最大化がＭＯＯＴＷの目的の一部であるとも記述している。[79] もちろん、もしこの種の作戦がそのような目的で使われるなら、その開始にあたって適切な管理がなされなくてはならない。『戦略学2013』はどのようなMOOTW活動に対しても基本的な自国益検証を計画している。すなわち、関係する目的や任務は、解決されようとしている問題または追求されようとしている国益については「合理的かつ均衡の取れた」ものでなければならない。[80] 他のPLAの刊行物が指摘したように、国家の軍隊はその国の国益を守る意志を持った暴力手段であり、そのすべての活動は国益を守るために実行される。したがって、MOOTWも戦争と同様に、交戦の意思決定は合理的な国益の計算とより広い国家戦略に基づくものでなければならない。[81] 軍事科学院によると、戦争以外の軍事作戦への参加の決定は中国にとっては平和的発展の国家戦略の延長にならなければならない。参加は国家・軍事総合力（国家和軍隊総合実力）の合理的理解に基づくものでなければならず、この見方によれば、中国がまだ相対的には弱い発展途上国家であるので、国益に直接関わるそれらの作戦だけに資源が使われることが極めて重要である。[82]

もちろん、MOOTWの効果の一部は、より大きな紛争を引き起こすことのできる問題を阻止するためのツールのような有用性から得られたものである。『戦略学2013』には、「戦争以外の軍事作戦の重要な目的の1つは、段階的拡大から状況を維持し、開戦を防ぐことである」と記述されている。[83] 2013年版の軍事科学院の教本には、「「新たな国際環境」においてMOOTWは緊張緩和、危機回避、戦争抑制および世界平和を守る実効性のある手段の提供に役立つ」と述べられており、これと合致する。[84] しかしながら、同時に、PLAはMOOTWを戦略的対決における潜在能力のある手段としてもみている。このMOOTWに関する思考路線は、最も早期のPLAの「戦争以外の軍事作戦は、多くの国にとって覇権主義に対抗するための手段であるにもかかわらず、ある覇権主義国家によって、しばしば他国情勢の干渉のための手段として使われている」という思考に表れている。[85] 西側勢力が中国に対して封じ込め戦略を使う方向に傾いているという軍事科学院の警告は現在もなお維持されている。西側の政策に関するおなじみの中国の不満は、「技術的封鎖」（輸出制限）、文化的侵略、イデオロギーの侵入、および分離主義者の勢力に対する支援を含めて、この傘の下に寄せ集められ、中国全体として進行中の経済および社会的変遷を理由に、国内的に脆弱であるとみられている。したがって、この観点において、軍隊の任務の一部には、危機や非軍事的な紛争の間、敵性または味方ではない軍を中国からはるか遠方に押しやることがある。そして平時における軍隊の使用は、「覇権主義、権力政治や新干渉主義」（西側勢力の悪質な行動という中国特有の主張）によって引き起こされる地域安定への悪影響との闘いに焦点が当てられるべきである。[86]

ＰＬＡの考えでは、ＭＯＯＴＷの最終的な主要使用形態は、実際の戦闘経験の模写を提供することによる作戦および戦闘能力の向上の可能性である。これは中国の情報筋が、戦争の段階的拡大を防止しようとする多くのＭＯＯＴＷのタイプ（対テロ、安定維持など）だけでなく、ＭＯＯＴＷと戦争の間に存在する「相互に有益に変換可能な関係」（二者存在着相互利用、相互転化的関係）として説明することによって可能となる。またそれらは、いったん戦争目的が成功裏に達成されても、紛争に引き続き必要とされるだろう。またその間には、全面戦争の手段の制限使用が必要となる、より高烈度なＭＯＯＴＷ任務に伴って「包括的相互関係」（二者存在着相互包含的関係）が存在し、いくつかの第三の戦時脅威（テロリストまたはゲリラが側面や背面を攻撃するような）がＭＯＯＴＷ特有の低烈度な手法によって最適に処理されている。[87]ＰＬＡによると戦争以外の軍事作戦は、必須の能力と類似した要求がつながっており、ＭＯＯＴＷ能力が中核の軍事能力に基づいているため、ＭＯＯＴＷの能力向上が中核の軍事能力向上に役立てることができ、中核の戦時軍事作戦の根本的目的に一致している。[88]

ＰＬＡは多くのＭＯＯＴＷの任務、技能、作戦過程、指揮の要件は戦争のそれらと本質的に同じであると強調している。[89]それゆえ、戦争以外の軍事作戦の実行は、教義のギャップを見出し、教訓を得ることを可能としつつ、軍と装備の能力を試すことができ、一般的な戦闘の有効性を増進するのである。[90] 軍事科学院は、MOOTWは戦争とほぼ同等で有益な作戦経験が得られるような困難で危険な任務を完了させるが、MOOTWへの積極的参加は中国の国防科学技術発展戦略、軍事戦略指導方針、および軍隊建設を強化すると主張している。[91]

MOOTWは党と国が国家発展事業において軍隊を活用する方法であるとともに、軍隊が自身を作り上げ、発展させ、強化する方法でもあり、[92] この方法によるMOOTWの実行は自身を抑止力として役立つことができる。「低烈度、高効率」な作戦形態として、MOOTWは敵に警告、強制、または抑止することができる。[93] さらにMOOTWにおける力は本質的に戦争における力を意味するので、その熟練さを示すことで抑止の強化に役立つことができる。[94] 最終的にPLAは強いMOOTW能力を戦略的抑止のための安全保障環境を維持するために極めて重要なもので、危機の進行・段階的拡大を管理する能力と緊急事態の迅速な対処能力の両方を提供するものとみている。したがって、軍隊のMOOTW能力を向上させることは、強力な地位の確立の不可欠な部分であり、装備、技術、調達、および施設に関して意思決定する場合、MOOTWの要件は厳格に考慮されなければならない。[95]

重要な局面に達する時——現実世界の中国のMOOTW

前述の議論は現実世界の中国のMOOTW活動とどのように関係しているのか？　それは、前記で述べた多くの原則、優先順位、および懸念が中国の現実の戦争以外の軍事作戦において十分な証拠となっている調査に基づき明確になっている。たとえば、中国のアデン湾における対海賊作戦はPLA海軍に価値のある学習機会を与えた。約8年の間、中国沿岸から数千マイル離れた複雑な作戦環境における複数艦艇任務部隊の継続的メンテナンスは、ＰＬＡ海軍が遠距離戦力投射、長距離通信、および不慣れな環境における作戦、すなわち、戦争と非戦争の両方に適応できるすべての技能の兵站要件に合致した確固とした経験を獲得することを可能にした。同時に対海賊任務は中国人が自身を責任ある国際的関係者として、現地国家と作戦する国家の両方との共同関係を発展させ、その多くが中国の数千の商船の船団護衛を実施して中国の経済権益を守ることを可能とした。

同様に有益であったのは２００６年の東ティモール、２０１１年のリビア、および２０１５年のイエメンを含む紛争地域で中国国民を保護するためＰＬＡが海外で実施した種々の大量避難作戦である。一般的に政治的暴動あるいは内戦に呼応して実施され、数千の中国国民（はもちろん中国以外の外国人も）の避難を必要とし、それらの作戦はＰＬＡに現実の迅速な動員と多数の輸送アセットの移動の実経験を与える。それらはＰＬＡが限られた警告または事前計画、および容易に戦争に移行できる経験を持って、同時に活動を計画、調整することを求めている。対海賊任務、海外救助作戦は中国の友好的な外交環境の形成にも役立ち（特に救助支援した市民の国家の中国に対するイメージを上げることによって）、一方また中国国民の生命と安全、外国での生活と労働を守るため、中国の成長する国益を守るというより大きな目的を満たすことになる。

人道主義者と災害救援作戦の関与は、迅速な動員と兵力投入の経験について多くの同じ有益性を示しており、最近では２０１５年４月のネパール地震への中国の対応によって代表される。地震に対応して、チベットの被災地にＰＬＡ、人民武装警察（ＰＡＰ）、約７０００名の民間組織、数百台の車両が動員された。これにはネパールへの数百名の医療要員と救助要員の展開を含んでおり、ＰＬＡ空軍の主要長距離兵站部隊、すなわち、Ｉｌ－76重輸送隊によって輸送され補給を受けた。[96] その作戦はパキスタン、インドネシア、その他の場所での数年間にわたる作戦に似通っているが、中国周辺に沿った、安定と安全保障の状態が中国の国益と国家安全保障に直接（そして潜在的にひどい）影響を及ぼすと認識されている数か国で起こったということが重要である。実際に２０１５年のネパールの地震および多くの他の自然災害に対する対応は、中国の近傍において長期間にわたる潜在的不安定を阻止する大きな努力の一部として真っ先にみられるべきものである。

それに対して、いわゆる「平和の方舟」、すなわち、東アジアを横切って寄港する、ＰＬＡ海軍によって運行される改装病院船を使用して、補給品を分配し、直接治療を行っているが、これは間接的にでも重要な作戦利益をもたらすことはない。むしろ軍事外交の形態で、そして純粋なソフトパワーの行使の形態で、中国に有益な宣伝をしながら、近隣住民の心を摑んでいる。最終的に、東シナ海と南シナ海（占領した島嶼の建造物、管理を主張する漁場、シーレーン、主権を主張する海域と空域で行動する外国船舶および航空機の監視や嫌がらせを含む）で行われているさまざまなプレゼンス作戦は、純粋なパワー・ポリティクスのツールの１つとして使われるＭＯＯＴＷの代表である。特にそのような作戦は米国と親米同盟国を統合すると理解している包囲と封じ込めを打ち破るという中国の願望を明示するものである。米国の優先すべき政策の容易な実行を阻止することにより、論争海域における中国のＭＯＯＴＷ活動は米国によって追求される覇権主義とみられる政策と戦うのに役立っている。これらの作戦は、中国海警局のさまざまな構成組織だけでなく中国の南方の省地域からの海軍民間組織の広範な参加を伴い、広く組織的なＭＯＯＴＷ任務の範囲を示している。[97]

結論

結局、これまでに既述したように、中国の戦争以外の軍事作戦は中国の軍事および安全保障戦略の中で何一つ特殊な目的や役割を有しておらず、むしろ国内の安定維持（すなわち党規則）や軍事外交や軍事抑止を用いたソフトパワーの行使によって、その戦略の複数の面を支援しようとしている。そのような作戦は、さらに軍隊に現実的な作戦経験、さらには戦闘とほぼ同等の経験を与え得る最高の手段のようにみえる。このように、それはPLAおよびそれ以外の軍隊の能力発展や作戦効率の向上のために極めて重要なものである。もし、中国が数年先に主要な地域紛争を避けようと管理すると（彼らの目標のようにみえる）、軍隊の主要作戦行動（訓練やメンテナンスなどと対比して）が中国の戦争以外の軍事作戦の概念の中に入るケースとなるであろう。

このように我々は中国の戦争以外の軍事作戦の発生頻度とそれを導くMOOTWの概念の重要性は数年先には増大すると予想できる。2016年の初めにPLAによって行われた主要編成などの改革によって、おそらくPLAのMOOTW能力は増大するだろう。改革の大きな目的はPLAの従来の戦闘能力を増大することであるが、中国の政治と軍の指導者がPLAのMOOTW能力の改善、とりわけ遠距離の統合作戦の着手と支援にも尽力することを見失うことはない。最終的に他国の軍と同様に、MOOTWの概念は、中国の安全保障環境の構築の過程において、とりわけ地方での主要な内紛の発生と突発を厳格に抑えてきた時代の中で、中国軍が可能な限り能動的な任務を担えるようにしている。このように中国の指導者は、極めて大きい（かつ進行中の）軍近代化と改革への財政的、政治的投資に対する可能な限り最大のリターンを引き出すよう努めているのである。

1 著者は本書に使われた情報源の確認や草案段階で貴重なコメントをくれた同僚であるKen Allenに深く感謝している。

2 中国人により「non-war military operation」とも訳されている。

3 PLAの刊行物のほぼすべてをそのまま記述しており、本章は題目に関する組織としての思考の分析を表している。組織が実際にMOOTWに参加するということについて、それらの情報源はとりわけ一致しておらず、PLA、軍、および軍隊（军队または我军）についてさまざまに言及している。これを明確にするため、たとえば本章においてはPLA、人民武装警察、予備・民兵を含めて、「armd forces」という言葉を使用している。

4 Zhu Zhihong［朱之江］, "On military operations other than war"［论非战争军事行动］, Journal of the PLA Nanjing Institute of Politics［南京政治学院学报］, 2003/05, pp.83–84; Song Guocai［宋国才］, Shi Limin［石利民］, and Yang Shu［杨树］, chief eds., Military Operations Other Than War Case Studies［非战争军事行动实例研究］, (Beijing: Academy of Military Sciences Press, 2009), pp.3–4.

5 MOOTWに関する多くのPLA刊行物（『戦略学２０１３』を含む）において確立された主張では、米軍が任務を達成する手段として（おそらく予算を正当化するために）必死になってMOOTWを受け入れたということである。SMS 2013, p.157.

6 Zhu Zhihong［朱之江］and Wang Liming［王笠铭］, "A review of military operations other than war by the people's military"［人民军队非战争军事行动述论］, Military Historical Research［军事历史研究］, 2010/01, p.38.

7 SMS 2013, pp.155–56; Zhou Meng［周萌］, "Discussion of guiding the vigorous improvement of MOOTW capabilities on the basis of Hu Jintao's military innovative theory"［以胡锦涛军事创新理论为指导大力提高非战争军事行动能力］, Military Historical Research［军事历史研究］, 2009 special issue, p.25. すなわち、実際にある情報源は中国軍が、少なくとも漢王朝から、おそらく中国はどの国より前から戦争以外の軍事作戦に従事していたと主張している。Ma Yuezhou［马越舟］and Tian Yiwei［田义伟］, "A discussion with AMS MOOTW Research Center director and researcher Zheng Shouhua"［与军事科学院非战争军事行动研究中心主任郑守华研究员一席谈］, PLA Daily［解放军报］, September 5, 2012.

8 また、いくつかの情報源が以前のPLAのMOOTW活動（かつてそうだったように）は第一に国内安定維持に焦点が置かれていた。２０１０年南京政治研究所の幹部により発表された記事によると、この種のＭＯＯＴＷの主要な例は天安門広場での抗議集会の抑圧である。それらは「１９８９年、北京の政治的妨害の鎮圧は、ＰＬＡの戦争以外の軍事作戦の構造的発展段階における画期的なイベントであった」（１９８９年，平息北京政治风波是我军非战争军事行动进入结构性拓展阶段的标志性事件）ならびに「この妨害を鎮める時、我が軍は戦争以外の軍事作戦で主要任務を成し遂げる試験をした」（在平息这场风波中，我军经受住了考验，非战争军事行动发挥了重要的作用）とさえ述べている。１９９０年からの他の例は、チベットの戒厳令発動、洪水救助、香港・マカオの守備隊の設置、および１９９５〜96年の台湾海峡危機の期間の軍事訓練の実施を含んでいる。Zhu and Wang, "A review of military operations other than war by the people's military," pp.38–39.

9 もう１つの情報源は、規則によって30日間の訓練時間をＭＯＯＴＷ専用に割いたと発表している。Cheng Guofeng [程果丰] and Zhang Xiaona [张孝娜], 'Focus on strengthening MOOTW training' [注重加强非战争军事行动训练], National Defense [国防], 2008/04, p.48.

10 Zhu and Wang, "A review of military operations other than war by the people's military," p.39.

11 用語「feizhanzheng junshi xingdong」（非战争军事行动）と「feizhanzheng xingdong」（非战争行动）がそれぞれp.214とp.500およびp.15-16とp.486にそれぞれ２回出ている。

12 また、『戦略学２０１３』p.500、p.214は、ある国は、「他国の適切な戦略的意思決定能力の実現を妨げる」（干扰别国作出正确的战略决策）間に、その政治的および戦略的意図を当惑させる平時の武器として軍備管理を実施すると主張している。おそらくＭＯＯＴＷの概念が初めて遭遇する不信の念を示している。

13 Zhu "On military operations other than war"

14『中国軍事科学』は北京の軍事科学院によって出版されている。その記事は一般的に軍事科学院のスタッフにより書かれ、ＰＬＡの幹部部隊の教育に使用される。それゆえ、その内容は政策の公式声明に等しい。

15 Zhu and Wang, "A review of military operations other than war by the people's military," p.40.

16 Ibid.

17 Ibid.

18 "Academy of Military Science establishes MOOTW Research Center" [解放军军事科学院成立非战争军事行动研究中心], December 13, 2011, http://www.china.com.cn/ すなわち、２０１４年の７月までにそのセンターは４名の常設研究員と

4名の博士号取得研究員を雇用し、数回にわたって60人を超える関係分野の専門家を客員研究員として雇ってきた。“Overview of the MOOTW Research Center”［非战争军事行动研究中心概况］, July 29, 2014, AMS website, http://www.ams.ac.cn/.

19 “Academy of Military Science establishes MOOTW Research Center”［解放军军事科学院成立非战争军事行动研究中心］, December 13, 2011, http://www.china.com.cn/.

20 インターネットレポートによると、Zheng は20年以上のＭＯＯＴＷに関する仕事の経験を有し、２０１３年の Lushan 地震に呼応した救援努力に個人的に参加した。（おそらくオブザーバーとして）No author, “Academy of Military Science MOOTW Research Center director Zheng Shouhua—In order to win, what should be done?”［军事科学院非战争军事行动研究中心主任郑守华—— 为打赢，怎么”拼”都应该］, August 26, 2014, http://news.china.com.cn/; Zheng also attended the 5th Xiangshan Forum in 2014. No author, “The Fifth Xiangshan Forum's Chinese experts,” October 13, 2015, http://www.xiangshanforum.cn/artfive/fiveforum/fiveguests/fiveces/201510/499.html. Since its establishment, the center has produced various monographs and instructional texts, including A Textbook for MOOTW［非战争军事行动教程］, Research on Counter-terrorism Operations［反恐怖作战研究］, Regulations for Counter-terrorism Exercises［反恐怖演习规范］, Rescue and Relief Operations［抢险救灾行动］, and The Yearbook of World MOOTW［世界非战争军事行动年鉴］. English titles are author translations. No author, “Overview of the MOOTW Research Center”［非战争军事行动研究中心概况］, July 29, 2014, AMS website, http://www.ams.ac.cn/.

21 Zheng Shouhua［郑守华］, chief ed., A Textbook of Military Operations Other Than War［非战争军事行动教程］, (Beijing: Academy of Military Sciences Press, 2013), pp.9–14.

22 この本のタイトルに公式な英訳はない。中国軍事百科事典は「jiaocheng」（教程）という単語を「course material」と訳しているが、この使用例においてより適当な「textbook」の意味を含んでいる。この本の編集主任 Zheng Shouhua はＡＭＳのＭＯＯＴＷ研究の主任でもある。

23 Fu Zhanhe［傅占河］, Zhang Ce［张策］, and Yang Jianjun［杨建军］, chief eds., Research on the Command of Non-traditional Security Military Operations［非传统安全军事行动指挥研究］, (Beijing: PLA Press, 2008), pp.3–4.

24 Song, et al., chief eds., Military Operations Other Than War Case Studies (2009), p. 9.

25 Liu Yuejun［刘粤军］, ‘On the employment of military forces in peacetime’［论和平时期军事力量的运用］, China Military

Science［中国军事科学］2013, No. 5, p.42. 執筆時に著者は Lanzhou 軍事地区の指揮官であった。

26 Song, et al., chief eds., “Military Operations Other Than War Case Studies”(2009),　p.1.

27 Song, et al., chief eds., Military Operations Other Than War Case Studies (2009), p.9–11.

28 Fu, et al., chief eds., Research on the Command of Non-traditional Security Military Operations (2008), pp.3–4.

29 Fu, et al., chief eds., Research on the Command of Non-traditional Security Military Operations (2008), p.2.

30 Fu, et al., chief eds., Research on the Command of Non-traditional Security Military Operations (2008), pp.2–3.

31 Liu, “On the employment of military forces in peacetime,” CMS 2013, p.42. Liu Xiangyang［刘向阳］, Xu Sheng［徐升］, Xiong Kaiping［熊开平］, and Zhang Chunyu［张春雨］, “A study of non-war military operations”［非战争军事行动探要］, China Military Science［中国军事科学］2008, No. 3, p.3.

32 Liu, et al., “A study of non-war military operations,” CMS 2008, p.3.

33 Fu, et al., chief eds., “Research on the Command of Non-traditional Security Military Operations” (2008), p.7.

34 Fu, et al., chief eds., “Research on the Command of Non-traditional Security Military Operations” (2008), p.1.

35 Liu, et al., “A study of non-war military operations,” CMS 2008, p.3.

36 Wang Guanzhong［王冠中］, “Striving to build and consolidate the national defense and a strong army”［努力建设巩固国防和强大军队］, People’s Daily［人民日报］, December 13, 2012.

37 Zhou, “Discussion of guiding the vigorous improvement of MOOTW capabilities on the basis of Hu Jintao’s military innovative theory,” Military Historical Research 2009, p.25.

38 Liu, “On the employment of military forces in peacetime,” CMS 2013, p.43.

39 Fu, et al., chief eds., Research on the Command of Non-traditional Security Military Operations (2008), p.17.

40 Fu, et al., chief eds., “Research on the Command of Non-traditional Security Military Operations” (2008), p.12.　すなわち、『戦略学２０１３』のＭＯＯＴＷの多くのタイプの文脈にみられるのは、軍隊は主として特別に編成された戦闘能力を持ち合わせた部隊として使われ、その組織的な統合力と総合戦闘能力訓練を強調している。SMS 2013, p.164.

41 SMS 2013, p.11. すなわち、また、その本は、国家の軍隊の政治的、経済的、技術的、文化的な力が証明される基本的な形式（戦争と抑止と横並び）の１つとして、ＭＯＯＴＷをみなしている。SMS 2013, p.6.

42 SMS 2013, p.155.

43 SMS 2013, p.151.

44 SMS 2013, pp.157-158.

45 SMS 2001, p.500.

46 SMS 2001, pp.15-16.

47 SMS 2013, p.154.

48 From the China Military Encyclopedia（中国军事百科全书）, quoted in Zheng, chief ed., A Textbook of Military Operations Other Than War (2013), p.1.

49 Liu, et al., "A study of non-war military operations," CMS 2008, p.1.

50 From the 2011 junyu, quoted in SMS 2013, p.154.

51 Fu, et al., chief eds., Research on the Command of Non-traditional Security Military Operations (2008), p.16.

52 本質的には特定地域において訓練やその他の作戦を使って目標国を威嚇、警告、あるいは別の方法で知らしめると記述されている。

53 Song, et al., chief eds., Military Operations Other Than War Case Studies (2009), p.3–5. すなわち、順序や細かな用語使いは２００８年のリストとわずかに異なるが、本質的には同じである。１対テロ（反恐怖行动）、２社会安定維持（维护社会稳定行动）、３緊急援助と災害救助（抢险救灾行动）、４国際平和維持（国际维和行动）、および５国家権益の保護（维护国家权益行动）。

54 SMS 2013, p.162.

55 SMS 2013, p.163.

56 Ibid.

57 Ibid.

58 SMS 2013, p.164

59 これを証明するために、その情報源は、戦闘はＭＯＯＴＷの例にはならないが、湾岸戦争期間に交戦に至る前に米国の抑制がみられたと明白に指摘している。

60 その情報源は、米国の場合、ユーゴスラビアの３年間の平和維持活動に46億ドル掛かったが、一方43日間のペルシャ湾の戦争に４７０億ドル掛かったと指摘している。

61 Zheng, chief ed., A Textbook of Military Operations Other Than War (2013), p.7–8.

62 その情報源はチェチェンでの対テロ作戦でのロシアの努力は、急速に、かなり全面戦争に近づいた。一方、コソボにおけるＭＯＯＴＷは米国が参加した時にセルビアとの全面戦争に向かったと特筆した。Song, et al., chief eds., Military Operations Other Than War Case Studies (2009), p.5–6.

63 Song, et al., chief eds., Military Operations Other Than War Case Studies (2009), p.5–6.

64 Zhu, "On military operations other than war," p.84; Tang Liang［唐亮］, "A new look at the characteristics and laws of MOOTW"［非战争军事行动特点规律新探］, Journal of the Xi'an Politics Institute［西安政治学院学报］2011, No. 2, p.125.

65 SMS 2013, p.166.

66 SMS 2013, p.165.

67 SMS 2013, p.165.

68 また、その情報源はＭＯＯＴＷの指揮は時間の影響を受けやすいとも強調している（指挥时效性强）しばしば不測事態は急速かつ不意に発生するもので、主要な命令の決定はとりわけ災害救助の場合は数時間以内でなされなければならない。Zheng, chief ed., A Textbook of Military Operations Other Than War (2013), pp.20–21.

69 SMS 2013, p.166.

70 Zheng, chief ed., A Textbook of Military Operations Other Than War (2013), p.27–29.

71 Quotation in Chinese: "非战争军事行动的实施易于谋划、易于控制、易于调节"; Tang, "A new look at the characteristics and laws of MOOTW," p.125.

72 Zhu "On military operations other than war," p.85.

73 Liu "On the employment of military forces in peacetime," CMS 2013, p.48.

74 Zhu "On military operations other than war," p.85.

75 Liu, et al., "A study of non-war military operations," CMS 2008, pp.3-4.

76 Zheng, chief ed., "A Textbook of Military Operations Other Than War" (2013) pp.4-5.

77 Zheng, chief ed., "A Textbook of Military Operations Other Than War" (2013) pp.4-5.

78 SMS 2013, p.164.

79 SMS 2013, p.165.

80 SMS 2013, p.168.
81 Song, et al., chief eds., “Military Operations Other Than War Case Studies” (2009)　pp.6-7.
82 Liu, et al., “A study of non-war military operations,” CMS 2008, pp.4–5.
83 そのような作戦は軍隊が平和的で建設的な役割を果たすことを可能とすることを意図している。それにもかかわらず、対決するＭＯＯＴＷ（特に他国に対して実行される時）は戦争に段階的拡大する可能性を有している。SMS 2013, p.166.
84 Zheng, chief ed., “A Textbook of Military Operations Other Than War” (2013)　p.6.
85 Quotation in Chinese: 尽管非战争军事行动常被某些霸权主义国家作为干涉他国内政的工具，但它同样也是许多国家反对霸权主义的工具 ; Nanjing 2003 p.85.
86 CMS 2013, p.43-44.
87 Zheng, chief ed., A Textbook of Military Operations Other Than War (2013), pp.6–7.
88 Zheng, chief ed., A Textbook of Military Operations Other Than War (2013), p.8–9.
89 Liu, et al., “A study of non-war military operations,” CMS 2008, p.2.
90 Zhou, “Discussion of guiding the vigorous improvement of MOOTW capabilities on the basis of Hu Jintao’s military innovative theory,” Military Historical Research 2009, p.25.
91 Liu, et al., “A study of non-war military operations,” CMS 2008, pp.3-4. すなわち、これはＭＯＯＴＷの純粋な国内事例にも合致する。２００８年の地震への非常救難対応は特に多様な軍種を使って広範任務に従事する（特にさまざまな衛星システムの手段によって）現代戦のための効果的な指揮管制能力を示す機会とみなされた。非伝統的安全保障軍隊の指揮能力と作戦指揮能力は「不可分な有機体」として述べられている。Fu, et al., chief eds., Research on the Command of Non-traditional Security Military Operations (2008), pp.17–18.
92 Zhu and Wang, “A review of military operations other than war by the people’s military,” p.41.
93 Tang Liang, “A new look at the characteristics and laws of MOOTW” (2011), p.126.
94 Liu, et al., “A study of non-war military operations,” CMS 2008, pp.2–3.
95 Liu, et al., “A study of non-war military operations,” CMS 2008, pp.5-6.
96 Ministry of Defense, “Defense Ministry’s regular press conference on April 30, 2015,” available at http://eng.mod.gov.cn/

Press/2015-04/30/content_4582738.htm.

97 Andrew Erickson and Conor Kennedy, "China's maritime militia," paper presented at the Conference on China as a Maritime Power, Arlington, Va., pp. 28–29 July 2015.

第12章

中国の戦略的軍民融合の概説

ダニエル・アルダーマン／鬼塚隆志訳

「国防科学技術産業界において、その集中によって軍民融合を拡大し、それを経済、科学、技術、教育、人員（人的資源）等のあらゆる分野に広げ、それを産業界および部門レベルの問題から国家戦略の地位へと高めること」

「把軍民融合由主要集中在国防科技工業領域拓展到経済、科技、教育、人才等各個領域、由行業、部門層次提升到国家戦略層次」（『戦略学２０１３』）[1]

中国の国家安全保障の組織的宣伝活動については、軍民融合（ＭＣＦ）を促進すると言及する壁紙が張られている。その軍民融合は、習近平によって日常的に述べられており、また『戦略学２０１３』のような重要で影響力の強いかつ戦略的な著作物の中でも頻繁に引用されている重要な中国の構想である。いくつかの権威ある中国の情報源は、軍・民の連携を深めることは、単に望ましい結果ではなく、国家の戦略的目標であるとまで述べている。しかしながら、しばしば述べているにもかかわらず、中国人民解放軍（ＰＬＡ）に関する外国の分析は一般的に、なぜ中国の指導者層が多くの精力をこの野望的な構想に向けているのかということについては、考察していない。本章は、１つの戦略的優先事項としてＭＣＦに関係のある一連の疑問に対し答えようとしている。すなわち、その発端は何か？　その戦略的目的は何か？　それはどのように実行されるのか？　ということである。本章は、ＭＣＦが過去15年間にわたって中国の戦略的な文書の中で進化したとして、歴史的な進化と現在の意味およびＭＣＦの実行に関する将来の見通しを分析して、これらの疑問に答え始めている。

本章は、軍民融合のかなり幅広い中国の構想に関する境界を明確にするために、3つの節に区分されている。第1節は、民軍統合に関する以前の取り組みを分析しており、中国はどのようにして軍民融合の構想に到達したのか、また、これは民軍統合および民と軍の資源の統合における他の以前の取り組みとは、実際問題としてなぜ異なるのかということについて分析している。ＭＣＦを歴史的観点において、この節は、中国の指導者層が民と軍の相互作用を歴史的にどのように主張してきたか、またＭＣＦの目的はなぜ以前のＣＭＩ（民軍統合）の取り組みよりもより広範囲なのかということについての概観を提供している。第2節は、最近の権威ある中国の情報源においてＭＣＦがますます重要視されているということを扱っており、これらの壮大な民と軍の野心がどのように徐々に進化しているのかを記述するために、中国のより広範囲にわたる戦略的な文献を参考にしている。それは、なぜ習政府がこの構想をそのように重視しているのか、またなぜこの分野に関する期待を劇的に膨らませているのかということに取り組もうとしている。最後に第3節は、ＭＣＦに関する習政府の実行を扱っており、ＭＣＦ領導小組の創設を含む野心的な指針を達成することを課された組織に焦点を合わせている。この節は、ＭＣＦの一様でない実行と、最高レベルの指導がどのように実行されるかということが明快さに欠けているということを強調している。本節は、ＰＬＡの劇的な再編成間に、最高レベルのＭＣＦに関する方針の結果として、重大な変化に対する好機が存在していたと記述して締めくくっている。これらの変化に関する全範囲は、これからのことであり、習の野心的な戦略目標のより長いリスト内の優先順位によって決定される。

翻訳の注意として、ＭＣＦ（軍民融合）とＣＭＩ（民軍統合）の２つの構想は、中国人により、しばしば両方とも「民軍統合」として翻訳されており、両構想間の重要な相違を不必要にぼやけさせている。「軍民融合」という用語は、この中国語のＰＬＡの技術用語に関する正確な英語の表現であり、中国の政策がどのように進化しているかに関してよりニュアンスを含む議論を可能にしている。しかしながら、２０１５年国防白書のような公式の英語訳のある中国の情報源は、それらの英語版の中ではこの概要（差異）を一般的に反映していない。第2節および第3節は、専門用語と意味についての変遷を非常に詳細に分析している。

第1節　歴史的な文脈における軍民融合

本節は、中国における民軍間で共有されている資源の歴史的関係を概観するもので、民軍資源の共有を再調整する現行の取り組みを分析する基準を設定するために、『戦略学２００１』がこの問題にどのように取り組むのかという考察を含んでいる。指導原則として軍民融合に対する最初の影響力のある言及は、胡錦濤の２００７年の党活動報告における「中国の特性を有する軍民融合へ進む」という彼の強い主張であった。[2] ＰＬＡに関する長年の分析者であるエド・フランシス（Ed Francis）と他の者が述べているように、ＭＣＦは、多くの点で、民間経済の生産高を向上させると同時に中国の作戦・戦争（実戦）能力を発展させるために民と軍の資源間の協力を促進するもので、歴代の中国の指導者層によって奨励されている継続する一連の長期構想である。[3]

中華人民共和国の初期まで遡ると、中国の指導者層は、軍と民の資源のより調整された統合を長い間追求してきた。この伝統は、歴代国家主席による広範囲に及ぶ組織的宣伝活動を含んでおり、公式なスローガンと宣言を伴っていた。1956年に、毛沢東は「軍事と民事の統一的な運用」（軍民兼顧）構想を提唱した。[4] 1982年に、鄧小平は、しばしば参考として引用した「16文字の指導指針」について述べた、それは今日においてもMCFの文献の中で参考として頻繁に引用されている。英語に直訳すればこれらの原則は次のように読める。「民と軍を統合すること、平時と戦時を統合すること、軍用品を優先すること、軍を支援するために民を活用すること」（軍民結合、平戦結合、以軍為主、以民養軍）。[5] 1990年代における江沢民の台頭は、「民の中に軍を位置付ける民軍統合」（軍民結合、寓軍于民）の普及促進を含む次世代のCMI政策をもたらした。[6]

これらの各構想は国防および民間資源のより幅広い統合と軍事的要求に対する民間支援の目標に言及していたが、これらの継続的な組織的活動は主として、中国の主要な民間人科学者が軍を直接支援すること（および逆に軍が主要な民間人科学者を直接支援すること）を保証するために、中国の国防産業のより良い統合に焦点を合わせていた。新しい1つの指導方針としての軍民融合の導入によって、中国の野望は、単なる国防産業より多くの経済分野を含むように拡大した。

2007年に胡錦濤がMCFを公にしたことは、主にCMIの取り組みに焦点を合わせた国防科学技術からより大きな調整の試みへの移行を示すことになった。2009年に胡錦濤は、MCFを「民軍統合の兵器の研究・生産システム、軍事能力の訓練システム、および軍事支援システムを確立して構築する、同時に国防動員システムを向上させる」取り組みであると記述し、「軍民融合が起きる新しい見通し」を公開した。[7] 習政府は、後にこの基礎に基づき、ＭＣＦの後押しでより深い統合を推し進めた。おもしろいことに、２０１２年のこの移行の真っただ中で、国防産業の当局者は、ＣＭＩは、当時はしばしば依然としてより深い統合のための国防産業に焦点を当てた新しい試みとして言及されていたにもかかわらず、その産業は焦点をＣＭＩからＭＣＦに公式に移しつつあるとあからさまに述べた。[8]

『戦略学２００１』――一般大衆の重要性

『戦略学２００１』を振り返れば、その編集委員会は、戦争準備、国防産業の兵器と装備の研究、開発、および取得（ＲＤＡ）の支援のために民を統合することの重要性について指摘していた。しかしながら、『戦略学２００１』は、民の統合、協力、軍の相手との調整に関する特別な分野については不十分である。それよりも、『戦略学２００１』は軍事活動の準備および実行間に軍に対して幅広い、明記されていない支援を提供するよう命令される一般大衆に関して、しばしば漠然とした言及を行っている。一般大衆に対するこの一般的な要求は、軍の要求に対する民間の貢献者として、正式な民兵および予備部隊の役割に重点を置いている。一般大衆に関する中国の表現は『戦略学２０１３』の中にも出てくるが、その活用は、支援および統合に関する現行の取り組みに対する言及ではなく、主として歴史的なもののように思われる。

『戦略学２００１』の戦争準備に関する章には、民軍統合の活動に取り組む上での相対的に浅い代表的な見方を提供するものである。その章は、経済と科学技術開発に民を投入する必要性を広く認識させることによって、軍の取り組みへの民の参加について直接的に取り組んでいるが、非軍事組織がどのように軍要員を直接支援できるのかについてはどのような特性も示していない。[9] さらに、その章は、戦時動員を取り上げる場合、商用の船舶、トラック、鉄道、通信ネットワークのような純粋な民間アセットが動員の支援で果たす役割の重要性を強調することなく、民兵と予備部隊のみを重点的に取り扱っている。[10] 最後に、堅実な兵站支援の戦略的重要性を具体的に述べる場合、民間人の支援にはほとんど注意を払っておらず、すなわち、ほとんどすべての重点はＰＬＡの活動に置かれている。[11] 後述でさらに詳しく論じるように、『戦略学』が２０１３年に更新される時までには、中国の考え方は、民の統合は今や、兵站、動員を含む戦争準備の重要な要因として、すなわち、10年前に想像されていたよりもはるかに強いレベルの協力として明確に言及されるほど十分に進歩していた。

一般大衆からの幅広い支援に関するテーマは、２００１年版の政治工作と心理工作に関する論議の間じゅう継続し、専用の章が設けられている。[12] 再び論説者は「一般大衆」の非常に重要な役割を強調しているが、調整された戦略的相互作用あるいは目的については何も詳しく述べていない。このより基本的な分析は、「一般大衆」に、軍事行動の間を通じた国内外における組織的宣伝活動と支援によって、中国共産党とＰＬＡを支援させることを強調しており、同時に「政治工作に一般大衆を動員する」必要性についても強調している。[13] 軍と民の境界を横断するこれらの取り組みの調整を監督することに関して、この政治工作が何を含むべきか、また実在する政府機関が何を課せられるべきかについては、どのような詳述もされていない。この種の幅広い漠然とした活動の要求は、公式な表明においてその時に広く用いられていた無難な「常套句」以上のものではない。これらのことは、前述の考察から抜け落ちているものを合わせて考えると、軍事科学院が２０００年代初期にＰＬＡの作戦支援における民の役割を想定することに比較的低い優先度を置いていたことを反映しているとみることができる。

政治的な支援に対するこれらの幅広い要求以上に、論説者は、「現代の環境下の人民戦争の全戦力」の必要性を記述する場合には、民兵と予備役による民の統合のためにより直接的な役割（たとえ若干狭い役割とはいえ）を提示している。[14] 民兵部隊は正式にはPLAの一部ではないが、中国の制度では、民兵部隊は「中国軍」を構成するようなPLAおよび人民武装警察（PAP）とひとまとめにして考えられている。この主題に関する軍事科学院の文書は「1つの中心的な任務は、ハイテク局地戦の要求に応じて、一般大衆を動員し、組織化し、武装化することである」と明確に述べている。[15] これが正確に何を意味するかについては、ほとんど詳述されていないが、多くの場合、PLAは「国家の経済的および社会的発展の全般状況に影響を及ぼすことを避けるために全力を尽くす」べきであるという重要な警告に加えて、この取り組みは「潜在的な戦争能力を戦争実行能力に転換」しなければならないという点で、ある種のゴールポストが準備されている。[16]

一見したところでは、この責務は内部矛盾を起こしているようにみえる。それは、一方では民にすべてを止めて戦争の取り組みに貢献することを求めており、他方で民にいつものように自分達の日常業務を続けるよう促しているからである。この矛盾は民兵と予備の重要性を強調することによって克服されている。論説者がいうように、「一般大衆を武装化することは、民兵、予備部隊等を組織化しかつ利用することによって実現される」。[17] 次に記すように、予備部隊の重要性は2013年版の主題として続いているが、民兵制度の重要性は著しく低下している。

『戦略学2001』に示されている観点において、「一般大衆」は一般的に、戦時の準備および動員の取り組みに対して広範な支援を提供することを期待されているが、一方で民兵および予備部隊は、PLAの戦時の取り組みと深く統合し（結び付き）、または融合する市民社会の非常に重要な要素になるように期待されている。この関係に対する1つの重要な例外は、国防科学技術であり、そこでは、民は国防部門とのより深い統合に十分に貢献することが期待されており、さらに同書の最終ページでは、「さまざまな国際チャネルから、またさまざまな方法で、科学的、技術的、および経済的な戦略資源を獲得する能力を維持することが」求められている。[18] 民の支援が必要とするものに関するこの比較的狭い見方は、『戦略学２０１３』が、科学技術の研究と予備戦力の統合に引き続き重点を置いていることに加えて、情報セキュリティ、動員、および能力の開発における資源に関する民の融合の重要な役割について非常に詳細に述べているように、次期10年間の計画と政策によって拡大されている。

第2節　一戦略構想（戦略的な概念）としての軍民融合の台頭

胡錦濤政府中頃のＭＣＦの最初の発表から２０１２年の習近平の権力掌握後の今日まで、ＭＣＦは国防産業を超えて広がる全体論的な戦略構想へと進化している。習近平は、以前の最高指導者の伝統に従って、その構想に対して際立った個人的なお墨付を与えた。彼は繰り返し「深化した改革」を要求し、ＭＣＦに関する彼の個人的な見解はＰＬＡの戦略家に対する指導哲学として直接引用されている。[19] また、指導的な中国の官僚に対するこの構想の修辞的な（誇張した）言葉が重要なことは明らかである。それはある者が、中国の指導者は以前、ＣＭＩによって民と軍の関係を実行する「実際の変化」を起こすよう要求されていたと述べており、彼らは現在ＭＣＦによって、民と軍の資源の間でより大きな「化学的な反応」を可能にする任務を課せられているからである。[20] 『戦略学２０１３』は特に、外部の分析者がＭＣＦに関する公式なレトリックを超えて、その構想に対する中国の目的を正確に理解するための１つの方法を提供する。

ＭＣＦに関する『戦略学２０１３』の将来像に関して、「より深化した改革」の目標として予想される活動の種類は非常に広い幅があるが、そのテーマの考察では3つの重要な分野が際立っている。その第一の分野に関して、『戦略学2013』は、ネットワークと情報セキュリティを、実際の戦闘の役割に関して民と軍との直接融合を必要とするますます重要になる分野として描いている。その第二の分野に関しては、戦時の準備と実行間の動員と兵站の要素を伴う民の作戦支援のための詳細な工程表（ロードマップ）を定めている。第三の分野に関しては、国防産業、科学技術研究および合同教育のすべては、民と軍のアセット間のより大きな協力にとって引き続き非常に重要な分野である。これらの3分野にわたって、『戦略学2013』は、民兵と予備部隊については引き続き重要であるとしているが、以前の2001年版にみられていたような軍の役割において「一般大衆」を強化するという一般的な考え方については非常に軽視している。

『戦略学2013』は、軍事作戦に関して民の直接の統合と支援を繰り返し要求し、戦闘の役割に関し民間ネットワーク戦の業者・技師等の統合までも求めていることにより、『戦略学2001』とは大きく異なっている。『戦略学2001』は、純粋な人民（民兵・予備ではない）の戦闘に対する貢献については何も言及していないが、『戦略学2013』は、平時の戦闘域の準備間あるいは戦時の活動のいずれであろうとも、ネットワーク領域での作戦における軍事利用のために民のアセットを奨励する傾向にある。この立ち位置の多くは、ネットワーク領域は本質的に隙間が多く（脆弱であり）、それゆえに軍と民のアクター（関係者）によるネットワークの運用は、しばしば区別するのが困難であるという中国の戦略家の確信と結び付いているようにみえる。[21] 民のアクターが潜在的な敵に対して、合法的かつ戦略的に重要な影響を持つ戦闘行動を直接開始することを認めるという決定の重要性について記述することは、重要なことである。

中国の戦略家が隙間だらけの（脆弱な）ネットワークセキュリティの状況をどのようにとらえるかとい

う議論において、『戦略学２０１３』の論説者は、軍と民の実体によるよく調整された攻撃を求めており、平時と戦時との間のネットワーク作戦における軍の活動を防護するために民を活用することを力説している。[22] このことは『戦略学２００１』からの重要な離脱を表明するものであり、『戦略学２００１』では民は一度も戦時における作戦中の戦闘員のようには述べられていない。また『戦略学２０１３』は、ネットワーク作戦以上に、民は、核、宇宙、およびネットワーク領域を横断する統合した抑止の取り組みを含む横断的領域の抑止のための重要な参加者になるべきだと強調し続けている。[23]

『戦略学２０１３』のＭＣＦに関する第二のテーマは、平時の計画と戦時の動員の両方が民の兵站支援に依存するということである。理論的なレベルにおいて、軍の人員および補給品を迅速に動かすために民のアセットを用いる統合動員は、民間経済がすでに平時環境において多くの動員活動を成し遂げるのに必要な航空機、列車、自動車、および基本的な補給品をすでに保有していることから、明らかに１つの選択肢であるようだ。しかしながら、これらの戦争遂行に不可欠なものを民に依存することは、作戦保全の防護手段の欠如、平時のアセットの戦時編成への迅速な移行に関する課題、および調整の困難さを含んでおり、ジレンマに満ちている。戦時動員に対する民の貢献者は、平時における自分の日常の業務を実行しなければならず、さらに訓練され、求めに応じられねばならず、かつ即座に自ら進んで軍を支援しなければならない。このような難問があるにもかかわらず、『戦略学２０１３』は、民の資源は将来の戦時動員における重要な参加者になるということを明らかにしている。[24]

『戦略学２０１３』は、民と軍の資源の融合は、既存の民間輸送インフラによる迅速な国家動員にとって非常に重要であると明示している。ＭＣＦおよび軍との局地的な統合に言及して、その著者は、この融合したシステムは極めて重要な「戦略的配送」（戦略投送）プラットフォームであると定義している。[25] 軍と民のアセット間における統合基盤の必要性は、統合した軍と民の緊急事態監視機構を開発する必要性を論じる際に、何度も繰り返し述べられている。[26]後述するように、統合MCF指揮組織を構成する中国の能力は、たぶんMCFの将来の成功に関する重要な決定要素となるだろう。

中国の民兵部隊がPLAの動員および兵站の近代化の取り組みにどのようにうまく取り込まれているかという議論は、『戦略学2001』では頻繁に論じられているにもかかわらず、『戦略学2013』では奇妙にもその大部分が欠落状態となっている。[27]しかしながら、この重要な部分が欠落しているにもかかわらず、民兵は中国の戦略において重要な部隊であり続けており、かつ国防目的と密接に調整できる準軍事民間部隊として展開する方向に向かっているが、彼らの仕事は依然として表面上は商業的なままである。この動きは南シナ海において最も顕著であり、そこでは海上民兵が、さらに遠く離れた海域に影響を及ぼす中国の調整された取り組みにおいて、非常に重要な役割を果たしている。[28]将来を見通した場合、中国が将来本国からさらに遠くで民兵を利用するということに、MCFがどのような影響を及ぼすかということについて監視することは、非常に重要なこととなるだろう。

最終的に、『戦略学』はさらに、比較的効果的に機能している軍民統合の分野を維持することを含む、大規模な「融合の発展」に関する必要性に言及しており、その一方で同様には発展していないMCFの部分を強化するとしている。本章の導入部分の引用（文）が明らかにしているように、『戦略学2013』の論説者は、MCFを国防産業基盤（ベース）における産業特有の構想から、より大規模に向上させたいと望んでいる。[29]野心的な目的の中でまったく予測がつかない重要なことは、経済の融合と能力の開発である。これらの分野に関して、PLAの戦略家は、軍が戦闘のために準備しかつ軍を維持できるように、国家経済は健全な状態にとどまらせ続けなければならないと認識しているが、権威ある中国筋は、軍はこれらの活動分野で行動すべきであるという厳格な態度で静観している状態にある。それに対し国防科学技術と技術教育の統合発展は、ＭＣＦの現在の著しく広がった戦略的概念の範囲内で、非常に重要な分野であり続けている。

『戦略学２０１３』以外に、１つの戦略的優先事項としてＭＣＦが格別に取り扱われていることは、中国の国防白書から、ここ最近の10年間にわたって明らかなことである。２０００年から２０１５年まで、これらの白書は、この構想が中国の戦略計画立案全体内で進化してきたとして、その進化過程が認識できる年表を示している。２００６年と２００８年国防白書は、国防科学技術、同じく民兵、および予備部隊の支援に関するその役割についてＣＭＩを強調し、また動員については限定的に強調しており、『戦略学２００１』が同じ課題を強調していたこととよく一致している。[30]

彼らの民と軍の協力は、実施中の国防科学技術に対するさらなる協力の要求に加えて、国防部がＭＣＦ重視として「兵站支援」と「総人員の訓練」に言及して２０１０年に拡大した。[31] ２０１５年国防白書の中で、ＭＣＦは、国家レベルのＭＣＦの調整組織の必要性、技術と兵站にわたる資源の分担、国家動員のためのより深い統合を含む、広範囲な領域に及ぶ民の貢献によって戦闘力を増大する政府全体を強調する、特別に大きな取り扱いを受けている。[32] 中国の戦略文献を横断するＭＣＦの進化と拡大は、よく調整されているようにみえ、かつこの戦略的な考え方におけるこの変更は、ＭＣＦのより十分な実現のための中国の現行計画と関連付けることができる。

第3節　軍民融合の将来　念願の政策は強力に実行されるか？

前の文で説明したように、MCFは、戦争を戦いかつ勝利するために軍をよく準備させるという明確な目標を持った、念願の民軍協同の拡大である。しかし中国の指導者層は、これらの変化を実行するために、どのくらい積極的に計画するのだろうか、またどの組織がその実行を監督する責任を持つのだろうか？『戦略学2013』の論説チームは、この質問に答えるために、同書は、第18回中国共産党全国代表大会の精神および習近平の「強国強軍」の概念の実行を支援するのが目的であるという、それらを紹介して、援助している。また、この一連の改革は、中国共産党第18期中央委員会第三回全体会議（三中全会）の改革としても知られているが、習近平政権が実行したいと望む重要な優先順位の詳細なリストを含んでいる。この指針の15節57項はもっぱらMCFの実行に充てられている（深化国防和軍隊改革）。[33] それは次のように読める。

57　軍と民分野の統合の深化

軍と民の分野を統合した発展を推進するために、我々は、国家レベルで、統一された指導部、ならびに軍と地方政府の間を調整し、軍の需要と供給を連接し、また情報を共有する組織を確立する。我々は、国防に役立つ国防産業制度および科学技術の革新制度を改善する。我々は、国防および兵器・装備の調達のための科学的研究と生産の管理の制度と機構を改革し、また優れた私企業を軍用品の研究、開発、製造および保守整備の分野に導く。我々は、国家の教育を信頼して、軍の全員を教化・啓発するための政策と制度を改革し改善する。我々は、軍事兵站に関する多くの分野を普通の企業に開放する。我々は、国防教育の改革を深化させ、国防動員制度と平時の徴兵制度と戦時の動員を改善する。我々は、民兵の予備制度の改善を深化させ、国境防衛、沿岸防衛および防空の管理制度を調整する。[34]

『戦略学２０１３』と類似した三中全会の指針は、民の資源をより深く統合することによって、ある程度の価値を軍に与えることを目指す近い将来のさまざまな改革の詳細なリストを提供している。ＭＣＦ政策の全範囲に関する将来の見通しにおいて、明白に欠如しているものは、国家レベルのＭＣＦ領導小組を取り巻く情報の不足である。この組織は、早くも２０１４年9月には、権威ある党の機関紙において論じられていた。しかしその任務については２０１５年国防白書の計画において、特に表題を付けられていないが、引き続き議論されていた。[35][36] 中国は、１９９４年には国家国防動員委員会（State National Defense Mobilization Committee[SNDMC]）を創設しているが、ほとんど議論されることなく、新しく組織されたＭＣＦ領導小組が、ＭＦＣ内で予想されていた共有（分担）資源の広い大まかな統合を監督するための国家の調整基盤を持っているかどうかについては、不明である。[37] ＭＣＦ領導小組が現在その任務と関連付けられる国を代表する部署を持っているか、またいくつかの地方政府および企業が自分達のＭＣＦ領導小組を創設しつつあるかということについては、不明である。[38] しかしながら、習近平自身が、省および地方レベルに対する国家レベルの後援を監督しているかどうか、またＭＣＦ領導小組の一員が、国家レベルにおいて民の実体の広い範囲を代表しているかどうかについては不明である。活動中の凝り固まった国家および地方の官僚達を考慮すれば、習近平がＭＣＦの実行に個人的に関わっているか、また別の方法でＭＣＦの実行を指導しているというどのような兆候も、極めて重要な地方に実行させせようとしている国家戦略レベルにおける軍と民の実体間における調整の欠如を克服するために非常に誠実な行動に向かう出発点であり、かつ重要な手掛かりとなるだろう。

ＭＣＦ領導小組とその従属的な組織の他に、より下位ではあるがやや国家に近い、ＭＣＦに関連する新しい試みの分析と実行に専念する2つの実体も存在する。軍事科学院は、「軍民融合研究センター」（軍民融合研究中心［Civil-Military Integration Research Center］）という公式な英訳のあるＭＣＦ研究センターの本部である。[39] はじめに述べた翻訳の曖昧さに類似して、このセンターの中国名は、ＭＣＦを参考として引用しており、かつ単なるＣＭＩを超えて前進しようとする中国の当然の結果であるが、その名に直接関連する部分の公式な英訳は、それでも「民軍統合」（civil-military integration）である。そのセンターは、２０１１年末に創設され、また軍事科学院隷下の少なくとも7つの研究所の1つであり、ＭＣＦの政策の実行の最適化に関して学究的に研究する責任を有している。[40]

この研究センターは、ＰＬＡのＭＣＦを研究するための「ブレーントラスト」（政府などの顧問団）に最も近いものであるように思われるが、下級官僚的な地位と純理論重視に基づくもののようであり、提言以上に政策を著しく変える政治的な力については欠如しているようである。このセンターは、ＭＣＦの実行に関して中国最大の年次会議を主催し、また30の異なるＭＣＦの話題に関する文書の要求に基づいており、明らかに、広い各種のＭＣＦ関連政策を審査している。[41] しかしながら、この深遠な純理論的な関心にもかかわらず、このセンターの活動が、政策の成果に直接影響するかどうかについては不明である。将来のＭＣＦに関連する改革の決定に関して、この組織は注視すべき重要な一部署となるだろう。

民の官僚（官僚主義制度）の中で、工業・情報化部（Ministry of Industry and Information Technology[MIIT]）は、同じようにＭＣＦに専念する下級部署に対する本部である。公式には民軍統合促進部（軍民結合司、Civil Military Integration Promotion Department[CMIPD]）として知られているこの組織は、その組織的な肩書に関しては、ＭＣＦ（軍民融合）ではなく、ＣＭＩ（民軍統合）を参考として引用している。[42] 工業・情報化部創設間の２００８年に創設されたＣＭＩＰＤは、民と軍の実体間の軍・民両用使用（デュアルユース）の普及促進に焦点を合わせている。工業・情報化部に焦点を合わせた技術の範囲内におけるその本部を考慮した場合、この部署は、軍事科学院内の相手がより広い種類のＭＣＦの政策を審査するのとは違って、技術移転にしっかりと焦点を当てているのは意外なことではない。またＣＭＩＰＤは、その役割において軍事科学院に対応する相手とは異なり、ＭＣＦの政策の最適化を研究する純理論的な組織よりも、むしろ民と軍の技術関係者間の橋渡しとして大いに機能し、役立つものである。またこの部署からのより大きな政策の影響は極めて小さいようにみえるが、それは依然としてＭＣＦの将来の見通しを監視する重要な組織のままである。

ＭＣＦ領導小組は依然として、軍民融合関連政策の将来の成功を見据えて、ＭＣＦにおける習近平の優先事項について野望的に述べられた目標の実行に関する見通しの決定を見守る重要な実体のままである。ＭＣＦの選択を含むＰＬＡ改革の中心には、依然として中国の軍と民の官僚制度の両方に正式に座る唯一人の人物がおり、それは中央軍事委員会の議長である習近平である。ＭＣＦの中に含まれる多数の目的を完全に実行するために、中国の官僚は、しばしば民と軍の実体間における資源の共有（分担）に反対する凝り固まった官僚の利益を克服するために、その既存の組織内部から働かねばならない。このことが変わり始めているという兆候はあるが、ＭＣＦ領導小組の任務と構成員に関する情報が現在まったくないことから、おそらくＭＣＦの目標は、習近平によって求められた戦略目標の長いリストの中から、不規則な状態で実行されるようにみえる。

1 SMS 2013, pp. 271.

2 "走出一条中国特色军民融合式发展路子" Xinhua, October 24, 2007. http://news.xinhuanet.com/newscenter/2007-10/24/content_6938568_8.htm.

3 The author is grateful for the assistance of Ed Francis, who provided unpublished research on the history of Chinese CMI.

4 Ling Shengyin, Peng Aihua, Zou Shimeng, "Retrospect and Enlightenment of the Development of Military and Civil Integration Concept," China Military Science, No. 1, 2009, Issue No. 103.

5 Ling Shengyin, Pang Aihua, Zou Shimeng, "Retrospect and Enlightenment of the Development of Military and Civil Integration Concept", China Military Science, No.1, 2009, Issue No. 103.

6 "Retrospective and Thoughts on Our Country's Implementation of Civil-Military Integration, Locating the Military in the Civilian," Defense Science and Technology Industry, 2008, No. 12, page 30.

7 "Hu Jintao: Follow the Path of Civil Military Fusion Type Development with Chinese Characteristics," Xinhua, September 5, 2010, http://news.xinhuanet.com/politics/2009-07/24/content_11768163.htm.

8 "军民结合" 到 "军民融合" 管理体制亟待突破, Xinhua, April 15, 2012, http://www.cq.xinhuanet.com/2012-04/15/c_111782223.htm.

9 SMS 2001, Chapter 7.

10 SMS 2001, pp. 188.

11 SMS 2001, pp. 353-357.

12 SMS 2001, pp. 362.

13 SMS 2001, pp. 369.

14 SMS 2001, p. 454.

15 SMS 2001, p. 455.

16 Ibid.

17 Ibid.

18 SMS 2001, p. 472.

19 Yu Chuanxin［于川信］, 军民融合：牵住顶层设计这个牛鼻子

Center Perspectives［中心视点］, Academy of Military Sciences Website, July 16, 2014, http://www.ams.ac.cn/portal/content/content!viewContent.action?contentid=152d848e-9bc5-4f35-8b97-2fc0b054ffb5. Esp.“习近平主席强调：”进一步做好军民融合式发展这篇大文章，坚持需求牵引、国家主导，努力形成基础设施和重要领域军民深度融合的发展格局.”

20 Xu Dazhe［许达哲］,“走军民融合深度发展之路,” MIIT, July 7, 2015, http://www.miit.gov.cn/n11293472/n11294447/n15783164/n15783228/16695812.html.

21 SMS 2013, pp. 131 and 196.

22 SMS 2013, p. 130.

23 SMS 2013, p. 169.

24 SMS 2013, pp. 266-267.

25 SMS 2013, p. 260.

26 SMS 2013, pp. 262-263.

27 SMS 2013, p. 272.

28 James Kraska and Michael Monti, "The Law of Naval Warfare and China's Maritime Militia," International Law Studies, U.S. Naval War College, (2015) http://stockton.usnwc.edu/cgi/viewcontent.cgi?article=1406&context=ils.

29 SMS 2013, pp. 270-272.

30 "China's National Defense,"［中国的国防］Xinhua, December 29, 2006, http://www.gov.cn/zwgk/2006-12/29/content_486759.htm, and "China's National Defense," Xinhua, January 20, 2009, http://www.gov.cn/zwgk/2009-01/20/content_1210224.htm.

31 China's National Defense in 2010, http://www.china.org.cn/government/whitepaper/node_7114675.htm.

32 China's Military Strategy［中国的军事战略］State Council Information Office［中华人民共和国国务院新闻办公室］, May 29, 2015. http://www.scio.gov.cn/zfbps/gfbps/Document/1435341/1435341.htm.

33 “授权发布：中共中央关于全面深化改革若干重大问题的决定,” Xinhua, November 15, 2013, http://news.xinhuanet.com/politics/2013-11/15/c_118164235.htm.

34 "Decision of the CCCPC on Some Major Issues Concerning Comprehensively Deepening the Reform," Xinhua, November 15, 2013, http://www.china.org.cn/chinese/2014-01/17/content_31226494_15.htm.

35 韩志庆，"论加快军民融合深度发展，" PLA Daily, September 2, 2014, http://www.qstheory.cn/defense/2014-09/02/c_1112322874.htm.

36 China's Military Strategy［中国的军事战略］State Council Information Office［中华人民共和国国务院新闻办公室］, May 29, 2015. http://www.scio.gov.cn/zfbps/gfbps/Document/1435341/1435341.htm.

37 Tai Ming Cheung, Fortifying China: The Struggle to Build a Modern Defense Economy (Ithaca, NY: Cornell University Press, 2009). p. 196.

38 See for instance http://uav.fzexpo.cn/newsshow.asp?id=3195&big=42, http://www.jspxdj.gov.cn/html/rcgz/2016/0114/4357.html, and http://www.spacechina.com/n25/n144/n206/n216/c1010316/content.html.

39 More information available at http://www.ams.ac.cn.

40 "军民融合研究中心成立，" PLA Daily, December 9, 2011, http://mil.news.sina.com.cn/2011-12-09/0710676878.html.

41 "第四届'军民融合发展论坛'征文通知" AMS, August 7, 2014, http://www.ams.ac.cn/portal/content/content!viewContent.action?contentid=d5e9c270-1293-4f2e-833f-59936be7cafc&contentType=szbf&imgName=tit_jmrh.png.

42 Website available at http://jmjhs.miit.gov.cn/n11293472/n11295193/index.html.

【編者】

ジョー・マクレイノルズ（Joe McReynolds）

ジョー・マクレイノルズは、Defense Group Inc.（ＤＧＩ）情報研究分析センター（Center for Intelligence Research and Analysis）の分析者およびジェームズタウン財団の中国安全保障研究フェローである。彼の研究分野は、主として中国のコンピューターネットワーク戦および国防科学技術開発に集中している。マクレイノルズは、以前外交問題評議会（Council on Foreign Relations）および国際政策のための太平洋協議会（Pacific Council for International Policy）で働き、ジョージタウン大学外交大学院安全保障研究プログラム（Georgetown University's School of Foreign Service and Graduate Security Studies programs）の卒業生である。彼は、中国語と日本語を話し読むことができ、名古屋、桂林および北京に住んで研究していた。

【著者】

ダニエル・アルダーマン（Daniel Alderman）

ダニエル・アルダーマンは、Defense Group Inc.部長代理である。そこで、彼は20名を超える言語学者・分析者達のチームをＤＧＩの情報研究分析センターで管理している。彼の研究分野は中国の科学技術政策、技術移転力、および民軍関係を含んでいる。アルダーマンは、以前アジア研究国民局（National Bureau of Asian Research[NBR]）で次長として働いた。言語学者である彼は、ジョージ・ワシントン大学エリオット国際関係国際問題大学院（George Washington University's Elliott School of International Affairs）でアジア研究修士号を受けている。

デニス・J・ブラスコ（Dennis J. Blasko）

米陸軍退役中佐であるデニス・J・ブラスコは、中国を専門とする軍事情報将校および外事分野将校として23年間従事した。ブラスコは、１９９２〜１９９５年には北京および１９９５〜１９９６年には香港の陸軍駐在武官であった。また、彼はドイツ、イタリアおよび韓国では歩兵部隊に従事し、ワシントンでは国防情報局、陸軍本部（特殊作戦室）および国防大学戦争ゲーミング・シミュレーションセンターに従事した。ブラスコは、米陸軍士官学校および海軍大学院の卒業生である。彼は中国軍および国防産業に関する多くの記事および章を著し、『The Chinese Army Today: Tradition and Transformation for the 21st Century, second edition (Routledge,2012)』の著者である。

マイケル・S・チェイス（Michael S. Chase）

マイケル・S・チェイス博士は、ランド（ＲＡＮＤ）研究所の上級政治学者およびワシントンＤＣのジョーンズ・ホプキンス大学高度国際問題研究大学院（ＳＡＩＳ）の中国研究・戦略研究部非常勤教授である。中国およびアジア太平洋地域の安全保障問題の専門家である彼は、以前ロードアイランド州ニューポートにある米国海軍戦争大学（ＮＷＣ）の准教授を努め、そこでは戦争分析研究部戦略的抑止グループ責任者を務めるとともに、戦略政策部で教鞭を執っていた。ＮＷＣの教授会に入る前は、彼はDefense Group Inc.の研究分析者およびＲＡＮＤの副国際政策分析者であった。彼は、『Taiwan's Security Policy』ならびに中国とアジア・太平洋安全保障問題に関する論文および記事の著者である。彼の現在の研究は、中国の軍近代化、中国の核政策と戦略および核部隊近代化、台湾の防衛政策、およびアジア・太平洋安全保障問題に集中している。

モルガン・クレメンス（Morgan Clemens）

モルガン・クレメンスは、Defense Group Inc.の研究分析者で、そこでの彼の業務は中国軍および防衛産業に集中している。彼はジョージ・ワシントン大学（George Washington University）のアジア研究修士号とウィリアム・メアリー（William and Mary）大学歴史政治学部（History and Government）の学士号を取得している。また、彼は以前、北京の清華大学と杭州の浙江工科大学で学んだ。

ジョン・コステロ（John Costello）

ジョン・コステロは、New American財団の議会改革フェローおよびDefense Group Inc. の前研究分析者である。彼は米海軍およびＤｏＤ分析者の一員であった。彼は情報戦、電子戦、および非運動エネルギー対宇宙戦問題を専門にしている。

アンドリュー・S・エリクソン（Andrew S. Erickson）

エリクソン博士は、米国海軍戦争大学中国海事研究学院の中核創設メンバーであり、戦略学の教授でもある。彼は、海軍戦争大学レビュー編集委員会に勤務している。２００８年以来、彼はハーバード大学の中国研究ジョン・キング・フェアバンク・センター（John King Fairbank Center for Chinese Studies）のリサーチ・アソシエイトを務めている。また、エリクソンはウォールストリート・ジャーナルの中国リアルタイムレポートの専門家であり、外交評議会のメンバーでもある。２０１２年、アジア研究国民局はエリクソンにＰＬＡ研究のためのエリス・ジョフ（Ellis Joffe）賞を授与した。彼は、『Chinese Anti-Ship Ballistic Missile Development（Jamestown, 2013)』の著者ならびに『Gulf of Aden Anti-Piracy and China's Maritime Commons Presence (Jamestown, 2015)』および『Assessing China's Cruise Missile Ambitions』の２冊の共著者である。彼は、China Quarterly、Journal of Contemporary China、Asian Securiry、Asia Policy、Journal of Strategic Studies、およびActa Astronauticaのような査読済みの雑誌に幅広く出版している。エリクソンはプリンストン大学から博士号および修士号を取得し、北京師範大学の中国語文化学院で北京語を学んだ。

M・テイラー・フラベル（M. Taylor Fravel）

M・テイラー・フラベルは、政治学の准教授であり、ＭＩＴの安全保障研究プログラムのメンバーである。彼は現在、『Active Defense : Explaining the Evolution of China's Military Strategy』という本を書いている。彼はtwitter @fravelでフォローできる。

クリスティーナ・ガラフォラ（Cristina Garafola）

ガラフォラ女史はランド研究所プロジェクトアソシエイト・中国専門家である。彼女は、ジョーンズ・ホプキンス高等研究大学院（Johns Hopkins School of Advanced Studies）の修士号とホプキンス・南京中米研究センターの証明書を取得している。クリスティーナは以前、国務省、財務省、戦略国際研究センター（ＣＳＩＳ）のFreeman Chair in China Studiesで働いていた。彼女は流暢な北京語を話す。

ティモシー・Ｒ・ヒース（Timothy R. Heath）

ティモシー・Ｒ・ヒースは、同社の上級国際・国防分析者であり、中国戦略と政治軍事トピックに関する認められた専門家である。彼は米国太平洋軍司令部（ＵＳＰＡＣＯＭ）中国戦略フォーカス斑の上級分析者として5年間働いており、中国の専門家として米国政府で過去50年間の経験を持っている。ヒースは、中国の安全保障や政治問題に関連する多くの記事や書籍の論文を執筆している。彼はジョージ・ワシントン大学からアジア研究の修士号を取得し、流暢な北京語を話す。

ピーター・マーティス（Peter Mattis）

ピーター・マーティスは、ジェームズタウン財団の中国プログラムのフェローである。彼はジェームズタウン財団の隔週出版の『中国簡便』（China Brief）を２０１１年から２０１３年に編集した。ジェームズタウン財団の前に、マーティスは米国政府の国際問題分析者として働いていた。彼は、ジョージタウン大学外交大学院で安全保障研究修士号を受け、シアトルのワシントン大学で政治学とアジア学の研究学士号を取得した。また、彼は以前に戦略的アジアおよび北東アジア研究プログラムのアジア研究国民局で研究アソシエイトを務めていた。彼は現在、中国のインテリジェンスに関する文献を研究している。

ケビン・ポルピーター（Kevin Pollpeter）

ポルピーターは、海軍分析センター（ＣＮＡ）の研究科学者である。彼は以前、Defense Group Inc. の東アジアプログラム副部長を務め、中国の分析者20人以上のグループを管理していた。彼は中国の宇宙計画に焦点を当て、中国の国家安全保障問題について広く公開されている。彼の最近の出版物には、Richard P. Hallion、Roger CliffおよびPhillip C. Saundersの『The PLAAF and the Integration of Air and Space Power』、Ashley J. Tellis およびTravis Tannerの『The Chinese Air Force : Evolving Concepts, Roles, and Capabilities (NDU, 2012)』および『Controlling the Information Domain: Space, Cyber, and Electronic Warfare』『Strategic Asia 2012-2013 : China's Military Challenge (NBR, 2012)』を含んでいる。その他の出版物には、戦略研究ジャーナル（２０１１年６月号）の『Upward and Onward : Technological Innovation and Organizational Change in China's Space Industry』、Andrew S. EricksonおよびLyle J. Goldstein編中国航空宇宙局（Naval Instiute Press, 2011）出版の『China's Space Doctrine』、および『中国簡便』の多数の記事を含んでいる。彼は、中国語の言語学者であり、モントレー国際研究所（Monterey Institute of International Studies）の国際政策研究の修士号を取得している。

ジョナサン・レイ（Jonathan Ray）

ジョナサン・レイは、Defense Group Inc. の研究アソシエイトであり、外交政策、国家安全保障、科学技術問題に関する中国語の情報源を使って研究と分析を行っている。これまで、彼は国防大学の契約研究者で、中国の中性子爆弾プログラムの中でレッドチャイナの『資本主義爆弾』を書いていた。

【監訳者】

五味睦佳（ごみむつよし）——監訳ならびに序文、第1章および第2章の翻訳担当

１９４１年、愛知県名古屋市生まれ。１９６４年防衛大学校航空工学科卒（8期）、米国海軍大学指揮課程卒。海上自衛隊自衛艦隊司令官で退官（海将）。株式会社ＮＴＴデータ顧問を経て、株式会社エヌ・エス・アール取締役、デイフェンス・リサーチ・センター研究員。著書に『覇権国家・中国とどう向き合うか』、『日本が中国になる日』、『東シナ海が危ない』、『最新国際関係論』（鷹書房弓プレス）いずれも共著がある。論文に「国の脅威に如何に対処するか」（軍事研究）、「日本のシーレーン防衛と台湾」、「アルゼンチン観戦武官の今日的価値」等がある。

【訳者】

伊藤和雄（いとうかずお）——第4章の翻訳担当

１９４７年、北海道生まれ。１９７０年防衛大学校応用物理学科卒（14期）。現在、株式会社エヌ・エス・アール取締役、東郷神社「東郷会」編集長。海上自衛隊のゆうぐも艦長、余市防備隊司令、第36・第22・第62（イージス艦部隊）護衛隊司令、幹部学校第1研究室長、幹部候補生学校副校長歴任後退官（海将補）、株式会社ＮＴＴデータ嘱託。著書に『まさにＮＣＷであった日本海海戦』、『五月二十七日の天気図』等がある。

大野慶二（おおのけいじ）——第8章の翻訳担当

１９５７年、大阪府生まれ。１９８２年京都工芸繊維大学工芸学研究科電気工学修了。現在、株式会社エヌ・エス・アール研究員、株式会社ＮＴＴデータアドバイザー。海上幕僚監部装備部装備課装備調整官兼装備班長、横須賀造修補給所副所長、装備本部長崎支部副支部長、海上自衛隊横須賀弾薬補給所長、

防衛省南関東防衛局調達部次長歴任後退官（海将補）。

鬼塚隆志（おにづかたかし）――第5章、第6章、第10章および第12章の翻訳担当

１９４９年、鹿児島県生まれ。１９４７年防衛大学校電気工学科卒（16期）。現在、株式会社エヌ・エス・アール研究員、株式会社ＮＴＴデータアドバイザー、日本戦略研究フォーラム政策提言委員、日本安全保障戦略研究所上級研究員。フィンランド防衛駐在官（エストニア独立直後から同国防衛駐在官を兼務）、第12特科連隊長兼宇都宮駐屯地司令、陸上自衛隊調査運用室長、東部方面総監部人事部長、愛知地方連絡部長、富士学校特科部長、化学学校長兼大宮駐屯地司令歴任後退官（陸将補）。単著書『小国と大国の攻防』、共著『日本の核論議はこれだ』『基本から問い直す　日本の防衛』等、論文「高高度電磁パルス（ＨＥＭＰ）攻撃の脅威――喫緊の課題としての対応が必要」、「ノモンハン事件に関する研究」、「国民の保護機能を実効性あるものとするために」等がある。

木村初夫（きむらはつお）――第7章および第9章の翻訳担当

１９５３年、福井県生まれ。１９７５年金沢大学工学部電子工学科卒。現在、株式会社エヌ・エス・アール代表取締役、株式会社ＮＴＴデータアドバイザー。１９７５年日本電信電話公社入社、航空管制、宇宙、空港、核物質防護、危機管理、および安全保障分野の調査研究、システム企画、開発担当、株式会社ＮＴＴデータのナショナルセキュリティ事業部開発部長、株式会社ＮＴＴデータ・アイの推進部長歴任。主な論文に「Ａ２／ＡＤ環境下におけるサイバー空間の攻撃および防御技術の動向」、「Ａ２／ＡＤ環境におけるサイバー電磁戦の最新動向」（月刊ＪＡＤＩ）等がある。

五島浩司（ごとうひろし）――第11章の翻訳担当

１９５８年、山口県生まれ。１９８１年防衛大学校電気工学科卒（25期）。現在、株式会社エヌ・エス・アール研究員、株式会社ＮＴＴデータアドバイザー。海上自衛隊のしらゆき艦長、みょうこう艦長、防

衛省弾道ミサイル防衛室調査分析チーム長、第8護衛隊司令（第1次派遣海賊対処水上部隊指揮官）、神奈川地方協力本部長、第1海上補給隊司令、函館基地隊司令歴任後退官（海将補）。

沢口信弘（さわぐちのぶひろ）——第3章の翻訳担当

１９５３年、北海道生まれ。１９７６年防衛大学校航空工学科卒（20期）。現在、ＮＴＴデータ・アイのシニアスペシャリスト、株式会社ＮＴＴデータアドバイザー。航空自衛隊操縦士。航空救難団、西部航空方面隊司令部防衛部勤務。１９８９年、日本ディジタル・イクイプメント社入社、安全保障分野担当、１９９５年ＮＴＴデータクリエイション株式会社入社（現株式会社ＮＴＴデータ・アイ）、株式会社ＮＴＴデータにおいて危機管理、安全保障分野担当。

CHINA'S EVOLVING MILITARY STRATEGY
edited by Joe McReynolds

中国の進化する軍事戦略

2017年5月30日　第1刷

編者…………ジョー・マクレイノルズ

監訳者…………五味睦佳
訳者…………伊藤和雄、大野慶二、鬼塚隆志、
木村初夫、五島浩司、沢口信弘

装幀…………川島進

発行者…………成瀬雅人
発行所…………株式会社原書房

〒160-0022 東京都新宿区新宿 1-25-13
電話・代表 03（3354）0685
http://www.harashobo.co.jp
振替・00150-6-151594

印刷…………シナノ印刷株式会社
製本…………東京美術紙工協業組合

ISBN978-4-562-05402-2, Printed in Japan